高职高专系列教材

实验室标准化与质量管理

呼小洲　程小红　夏德强　主编

中国石化出版社

内 容 提 要

全书共分为八章，内容涵盖标准及标准化、质量管理概述、实验室质量管理体系建立与运行、实验室质量保证与质量控制、实验室试剂与设备管理、实验室环境、资源及档案管理、实验室安全管理及实验室认可与能力验证。本书在内容选择上以就业为导向，紧扣实际，力求简明、实用。为了便于读者巩固所学到的知识，提高应用能力，拓宽读者的知识面，各章之后均附有大量的练习题及阅读材料。

本书既可作为高职高专院校石油化工生产技术、工业分析与检验、油品分析、环境保护等相关专业学生的教材，也可作为高职高专院校各工科专业学生公共课教材及从事实验室管理工作人员的参考书。

图书在版编目(CIP)数据

实验室标准化与质量管理／呼小洲，程小红，夏德强主编．—北京：中国石化出版社，2013．1(2025.7重印)
高职高专系列教材
ISBN 978－7－5114－1894－4

Ⅰ．①实… Ⅱ．①呼… ②程… ③夏… Ⅲ．①实验室－标准化管理－高等职业教育－教材 Ⅳ．①N33

中国版本图书馆 CIP 数据核字(2012)第 292220 号

中国石化出版社出版发行
地址：北京市东城区安定门外大街 58 号
邮编：100011 电话：(010)57512500
发行部电话：(010)57512575
http://www.sinopec-press.com
E-mail:press@sinopec.com
北京捷迅佳彩印刷有限公司印刷
全国各地新华书店经销
*
787×1092 毫米 16 开本 16 印张 397 千字
2013 年 1 月第 1 版 2025 年 7 月第 7 次印刷
定价：38.00 元

前　言

当今世界，经济全球化日益加深、国际经济竞争更加激烈，标准已成为国家核心竞争力的基本技术要素，标准化作为一种技术制度，是管理和规范国民经济与社会发展的技术保障，是社会主义现代化事业的重要组成部分，在构建社会主义和谐社会的伟大进程中发挥着越来越重要的作用。实验室是分析检验或教学科研的重要场所，实验室的检测数据是科研、生产和医疗的重要依据，直接涉及科研的成果、产品的质量和人民的身体健康乃至生命安全，这是建立和运行实验室质量管理体系，进行实验室质量管理的重要意义。将标准化的相关知识与质量管理的相关理论结合，并应用于实验室质量管理中，对提高实验室的管理水平将起到积极的作用。

本书根据教育部“十二五”教材建设思路，依据相关专业的人才培养方案和课程标准进行编写，强调以创新型教学改革为先导，以科学性、先进性、适用性为方针，突出中国情景下高职高专学生培养特色，贯彻分层分类指导原则，系统地围绕标准化及实验室质量管理基本工作内容及相关管理要求进行阐述。本书在内容选择上以就业为导向，紧扣实际，力求简明、实用，体现了职业教育的特色。既可作为高职高专院校石油化工生产技术、工业分析与检验、油品分析等相关专业学生的教材，也可作为高职高专院校各工科专业学生公共课教材及从事实验室管理工作人员的参考书。

全书共分为八章。第一章阐述了标准化及标准的分类和分级、标准物质的概念及作用；第二章为质量管理概论，分三节阐述了质量管理的概念、发展历程、全面质量管理的程序及质量管理八项原则；第三章论述了实验室质量管理体系建立和运行的步骤及实验室管理文件编写的方法；第四章以质量保障和质量控制的要求为切入点，全面阐述了分析检测实验室的质量保证和质量控制；第五章和第六章紧紧围绕实验室环境条件管理、实验室的设备管理、试剂管理、档案管理、人力资源管理进行了较为系统的分析；第七章从实验室安全常识、危险化学品安全管理及实验室三废处理等方面对实验室的安全管理进行了介绍；第八章介绍了实验室认可和能力验证的相关知识。

本书的前言、第一章、第五章、第六章由兰州石化职业技术学院呼小洲编写，第二章、第三章由兰州石化职业技术学院程小红编写，第四章、第七章、第八章由兰州石化职业技术学院夏德强编写，兰州石化职业技术学院李影参与了部分章节的编写。全书由呼小洲统稿，王静教授、冷宝林副教授、甘黎明副教授审阅了全书，并提出了许多建议和意见，在此表示衷心的感谢。

由于编者的知识和能力水平有限，不妥或错误之处在所难免，恳请专家和读者批评指正。

编者

前　言

编者

目　　录

第一章　标准与标准化

☞ **教学目标：**

- 掌握标准化的概念、原理及作用；
- 掌握标准的分类与分级；
- 了解标准方法的概念及标准分析方法的影响因素；
- 掌握标准物质的定义及分级；
- 了解标准物质的作用、使用与管理。

☞ **教学重点：**

- 标准化的作用与原理，制定标准的程序；
- 标准的分类与分级；
- 标准物质的定义与分级。

☞ **教学难点：**

- 标准化的原理、标准的分类与分级、标准物质的分级与作用。

【案例】标准化生产的"大娘水饺"

大娘水饺餐饮集团股份有限公司始建于1996年4月2日，公司经过了10年多的发展，至2006年12月，连锁店总数逾200家，公司拥有餐位24000多个，营业面积56000多平方米，员工人数5000多人，成为国内十大"中国快餐连锁著名品牌企业"和"中国快餐十佳品牌企业"。

为了让每一只水饺的质量统一、口味一致，大娘水饺花十年时间制成380多页标准作业流程，创出每只水饺低于4%的误差值，一年卖出6亿只水饺，分店开到澳大利亚的业绩。总结其成功经验，主要体现在两个方面：一是靠中央厨房保证原料一致化，380多页标准守则让每只水饺口感统一。在大娘水饺每家分店，都有一本380多页的质量标准守则，从饺子、面皮的重量，到店堂空调温度的设定，等等，守则都有详细的规定。二是用细致流程管控成本和质量，从饺子皮到馅心误差值不超过4%。

标准制定难，执行更难。有标准必须执行，否则只会是一纸空文。大娘水饺设立了二级督察制度来保证每家店按照标准进行生产销售。每位地区督察负责6家店。公司还有一支督察队伍，在全国进行抽查，确保各店在食品安全、生产、卫生等方面符合公司质量守则的规定。

【选摘自《全球商业经典》杂志2006年4月刊】

第一节　标准化的基本概念

当今世界，经济全球化日益加深，国际经济竞争更加激烈，标准已成为国家核心竞争力的基本技术要素，成为人类经济活动和社会活动所普遍遵守的技术规则。标准化作为一种技术制度，是管理和规范国民经济与社会发展的技术保障，是社会主义现代化事业的重要组成部分，在构建社会主义和谐社会的伟大进程中发挥着越来越重要的作用。

一、标准化的基本概念

1. 国际上对标准化的定义

1972 年，桑德斯说："标准化(Standardization)是为了所有有关方面的利益，特别是为了促进最佳的全面经济，并适当考虑到产品使用条件与安全要求，在所有有关方面的协作下，进行有序的特定活动所制定并实施各项规则的过程。""标准化以科学、技术与试验的综合成果为依据，它不仅奠定了当前的基础，而且还决定了将来的发展，它始终与发展的步伐保持一致。"

1983 年，国际标准化组织(International Organization for Standardization，ISO)第 2 号工作指南："标准化主要是对科学、技术与经济领域内重复应用的问题给出解决办法的活动，其目的在于获得最佳秩序。一般来说，包括制定、发布与实施标准化的过程。"

1991 年，ISO 第 2 号工作指南："标准化是对实际与潜在问题作出统一规定，供共同和重复使用，以在预定的领域内获取最佳秩序的效益的活动。"

2. 我国对标准化的定义

1983 年我国颁布的国家标准(GB 3935. 1—1983)中规定："在经济、技术、科学及管理等社会实践中，对重复性事物和概念，通过制定、发布和实施标准达到统一，以获得最佳秩序和社会效益。"在 GB 3935. 1—1996 中的"标准化"定义已采用国际标准定义。实际上，标准化就是针对标准所进行的研究、制定、发布、实施等的系列活动。

标准化是现代社会经济发展中不可缺少的重要组成部分。标准化水平高低体现国家竞争力。标准化的重要意义是改进产品、过程和服务的适用性，减少和消除贸易技术壁垒，并促进技术合作。

3. 对标准化概念的理解

(1) 标准化是一个循环上升的活动过程，即制定标准、贯彻标准、修订标准的过程。

(2) 标准是标准化活动的产物。

标准化对客体(对象)干预的手段是标准。标准化的目的和作用都是通过标准的制定、发布、实施和监督才能得到体现。所以标准化活动不能脱离制订、修订和贯彻标准，这是标准化最主要的内容。在整个标准化活动过程中，贯彻实施标准也是一个重要环节，因为只有当标准在社会实践中实施以后，标准化的效果才能表现出来。

(3) 标准化的目的是"获得最佳秩序和社会效益"。为达到这一目的应具备以下的基本条件：①要有全局观念，要从整个国家和整个社会的利益来衡量，而不是从一个部门、一个地区、一个单位的利益来考虑。尤其是环境保护和安全卫生标准化，要从国计民生的长远利益来考虑。②在制定标准时，要确定较高的奋斗目标，如果目标定的太低，就失去了积极意义。

二、标准化的目的和作用

1. 标准化的目的

通过标准化的过程，可以实现以下四个目的。

一是得到综合的经济效益：通过标准化可以对产品、原材料、工艺制品、零部件等的品种规格进行合理简化，将给社会带来巨大的经济效益。《关税及贸易总协定》大大地促进了国际标准化工作，制定了许多国际标准，协定成员国都要遵守协定的规定。因此标准化是消除与减少国际贸易中技术壁垒的极重要的措施。实施标准化可提高产品的互换性，使一些产品(包括零件、部件、构件)可以与另一些产品在尺寸、功能上能够彼此互相替换，在互换性的基础上，尽可能扩大同一产品(包括产品零件、部件、构件)的使用范围，扩大通用性，大大地提高了人类物质财富的利用率。

二是保护消费者利益：保护消费者利益是标准化另一重要目的。国家颁布了许多法律、法规，制定了各类产品的标准，包括质量标准、卫生标准、安全标准等，强制执行这些标准，并对商品和服务质量、食品卫生、医药生产、人身安全、物价、计量、环境、商标、广告等方面作出规定和监督，有效地保护了消费者利益。

三是标准化能促进保障人类的生命、安全与健康：国家建立了大量的法律、法规与标准，如《民法通则》中规定，因产品质量不合格，造成他人财产、人身伤害的，产品制造者、销售者应依法承担民事责任，有关责任人要承担侵权赔偿责任。

四是通过标准化过程的技术规范、编码和符号、代号、业务规程、术语等，可促进国际间、国内各部门、各单位的技术交流。

2. 标准化的作用

① 标准化为科学管理奠定了基础。所谓科学管理，就是依据生产技术的发展规律和客观经济规律对企业进行管理，而各种科学管理制度的形式都以标准化为基础。

② 促进经济全面发展，提高经济效益。标准化应用于科学研究，可以避免在研究上的重复劳动；应用于产品设计，可以缩短设计周期；应用于生产，可使生产在科学的、有秩序的基础上进行；应用于管理，可促进统一、协调、高效率等。

③ 标准化是科研、生产、使用三者之间的桥梁。一项科研成果，一旦纳入相应标准，就能迅速得到推广和应用。因此，标准化可使新技术和新科研成果得到推广应用，从而促进技术进步。

④ 标准化为组织现代化生产创造了前提条件。随着科学技术的发展，生产的社会化程度越来越高，生产规模越来越大，技术要求越来越复杂，分工越来越细，生产协作越来越广泛，这就必须通过制定和使用标准，来保证各生产部门的活动，在技术上保持高度的统一和协调，以使生产正常进行。

⑤ 促进对自然资源的合理利用，保持生态平衡，维护人类社会当前和长远的利益。

⑥ 合理发展产品品种，提高企业应变能力，以更好地满足社会需求。

⑦ 保证产品质量，维护消费者利益。

⑧ 在社会生产组成部分之间进行协调，确立共同遵循的准则，建立稳定的秩序。

⑨ 在消除贸易障碍，促进国际技术交流和贸易发展，提高产品在国际市场上的竞争能力方面具有重大作用。

⑩ 保障身体健康和生命安全，大量的环保标准、卫生标准和安全标准制定发布后，用法律形式强制执行，对保障人民的身体健康和生命财产安全具有重大作用。

三、标准化的原理

这是迄今为止还未有明确定论的领域。之所以如此，是由于人们在标准化活动领域更多关注的是应用性的实践，缺乏基础性理论研究，哪怕是国际标准化组织，其工作重点也侧重于制定标准和发布标准，而对恒久支持和指导标准化工作的理论研究，缺乏必要的人力、物力和财力上的投入。各类大学、学院也未能把标准化教育纳入培养人才的正规课程。这种情况亟待改变。

目前已有的标准化原理和方法的论述，多数局限在标准化工作者自身的经验总结和理论研究方面。主要有：

1. 桑德斯理论

桑德斯，英国人，1953～1972 年担任国际标准化组织（ISO）标准化原理委员会主席，1972 年出版了《标准化的目的与原理》一书。桑德斯主张：

（1）标准化从本质上看，是社会有意识地努力达到简化的行为；

（2）标准化活动不仅是经济活动，也是社会活动；

（3）标准的出版是为了实施，不实施就没有任何价值；

（4）制定标准时要慎重地选择对象和时机，并保持相对稳定，不能朝令夕改；

（5）标准在规定的时间内要进行复审和必要的修订；

（6）在标准中规定产品性能和其他特性时，必须规定测试方法和必要的试验装置；

（7）国家标准以法律形式实施应根据标准的性质、社会工业化程度、现行法律情况等慎重考虑。

2. 松浦四郎理论

松浦四郎，日本人，1951 年起为 ISO 标准化原理委员会成员，1972 年出版《工业标准化原理》。松浦四郎总结的东西很多，主要有以下几点。

（1）标准化本质上是一种简化。其含义包括：从复杂到简单，从多样化到统一，从多到少，从无序到有序等，认为简化是社会自觉努力的结果。简化不但要减少某些事物的数量，简化目前的复杂性也能预防未来可能产生的不必要的复杂性。

（2）标准化是一项社会活动。不但需要社会各方面相互协作共同推动，还需要克服过去形成的社会习惯，而社会习惯势力是一种不可低估的阻力。

（3）标准化的目的是为了实现最佳的“全面经济”。必须从长远的观点和全球的高度来对待“全面经济”，这就需要制定和实施统一的国际标准。

（4）简化决定于互换。互换不仅适用于物质的东西，也适用于抽象的概念和思维。

（5）制定标准要慎重选择并保持稳定。标准要定期评审和及时修订，制定标准的方法应以全体一致同意为基础。对于有关人身安全和健康的标准，依法实施是必要的。其他以法律形式实施的标准要考虑标准的性质和社会工业化水平等。

松浦四郎理论的一个重要贡献是把熵的概念引入了标准化，他认为在我们的生活中，知识和事物增加的趋势，同宇宙中熵的增加的趋势极为相似。人类为了获得效率更高的生活，就要不得不有意识地限制不必要甚至是有害的增长。标准化活动就是这种限制性措施，从而使事物从无序状态恢复到有序化。他认为标准化实际上是人们为创造负熵所做的努力。

3. 中国的标准化理论

很显然桑德斯理论和松浦四郎理论都有一定的局限性，在他们的论述中，标准化实践方法的总结多于原理性指导。1974 年以李春田为代表的中国标准化工作者首次提出“优化、统一、简化是标准化的基本方法”，“在优化的基础上统一和简化是标准化最基本的特点”。1980 年前后，又进一步概括为：“统一”、“简化”、“选优”和“协调”，形成了较为系统的理论。

（1）简化原理：简化是标准化的最一般的原理，标准化的本质就是简化。简化不是随心所欲的抛弃，而是通过标准化活动把多余的、可替换的、低功能的环节简化掉。简化要确定必要的范围界限，简化还要确定必要的合理性界限。既必要又合理的简化才能达到“总体功能最佳”。

（2）统一原理：人类的标准化活动就是从统一化开始的。统一的范围越大，统一的程度越高，标准化活动的效果就越好。

统一原理被概括为：在一定时期、一定条件下，对标准化对象的形式、功能或其他技术特性所确立的一致性，应与被取代的事物功能等效。

这里的要点是：①一致性原则，即统一是为了获得一致。②时间和条件原则，标准化所说的统一是在一定的时间和空间实现的，过了这个时间、错过了这个环境，标准就不一定适用，就要重新研究或修订。③等效性原则，简化、统一、取得一致后的事物，必须与被简化、统一和取代前的事物在功能上具有等效性。钢铁的斧头取代石斧，钢斧必须具有石斧所具有的必要功能。树脂眼镜片取代玻璃眼镜片，前者也必须具有后者的必要功能，只有这样标准化的活动才是成功的科学活动。

（3）协调原理：一致性靠协调取得，标准本身就是协调的产物。

所谓协调，原意是指和协一致、配合有力。在标准制定和实施标准化过程中，主要是指要做好相应的干预、说明、解释和配合工作。一项标准往往涉及许多利益相关方，简化也好、统一也好都不是轻而易举的事情，如果没有协调，标准化的工作就很难开展。在这方面，中国的标准化管理体制和运作方式有着严重的缺陷。由于几十年来，标准的制定和标准化的推行一直作为政府部门的行政职能来对待，工作方式是对下命令、对上服从，部门与部门之间是各分领地，平分秋色，互不相让，协调既不会做，也很难做。这是中国标准化事业今后发展的大碍。

（4）优化原理：标准化的最终目的是取得最佳效益，因此在标准制定和实施过程中，一定要贯彻最优化原则。最优化原理是指按照特定的目标，在一定的限制条件下，对标准系统的构成要素及其关系进行选择、设计或调整，使之达到最想理的效果。这一原理对我国的现实状况也有很强的针对性。对于标准制定部门来说，迁就落后的行为；对于为数不少的企业来说，制定标准仅仅是为了应付政府部门检查；对于标准化技术委员会来说，组织标准编写仅仅是为了完成某项任务；对于众多与标准化有关联的部门和机构来说，抓标准化工作仅仅是为了有些事干，或者是可以从中得到不同的利益、可以“创收”。所有这些都应该与最优化原理相对照，并予以反思。

4. 新的理论挑战

需要指出的是，标准化原理决不是一成不变的。深入探索和研究标准化当今面临的理论问题，是中国标准化工作者日渐成熟的具体表现，也是当今时代和标准化事业发展对标准化工作者提出的迫切要求，没有理论的民族不是强大的民族，没有理论的事业是灰色的事业，灰色的事业是没有希望的。

如果说古代的标准化理论和标准化实践中国人有过一席之地，现代标准化理论和标准化实践英国人、美国人、日本人有过深入研究，那么以网络经济和信息通讯技术为标志的当代标准化理论与实践该由谁来主导呢？目前看来，尚未定论。这可以引出我们某些理性思考。

（1）标准化与经济发展的相关性：现代标准化从一开始就是为经济服务的，标准化也确实起到了这样的重要作用。但是在国民经济增长的比率中到底有多大的比重是由标准化的推行引起的，至今没有定论。2002 年德国标准化协会曾经对本国的情况做过分析，结论是 GDP 增长比例中差不多有近三分之一的贡献属于标准化。但是这个结论对其他国家是否适用？对发展中国家是否适用？对中国是否适用？如果不适用，合适的比重应该是多少？目前还没有人做出相关分析。另外，松浦四郎的理论中曾经有一条认为："用精确的数值定量地评价经济效果，仅仅对于使用范围狭窄的具体产品才有可能"。这个结论到底对不对？如果不能进行分析，德国的结论怎么理解？如果可以分析，一般的公式是什么？特殊的修正方法又是什么？也许有人怀疑搞这样的分析对经济的发展到底有什么作用？是否应该把精力更多地放在制定标准上。其实，这就是如何把实践经验上升到理论的问题。只有对这一类问题做出了详细的分析，得出的结论可以得到公认，这样的理论才能更好地指导标准化事业的发展。现在的情况是无论在国外还是在国内，这一类的研究都还做得很不够。

（2）标准化与贸易发展的相关性：标准和标准化从一开始就是用来规范和指导生产的，但是随着经济的发展，标准化的这种角色在逐渐淡化。标准和标准化被更多地强调服务贸易，乃至和技术性贸易壁垒结下不解之缘。有一种在局部看来有道理，而在全局看来又不正确的观念，就是利用标准、技术法规和合格评定程序设置所谓壁垒的问题，许多国家都在秘而不宣这样做，又同时在指责别人这样做。对这种现象，标准化工作者从理性上应该怎么看，在实际工作中怎么对待？标准和标准化与贸易发展的相互联系有怎样的函数关系？有没有可能运用相关数据关系预测和监督各类贸易？与此相联系，我们应该运用怎样的理论指导帮助和促进贸易发展。

（3）标准化与互联网的关系：仅仅从20世纪90年代才发展起来的互联网，已经给全人类的生活带来了革命性的变革。20世纪80年代，当美国斯坦福大学等研究机构在校际间建立网络联系的时候，人们也许以为那是一种有趣的试验。1994年4月20日，我国当时的国家计委利用世界银行贷款实施重点学科项目——NCFC工程（中国国家计算机与网络设施，The National Compating and Networking Facilityo of China），开通54K国际专线的时候，没有多少人注意这是标志着中国正式被国际上承认拥有互联网国家的重要事件。2012年1月16日有关部门完成了第29次中国互联网络发展状况调查，结果表明中国网民规模达到5.13亿，成为世界第一大互联网国家。即使到现在许多人对互联网存在的意义也许还不很清楚，然而互联网确实是在以自己特有的方式改变着世界。现在以电信、IT和互联网为代表的信息通讯技术已经成为正在取代石油、电力、机械制造为代表的传统产业，成为中国国民经济发展中的龙头产业。当国民经济生活的热点向信息、通讯和娱乐业转移的时候，恰恰是互联网把它们之间有机地联系在一起。互联网创造的新的模式，已经深刻影响到了人们的信息传播和交流手段，人与人之间的沟通方式和基于对信息对称权益的利用，已经和正在改变着社会的一元结构，向着多元化的方向发展。随着这种潜移默化的影响，我们已经不再把上网看作是一种多么时髦的事情，我们在网上看新闻、查资料，在网上会朋友、写文章似乎已经是完全天经地义的事情，互联网已经真正融入了我们的工作和生活，以至于我们已经开始察觉不到它的存在了。

由此可见，互联网背后代表的绝不仅仅是一种新经济模式，而是人类生活和工作的一种全新体验，是另一种商业秩序和经济形态，是一种超过任何已有的技术手段、管理模式和人为力量的新的信息共享形态。

在这场史无前例的革命中，标准化的作用当然是必不可少的。没有标准化就没有互联网，没有标准化就没有信息通讯技术，这个结论是肯定的。事实上标准和标准化已经和正在发挥着这样的作用。但是这样的作用到底是怎么表现出来的？它是通过什么方式和途径实现的？它过去怎样、现在怎样、将来怎样？标准化还将在哪些领域、哪些方面发挥奠定基础和开路先锋的作用？所有这些方面，不但中国的标准化理论研究得不够，国际标准化理论界也研究得不够。这是标准化理论研究不足的又一个明显的方面。不要忘记，当今时代已经不再是惠氏研究螺纹的时代。处在今天这样的时代，标准化工作者不应该有更大作为吗？

(4)标准化与新经济现象的关系：在网络经济时代，新经济现象和新经济行为随时随地都在大量产生，原有的经济行为和经济现象也在不断地扩充新的内容，标准和标准化在这样瞬息万变而又气象万千的时代，如何跟踪服务和当好向导，既是理论问题又是实践问题。比如随着经济和社会的发展，生产规模和贸易范围日益扩大，物流业已经成为国民经济中的重要产业，而没有标准和标准化，物流是流不起来的。

再比如由于物流和管理的需要，产生了自动识别技术，条码、磁卡、IC 卡、射频卡及各种识读工具等。2003 年以来国际上又出现了 EPC 和物联网的新技术，我国国家标准化管理委员会也组织了系统跟踪，并于 2004 年 4 月 22 日经国际组织授权成立了 EPCglobal CHINA。

标准化理论研究之所以相对落后，是因为它涉及的知识面太广。

四、标准化的过程

制定与修订标准、贯彻实施标准和对标准实施的监督与检查，是整个标准化活动中的三个重要环节。

1. 制定标准的基本原则和基本要求

基本原则：

(1) 制定标准时应认真贯彻国家的有关政策和法令法规，应当有利于保障人民生命财产的安全和人民的身体健康，保护消费者的利益，保护环境。

(2) 制定标准时应当有利于合理利用国家资源，推广科技成果，提高经济利益；有利于产品的通用互换，做到技术与方法先进，经济合理。

(3) 制定标准时应当做到有关标准的协调一致，衔接配套。

(4) 制定标准应当有利于促进对外经济技术合作和对外贸易。

基本要求：

准确性、正确性、简明性、统一性、规范性。

2. 制定标准的程序

第一步制订具体实施计划；

第二步准备阶段：调查研究、综合分析、实验验证；

第三步编写标准草案征求意见稿；

第四步征求意见，编写标准草案送审稿；

第五步组织标准审查并提出标准草案报批稿；

第六步编写标准草案报批稿并报批；

第七步、第八步审批、发布为正式标准；

第九步标准的复审与修订。

第二节　标准及其级别

一、标准的概念及特征

1. 标准的概念

国家标准“GB/T 20000. 1—2002《标准化工作指南　第 1 部分：标准化和相关活动的通

用词汇》”（修改采用 ISO/IEC 相关标准）对“标准”给出了下述的定义：“为在一定的范围内获得最佳秩序，经协商一致制定并经过一个公认机构批准（国家标准化管理委员会和国家质检总局），共同使用的和重复使用的一种规范性文件。”在该定义后有如下一条附注：“标准宜以科学、技术和经验的综合成果为基础，以促进最佳的共同效益为目的。”标准概念中的几个主要含义：

（1）标准产生的基础：标准的基础是“科学、技术和实践经验的综合成果”。这表明了标准的科学性、先进性和可行性。因此制定一项标准，必须认真地做好以下两方面的工作：一方面将科学研究的成就、技术进步的新成果同实践积累的先进经验相互结合，纳入标准中，奠定标准的科学性和先进性的基础。另一方面，标准中所反映的不是局部的、片面的经验，而是要经过认真研究，全面分析，充分协商，最后要从全局出发作出规定，从而使标准具备普遍性的品格。

（2）制定标准的对象：制定标准的对象是“重复性的事物和概念”。只有对具有重复性的事物和概念才有必要制定标准。

（3）标准的本质是统一：标准的本质是对“重复应用的问题和概念所做的统一规定”，即通过标准化的简化、优化、协调等方式，将科技成果和实践经验综合成统一的标准。

（4）标准文件有一套严格的编写格式和制定颁发的程序，具有严肃性和法规性。

（5）制定标准的出发点是建立最佳秩序和取得最佳效益。

2. 标准的特征

从标准的概念可知标准具有：①共同使用和重复使用；②制定标准的目的是获得最佳效益；③制定标准的原则是协商一致；④制定标准需要有一定规范化的程序，并由公认机构批准发布；⑤标准产生的基础是科学、技术和实践经验的综合成果等特征。

二、标准的种类

标准的常用分类方法有五种，即性质分类法、层级分类法、属性分类法、对象分类法和专业分类法。具体的标准分类如图 1－1 所示。

- 标准
  - 技术标准
    - 基础标准
      - 指导性标准
      - 通用技术与标准
      - 数系数据标准
      - 互换性及结构要素标准
      - 环境条件标准
    - 产品标准
    - 方法标准
    - 安全、卫生标准
    - 环境保护标准
  - 管理标准
    - 国民经济管理标准
    - 企业生产管理标准
      - 技术管理标准
      - 生产组织标准
      - 管理业务标准
  - 工作标准
    - 部门工作标准
    - 个人工作标准

图 1－1　标准的分类

1. 按标准化的对象分类

（1）技术标准：是指对标准化领域中需要协调统一的技术事项所制定的标准，是从事生产、建设及商品流通的一种共同遵守的技术依据。它包括以下几点。

① 基础标准：是对一定范围内的标准化对象的共性因素，如概念、通则等所作的统一规定。在一定范围内是作为制定其他技术标准的依据和基础，具有普遍指导意义。如通用技术语言标准、数系数据标准、精度和互换标准、环境条件要求、技术通则标准等。

② 产品标准：是为保证产品的适用性，对产品必须达到的某些或全部要求所制定的标准，如对产品的结构、尺寸、品种、规格、性能、质量、试验方法、检验方法、包装、运输等所作的技术规定。产品标准是产品生产、检验、验收、使用、维护和洽谈贸易的技术依据。

③ 方法标准：指以试验、检查、分析、抽样、统计、计算、测定、作业等各种方法为对象而制定的标准。方法标准是为了提高工作效率，保证工作结果必要的准确一致性，对生产技术和组织管理活动中最佳的方法所作的统一规定。

④ 工艺标准：指对产品的工艺方案、工艺过程、工序的操作方法以及对工艺装备和检测仪所作的技术规定。

⑤ 设备标准：指以生产过程中使用的设备为对象而制定的标准。其内容主要包括设备的品种、规格、技术性能、加工精度、试验方法、检验规则、维修管理以及对包装、储运等设备的技术规定。

⑥ 原材料、半成品标准：指根据生产技术以及资源条件、供应情况等，对生产中使用的原料、材料和半成品所制定的标准，以指导正确选用原材料和半成品，降低能耗和成本。

⑦ 安全、卫生、环保标准：安全标准是指以保护人和物的安全为目的而制定的标准；卫生标准是指为保护人的健康，对食品、医药及其他方面的卫生要求制定的标准；环境保护标准是为保护环境和生态平衡，对大气、水、土壤、噪声、振动等环境质量、污染源、检测方法以及其他事项制定的标准。

（2）管理标准：是指对标准化领域中需要协调统一的管理事项所制定的标准。其主要内容包括以下几点。

① 管理基础标准：是对一定范围内的管理标准化对象的共性因素所做的统一规定，并在一定范围内作为制定其他管理标准的依据和基础。

② 技术管理标准：是指为保证各项技术工作更有效的进行，建立正常的技术工作秩序所制定的管理标准。技术管理标准处于技术标准和管理标准的交界处，具有两类标准的共同属性，有时将其归到技术标准类。

③ 生产经营管理标准：是企业为了正确地进行经营决策，合理地组织生产经营活动所制定的标准。其内容主要包括企业的市场调查、经营决策与计划、产品的设计与生产、劳动组织与安全卫生等企业生产全过程中的各个环节和各个方面的管理标准。

④ 经济管理标准：是指对生产、建设、投资的经济效果及对生产、分配、交换、流通、消费、积累等经济关系的调节和管理所制定的标准。

⑤ 行政管理标准：是指政府机关、社会团体、企事业单位为实施有效的行政管理，正确处理日常行政事物所制定的标准。其内容主要包括管理组织设计、行政管理区划及编号、组织机构属性分类；交通信号和标志、安全管理；管理人员分类、管理档案行政机构办公自动化等方面的标准。

（3）工作标准：是指对工作的责任、权利范围、质量要求、程序、效果、检查方法、考核办法等所制定的标准。

具体内容包括：岗位目标、工作程序和工作方法，业务分工与业务联系（信息传递）方式，职责与权限，质量要求与定额，对岗位人员的基本技能要求，检查与考核办法。

种类大致可以分为：生产岗位（或操作岗位）标准和管理岗位（或工作岗位）标准。

2. 按标准的约束性分类

（1）强制性标准：是指为保障人体健康，人身、财产安全，在一定范围内通过法律、行政法规等强制性手段加以实施的标准。根据 1988 年发布的《中华人民共和国标准化法》（以下简称《标准化法》）第七条的规定："国家标准、行业标准分为强制性标准和推荐性标准。保障人体健康，人身、财产安全的标准和法律、行政法规规定强制执行的标准是强制性标准，其他标准是推荐性标准。"第十四条规定："强制性标准必须执行。不符合强制性标准的产品，禁止生产、销售和进口。"例如我国的"3C"认证（图 1－2）。强制性标准具体包括以下几点。

图 1－2　CCC 认证标志

① 药品标准、食品卫生标准、兽药标准；

② 产品及产品生产、储运和使用中的安全、卫生标准，劳动安全、卫生标准，运输安全标准；

③ 工程建设的质量、安全、卫生标准及国家需要控制的其他工程建设的标准；

④ 环境保护的污染物排放标准和环境质量标准；

⑤ 重要的通用技术术语、符号、代号和制图方法；

⑥ 通用的试验、检验方法标准；

⑦ 互换配合标准；

⑧ 国家需要控制的重要产品质量标准。

从上述范围来看，目前我国的强制性标准属于《WTO/TBT》中涉及的技术法规的范畴。一旦某些产品不符合相应的强制性标准的要求，就是违反了《中华人民共和国标准化法》的规定。对生产、销售、进口不符合强制性标准的产品，由法律、行政法规规定的行政主管部门依法进行处理，没有明确主管部门的，将由工商行政管理部门没收产品和违法所得，并处罚款；造成严重后果构成犯罪的，对直接责任人员依法追究刑事责任。

市场经济发达国家通常采用法律法规引用标准的形式强制执行相关的标准，这些标准为遵守法律法规相应要求提供了可操作性，支持了立法目标的实现。

（2）推荐性标准：是指在生产、交换、使用等领域，通过经济手段、市场调节而由当事人自愿采用的一类标准。推荐性标准没有权力要求所涉及的人员执行其要求，所涉及的人员也没有义务执行推荐性标准的要求。但是，通过下述途径推荐性标准将会得到广泛实施。

① 市场的机制。由于推荐性标准是以科学、技术和经验的综合成果为基础，是在充分协商一致的基础上形成的。所以，它符合大多数人的利益，自然会被大多数人所自愿使用。这样，市场上符合标准的产品或服务将占据主要地位，形成主导产品，那些少数没有使用标准的利益方，为了适应这一主流市场，其产品和服务往往不得不使用已通过的标准，以便顺利打开市场。可见，标准首先是靠其形成的机制，靠市场的作用被广泛自愿性使用的。

② 政府的引导。《中华人民共和国标准化法》第十四条规定："推荐性标准，国家鼓励企业自愿采用。"国家往往通过一些鼓励企业使用标准的政策，促进企业实施标准；政府还可以要求，凡政府采购、国家重大工程招标等活动要以相关标准为依据，发挥标准的技术依据和基础支撑作用。

③ 法规的引用。在一些法规中，凡涉及技术问题、有技术标准可以作为依据的，采取法规引用标准的方式，使得在法规调整的范围内，推荐性标准的使用成为法规的要求。对于标准中涉及的知识产权问题，国际标准化组织、区域标准化组织和国家标准机构大多有相应的规定。

三、标准的分级

1. 世界范围的标准分级

（1）国际标准：由众多具有共同利益的独立主权国参加组成的国际性标准化组织，通过合作和协商制定发布的标准。该类标准由国际标准化组织或国际标准组织的技术委员会起草，发布后在世界范围内适用，作为世界各国进行贸易和技术交流的基本准则和统一要求。当前，国际标准制定者是指“国际标准化组织”（ISO）、“国际电工委员会”（IEC）和“国际电信联盟”（ITU），以及ISO确认并公布的其他国际标准组织，例如，“国际计量局”（BIPM）、“世界卫生组织”（WHO）和“世界气象组织”（WMO）等。

国际标准化组织（International Organization for Standardization，ISO）成员由来自世界上100多个国家的国家标准化团体组成，组织机构如图1－3所示。ISO已经发布了17000多个国际标准，如ISO公制螺纹、ISO的A4纸张尺寸（21cm×29.7cm）、ISO的集装箱系列（目前世界上95%的海运集装箱都符合ISO标准）、ISO的胶片速度代码、ISO的开放系统互联（OS2）系列（广泛用于信息技术领域）和有名的ISO 9000质量管理系列标准。ISO质量体系标准包括ISO 9000、ISO 10000及ISO 14000三种系列：ISO 9000标准明确了质量管理和质量保证体系，适用于生产型及服务型企业；ISO 10000标准为从事和审核质量管理和质量保证体系提供了指导方针；ISO 14000标准明确了环境质量管理体系。

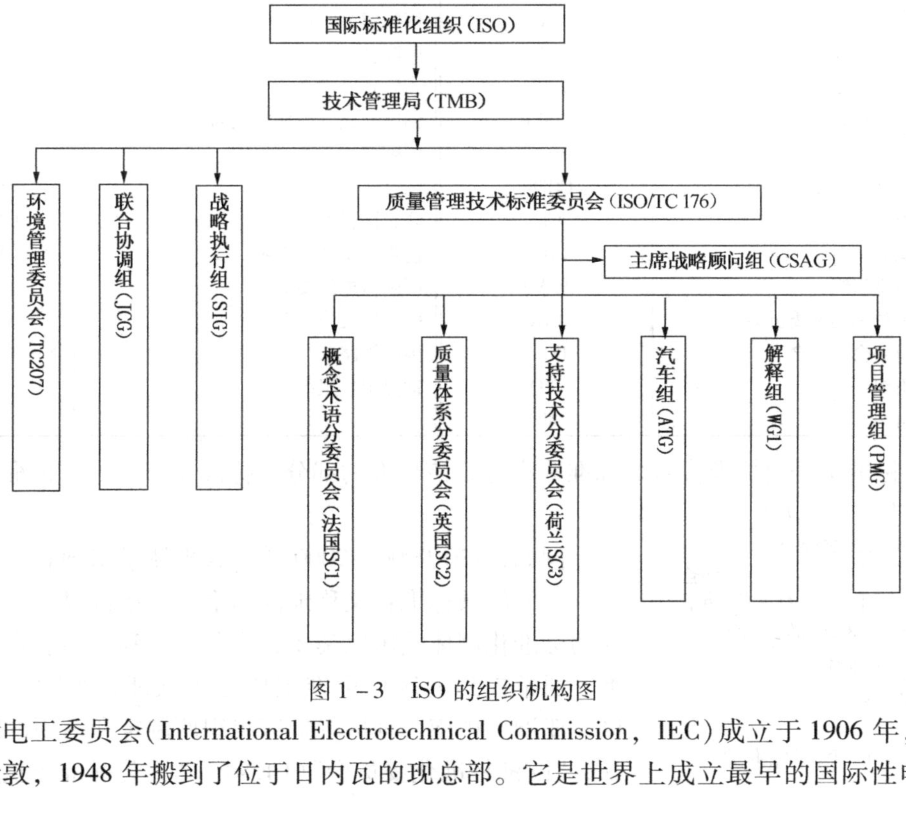

图1－3 ISO的组织机构图

国际电工委员会（International Electrotechnical Commission，IEC）成立于1906年，总部最初位于伦敦，1948年搬到了位于日内瓦的现总部。它是世界上成立最早的国际性电工标准化机构，负责有关电气工程和电子工程领域中的国际标准化工作。今天 IEC 成员国已从 1960 年的 35 个增加到 60 个。目前 IEC 的工作领域已由单纯研究电气设备、电机的名词术语和功率等问题扩展到电子、电力、微电子及其应用、通讯、视听、机器人、信息技术、新型医疗器械和核仪表等电工技术的各个方面。IEC 标准已涉及了世界市场中的 50%。IEC 标准的权威性是世界公认的，IEC 标准在迅速增加，我国 1957 年参加 IEC，中国现在是 IEC 的 95 个技术委员会和 80 个分委员会的 P 成员。2011 年 10 月 28 日，在澳大利亚召开的第 75 届国际电工委员会理事大会上，中国正式成为 IEC 常任理事国。

国际电信联盟(International Telecommunications Union，ITU)是联合国的一个专门机构，也是联合国机构中历史最长的一个国际组织。简称"国际电联"、"电联"或"ITU"。国际电联是主管信息通信技术事务的联合国机构。作为世界范围内联系各国政府和私营部门的纽带，国际电联通过其麾下的无线电通信、标准化和发展电信展览活动，而且是信息社会世界高峰会议的主办机构。国际电联总部设于瑞士日内瓦，其成员包括 191 个成员国和 700 多个部门成员及部门准成员。每年的 5 月 17 日是世界电信日(World Telecommunication Day)，中国于 1920 年加入电联。

国际标准在世界范围内使用，通常包括：国际标准化组织和国际电工委员会所制定的标准，国际标准化组织认可的其他 29 个国际组织所制定的标准及其他国际组织发布的、经 ISO 认可并收入《国际标准题录索引》中加以公布的标准。至今共有一万多个国际标准，发布国际标准的部分国际组织见表 1－1。

表 1－1　发布国际标准的部分国际组织

国际组织	缩写	国际组织	缩写
国际计量局	BIPM	国际航空运输协会	IATA
食品法典委员会	CAC	国际辐射防护委员会	ICRP
国际电气合格认证委员会	CEE	国际乳制品业联合会	IDF
国际无线电咨询委员会	CCIR	国际致冷学会	IIR
国际无线电干扰特别委员会	CISPR	国际合成纤维标准化局	BISFA
关税合作理事会	CCC	国际葡萄和葡萄酒局	IWO
国际电报电话咨询委员会	CCITT	国际法制计量组织	OIML
国际照明委员会	CIE	联合国科教文组织	UNESCO
国际原子能委员会	IAEA	世界知识产权组织	WIPO
国际民用航空组织	ICAO	国际橄榄油委员会	IOOC
国际辐射单位和测量委员会	ICRU	国际兽疫防治会	OIE
国际图书馆协会联合会	IFLA	国际铁路联	UIC
国际劳工组织	ILO	世界卫生组织	WHO
国际海事组织	IMO		

国际标准编号由标准代号、标准顺序号、该标准的部分、标准发布年份、标准名称五部分构成，见图 1－4 所示。

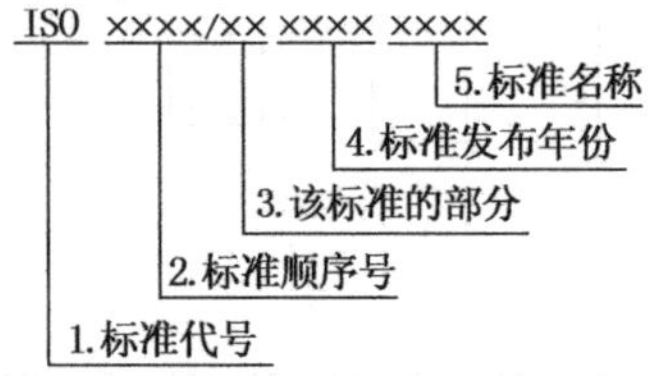

图 1－4　国际标准编号

例如，ISO 9000—2000 质量管理体系基础和术语。

(2) 区域标准：又称地区标准，泛指世界某一区域或地区的标准化团体或国家集团，为其共同利益而制定发布的标准。通常提到的区域标准主要是指欧洲、东欧、太平洋地区、亚洲、中南美地区等地区组织所制定和运用的标准。例如，"欧洲标准化委员会"(CEN)、"泛美标准委员会"(CO-

PANT)和“太平洋地区标准会议”(PASC)等制定的标准。

(3) 国家标准：是由合法的国家标准化组织，经过法定程序制定发布的标准，在该国范围内适用。例如，“美国国家标准学会标准”(ANSI)、“日本工业标准”(JIS)和“赞比亚标准”(ZC)等。

(4) 行业标准：是指在一个国家的某一个行业范围内，由该行业标准化组织制定发布的标准，并在该行业范围内使用。有的称其为专业标准或团体标准。

(5) 地方标准：是指一个国家的地方一级行政机构的标准化组织制定发布的标准，在该地方范围内适用。

(6)企业标准：是指在某一企业范围内统一制定发布的标准，有的称公司标准或工厂标准。企业标准用于指导企业的采购、设计、制造、销售、服务、管理和其他业务。企业标准是企业科学管理的基础，也是企业新产品开发、组织生产和经营活动的依据。

2. 我国的标准分级

(1) 国家标准：指对全国技术经济发展有重大意义而必须在全国范围内统一的标准。我国国家标准的代号，用“国标”两个字汉语拼音的第一个字母“G”和“B”表示。强制性国家标准的代号为“GB”，推荐性国家标准的代号为“GB/T”。国家标准的编号由国家标准的代号、国家标准发布的顺序号和国家标准发布的年号三部分构成，见图1-5所示。

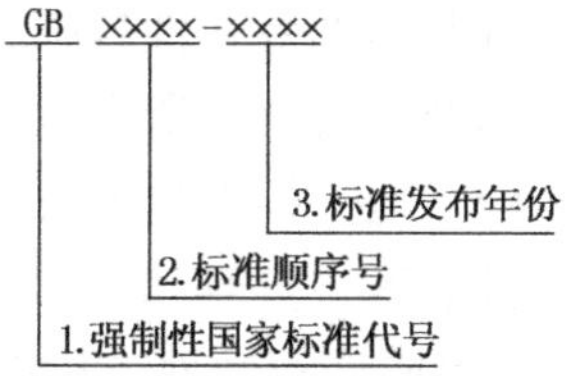

图1-5　国家标准的编号

例如：

GB/T 17040—1997 石油产品硫含量测定法(能量色散 X 射线荧光光谱法)；

GB/T 380—1977(1988)石油产品硫含量测定法(燃灯法)；

GB/T 387—1990 深色石油产品硫含量测定法(管式炉法)；

GB/T 6540—1986(1991)石油产品颜色测定法。

我们做油品分析实验时，色度的测定用的是 SH/T 0168—1992(2000)石油产品色度测定法，读出的数据是 SH/T 0168 色号，还要换算成 GB/T 654 色号(ISO 色号)。

国家标准一般为基础性、通用性较强的标准，是我国标准体系的主体。一经批准发布实施，与国家标准相重复的行业标准、地方标准应立即废止。

根据我国标准与被采用的国际标准之间技术内容和编写方法差异的大小，采用程度分为：

① 等同采用：其技术内容完全相同，不作或少作编辑性修改；

② 等效采用：技术内容只有很小差异，编写上不完全相同；

③ 参照采用：技术内容根据我国实际情况做了某些变动，但性能和质量水平与被采用的国际标准相当，在通用互换、安全、卫生等方面与国际标准协调一致。

为了便于查找和统计，采用国际标准的程度在标准目录、清单中应分别用三种图示符号表示，在电报传输或电子数据处理中可分别用三种缩写字母代号表示。

采用程度	图示符号	缩写字母代表
等同采用	$\equiv$	idt 或 IDT
等效采用	=	eqv 或 EQV
参照采用	$\approx$	ref 或 REF

(2) 行业标准：指在全国性的各个行业范围内统一的标准。表1-2为我国部分行业标准的代号。

表 1-2　我国部分行业标准的代号

行业标准名称	代号	行业标准名称	代号	行业标准名称	代号	行业标准名称	代号
农业	NY	石油	SY	铁道	TB	物资	WB
轻工	QG	石油化工	SH	核工业	EJ	环境保护	HJ
医药	YY	化工	HG	海洋	HY	煤炭	MT
教育	JY	建材	JC	邮政	YZ	商业	SY

例如：

SH/T 3018—2003 石油化工安全仪表系统设计规范；

SH/T 0246—92 轻质石油产品中水含量测定法（卡尔费休法）；

HJ/T 73—2001 水质丙烯腈的测定（气相色谱法）；

HJ/T 164—2004 水质检测标准。

行业标准专业性较强，是国家标准的补充。随着市场经济的发展，行业管理必将加强，行业标准也将会有所发展。

（3）地方标准（DB）：指在某个省、自治区、直辖市范围内需要统一的标准。“DB”加上省、自治区、直辖市行政区划代码前两位数再加斜线，组成强制性地方标准代号。再加“T”，组成推荐性地方标准代号。示例：甘肃省强制性地方标准代号：DB62/；甘肃省推荐性地方标准代号：DB62/T。

例如，DB62/T 1708—2008 临夏州农家乐服务质量等级评价标准。

（4）企业标准（QB）：指由企业制定的产品标准和为企业内需要协调统一的技术要求和管理、工作要求所制定的标准。例如，QB 1001—2006 自行车锁标准，QB 2499—2000 茶饮料标准，QB/T 1148—2005 大头针标准。

第三节　标准分析方法与标准物质

实验室对某一样品进行分析检验，必须依据以条文形式规定下来的分析方法进行。为了保证分析检验结果的可靠性和准确性，推荐使用标准方法和标准物质。

具有权威的国际标准化组织，颁布了上万个标准方法，美国材料试验协会 ASTM 也发布了近万个标准，其中大部分是标准方法。美国化学家协会 AOAC，在食品、药物、肥料、农药、化妆品、有害物质等领域颁布数以千计标准方法。我国国家技术监督局也颁布了数以千计，包括化工、食品、农林、地质、冶金、医药卫生、材料、环保等领域的化验用的标准方法。

一、标准分析方法

一个项目的测定往往有多种可供选择的分析方法，这些方法的灵敏度不同，对仪器和操作的要求不同；而且由于方法的原理不同，干扰因素也不同，甚至其结果的表示含义也不尽相同。当采用不同方法测定同一项目时就会产生结果不可比的问题，因此有必要进行分析方法标准化活动。

标准分析方法是经过实验确定了精密度和准确度，并由公认的权威机构颁布的方法。标准分析方法以实验为基础，经过广泛认可，逐渐建立，不需额外工作即可获得有关精密度、准确度和干扰等知识整体。标准方法的选定首先要达到所要求的检出限度，其次能提供足够小的随机和系统误差，同时对各种环境样品能得到相近的准确度和精密度，当然也要考虑技术、仪器。

标准分析方法是技术标准中的一种。它必须满足以下条件：

① 按照规定的程序编制；

② 按照规定的格式编写；

③ 方法的成熟性得到公认，通过协作实验确定了方法的误差范围；

④ 由权威机构审批和发布。

标准方法在技术上并不一定是先进的，准确度也可能不是最高的方法，而是在一般条件下简便易行、具有一定可靠性，经济实用的成熟方法。发展一个标准方法需要经过较长的过程，要花费大量的人力物力，在进行充分试验的基础上推广试用，最后才可能成为标准方法。现代化的仪器分析较化学分析更复杂，研究仪器分析的标准方法需要更大的投资和更长的时间，要多个实验室共同协作才能完成。

协作试验是指为了一个特定的目的和按照预定的程序所进行的合作研究活动。协作试验可用于分析方法标准化、标准物质浓度定值、实验室间分析结果争议的仲裁和分析人员技术评定等项工作。分析方法标准化协作试验的目的，是为了确定拟作为标准的分析方法在实际应用的条件下可以达到的精密度和准确度，制定实际应用中分析误差的允许界限，以作为方法选择、质量控制和分析结果仲裁的依据。

在从事常规例行分析的操作过程中，常常会发现由于种种原因，要对采用的标准方法进行一些较小的改变，如试样称量、pH 值、试剂纯度等一个至几个变量微小变化，即使这种改变都必须经过一定形式的验证。证明改变是可行的，对分析结果没有负作用，并征得有关负责人的同意后，方可改变操作规程。若擅自修改正在使用的标准方法，或未经准许使用别的分析方法是不允许的，由此产生的后果，有时应负法律责任。

化验室使用的分析方法必须要有文字表述的完整文件，每个化验人员须熟悉他所用的分析方法，包括方法的局限性和可能出现的变化。对于化验室现用的分析方法，不管改进(或变化)多么小，只要它是分析方法的一部分，就必须把它写入方法的表述之内，也可以以附录形式说明，并在操作步骤中做上记号以便查阅。

二、标准分析方法的影响因素

一个优良的分析方法，必须具有高准确性、可靠性与适用性，它必须考虑下列因素。

1. 方法的准确度

通常希望一个分析方法具有高准确度，不存在或存在很小系统误差。化学量的测量方法大多数是相对测量法。化学量的测量在多数情况下是很复杂的，误差来源多，很难直接进行准确度的测定。所以通常分析方法准确度的测定是用标准物质或用经实践证明是可靠的、公认的标准方法来验证。

(1) 用标准物质来验证方法的准确度，首先选择合适的标准物质，该标准物质的准确度应优于被验证方法可能具有的准确度水平，标准物质化学成分的种类与浓度范围，要与方法相适应，标准物质的基体组成尽可能与被测样品相类似，标准物质的物理状态，甚至表面状态要满足方法的要求。

在测量方法处于正常使用条件和正确操作下，如同测定实际样品一样地测定标准物质。

如果标准物质的测定结果$[x \pm \frac{ts}{\sqrt{n}}]$与标准物质证书上所给的标准值$(A \pm u)$一致，则表明被验证的测量方法无明显的系统误差存在。可用测量方法的精密度，即随机误差的不确定度$\pm \frac{ts}{\sqrt{n}}$，近似地表达测量方法的准确度。如果测量结果与证书上的给定值不一致，则应寻找原因，改进测量方法。

（2）用标准方法来验证方法的准确度。用公认可靠的标准方法和被验证的方法测定相同的几个浓度水平的样品，若测得结果一致，证明被验证的方法不存在明显的系统误差。此时，其方法的精密度可以近似表达为方法的准确度。

2. *方法的精密度*

方法的精密度是选择方法时首要考虑的因素，只有精密度好，在没有系统误差或系统误差不显著时才能准确度好。

方法的精密度常用偏差、极差、标准偏差和变异系数等来表征。

3. *方法的灵敏度*

评价方法时，仅评价准确度和精密度是不够的，必须考虑方法的灵敏度。方法的灵敏度常用工作曲线的斜率 b 值(即当样品浓度或含量有很小变化时，对测量信号值的变化幅度)来表达，b 值越大，方法的灵敏度越高。斜率 b 值随测定条件的变化而变化。研究方法灵敏度就是要选择提高灵敏度的最佳实验条件，以及控制实验条件以减少斜率 b 的波动性。

一般而言，高灵敏度的分析方法其精密度也高。灵敏度的稳定性不但影响测定方法的精密度，而且还会引起工作曲线斜率的变化，产生测定的系统误差。只有当灵敏度固定不变时，响应值才与被测样品含量有定量关系。实际上要求灵敏度固定不变是不可能的，但可以通过严格控制测定条件，使得灵敏度的变化减小到可以接受的程度。

4. *检测限和分析空白*

检测限有三种常用表示方式。

（1）仪器检测下限：可检测仪器的最小讯号，通常用信噪比来表示，当信号与噪声之比$\geqslant 3$时，相应于信号强度的试样浓度定义为仪器检测下限。

（2）方法检测下限：即某方法可检测的最低浓度。通常用低浓度工作曲线外推法可求得方法的检测下限。

（3）样品检测下限：即相对于空白可检测的最小样品含量。样品检测下限定义为：其信号等于测量空白溶液的信号的标准偏差的 3 倍时的浓度。

检测下限是选择分析方法的重要因素。样品检测下限不仅与方法检测下限有关，而且与空白样品中空白含量以及空白波动情况有关。只有当空白含量为零时，样品检测下限等于方法检测下限。然而空白含量往往不等于零，空白大小常受环境对样品的污染、试剂纯度、水质纯度、容器的质地以及操作等因素的影响。因此，方法检测下限由外推法求得可能是很低的浓度。由于空白含量的存在以及空白波动的存在，样品检测下限可能要比方法检测下限大得多。从实用中考虑，样品检测下限较为有用，较切合实际。

5. *方法的线性范围*

方法的线性范围是指信号与样品浓度成线性的工作曲线直线部分。

通常把相当于 10 倍空白的标准偏差相对应的浓度定为方法的线性范围的定量检测下限。

取工作曲线中高浓度时，弯曲处作为方法线性范围的定量检测上限。好的分析方法要有宽的线性范围。有的分析方法线性范围只有一个数量级，有的分析方法线性范围可达 5 ~6 个数量级，同一分析方法可用常量、微量甚至痕量的物质分析。

6. 基体效应

当一个分析方法确立之后，应用该方法时，对于不同的测定对象要考虑基体(基体是指分析试样中的主体组分)的影响。基体对欲测组分的影响称为基体效应。常用的工作曲线测量法，只在基体效应小至不影响测量结果的情况下应用。如果基体效应影响测定结果，影响不是太大时，可采用标准加入测量法来消除存在的基体效应。若基体效应严重地影响结果时，只能用预先分离基体的测量方法。

7. 方法的耐变性

一个好的分析方法应该不受环境等因素的变化而变化，即对温度、湿度、气压、光线等因素的变化呈现不灵敏性，若对于某些环境因素呈现灵敏性的话，在测定过程中就要注意控制这些因素。

综上所述，一个理想的好的分析方法，应是准确度好、精密度高、灵敏度高、检测限低、分析空白低、线性范围宽、基体效应小、耐变性强。但是一个好的分析方法，未必是一个实用方法。作为一个实用方法，还要求方法的适用性强、操作简便、容易掌握，消耗费用低等。

三、标准分析方法通常的书写格式

标准分析方法的书写应遵守 GB 1. 4—1988“化学分析方法标准编写规定”。要求方法尽可能写得清楚，减少含糊不清的词句，应按国家规定的技术名词、术语、法定计量单位，用通俗的语言编写，并且有一定的格式，通常包括下列内容：

(1) 方法的编号：国家标准有严格的编号，以便查找。

如 GB 5009. 1—1985，GB 意为中华人民共和国国家标准；顺序编号为 5009；1 为 5009 的第 1 部分；1985 为 1985 年发布的标准。

(2) 方法认可日期及施行日期。

(3) 标题：标题应当简洁，并包括分析物和待测物的名称。如“动物饲料中氮的测定”，分析物为动物饲料，待测物为氮。如果对于给定的分析物和待测物有多于一个分析方法时，那么标题还应包括测定方法的名称。如“分光光度法测定废水的颜色”中，分光光度法是测定方法的名称，废水为分析物，颜色为待测物。有时所用方法与分析物的数量级有关，这也应在标题中反映出来，如“废水中微量酚的测定”。

(4) 引用的标准或参考文献：列出本标准所引用的其他标准或参考文献。

(5) 方法的适用范围：指出方法适用分析的对象、分析物的浓度范围、基体形式和性质，以及进行测定所要耗费的大概时间，还应指出产生干扰的物质。换句话说，使读者一看方法的适用范围，就能很快地决定这一方法是否适用于他所面临的特殊问题。

(6) 基本原理：应简明地写明方法的化学、物理或生物学原理。不常见的化学反应、分离手段、干扰影响等也在此说明。

(7) 仪器和试剂：本节应列出所用仪器和不常见设备，以及有特殊要求的设备。普通常用的实验设备、玻璃器皿可不必一一罗列。除非要求有特殊的功能，如要测定 0. 001pH 单位、半微量称量等。试剂要全部列出，包括化学名称、纯度以及需要预先特别处理的方法、溶液的配制等。对于不稳定的溶液与试剂，应指出它们的有效日期。

(8) 安全措施：实验中有要求特殊保护安全措施的，需要详细写出。如预防爆炸危险的措施，预防燃烧、预防腐蚀及中毒，以及有关废物处理等特殊安全措施等。

(9) 方法步骤：这是一个分析方法的核心部分，书写时应特别注意叙述详尽，但又要简明。

需注意以下几点事项：

① 严格按实验进行的时间先后次序书写，溶液的配制与标定应放在试剂项内写。

② 避免使用缩略词。除非这些词肯定被大众共认的。缩略词第一次使用时需加注解。

③ 细节要写清楚，不要以为你自己知道的别人也会知道。如当你想说明"滴加0.01mol/LHCl 直到 pH 为 7.0 ±0.2 时"，不能写成"用 HCl 中和"，这样过于简单。

④ 指出分析过程的关键步骤，并说明如操作不小心，将造成什么后果。

⑤ 避免使用长句和会引起误解的复杂句。

(10) 计算：给出计算分析结果必需的公式，包括各变量的单位和计算结果的单位，每个符号代表的物理意义。如果公式不很直观明了的，应写出公式的推导过程。

(11) 统计：以结论形式给出方法的精密度和准确度等有用的信息。

(12) 注释：任何有助于对方法的理解与执行，以及结果的解释需加以必要的注释。

(13) 最后附加说明标准方法的起草单位、提出单位、批准单位、归口单位。

四、标准物质

标准物质(Reference Material，RM)是保证准确量值和量值溯源的计量标准，它广泛应用于校准测量仪器、评价测量方法、赋予材料特性量值。在质量管理、质量保证、技术仲裁等方面起着重要作用。标准物质可以是纯的或混合的气体、液体或固体。例如，校准黏度计用的水、量热法中作为热容量校准物的蓝宝石、化学分析校准用的溶液。我国标准物质由国家标准计量主管部门批准、颁布并授权生产。

标准物质包括：①化学成分或纯度方面的标准物质，如各种钢铁、非铁合金、矿物、水泥、金属离子溶液、标准气体、环境标样等。②基本物理特性和化学计量等标准物质，如相对分子质量、熔点、温度、吸收率、计量物质等。③工程技术特性的标准物质，如硬度、颜色、黏度、电子显微镜放大倍数等。

标准物质应具有以下基本特性：

(1) 标准物质的材质应是均匀的，这是最基本特性之一。对于固态非均相物质来说，欲制备标准物质，首先要解决均匀性问题，譬如制备冶金产品标准物质时，在冶炼过程中以不同的方式(如火花法、电弧法等)加入不同的元素，以保证冶炼过程中的均匀性。铸模后去掉铸铁的头、尾与中央不均匀部分，然后再通过铸造进一步改善其均匀性。用于化学分析的冶金产品标准物质还要经过切削、过筛、混匀等过程，以确保标准物质组分分布的均匀性。

(2) 标准物质在有效期内，性能应是稳定的，标准物质的特性量值应保持不变。

物质的稳定性是有条件的、是相对的，是指在一定条件下的稳定性。物质的稳定性受物理、化学、生物等因素的制约，如光、热、湿、吸附、蒸发、渗透等物理因素，溶解、化合、分解、沾污等化学因素，生化反应、生霉等生物因素都明显地影响物质的稳定性。而且不同因素的影响，往往又是交叉地进行。为了获得物质的良好稳定性，应设法限制或延缓上述作用的发生。通常通过选择合适的保存条件(环境)、储存容器、杀菌和使用化学稳定剂等措施来保证物质良好的稳定性。如在干燥、阴冷的环境下保存;选择材质纯、水溶性小、器壁吸附性和渗透性小的密封容器储存;用紫外光、^{60}Co 射线杀菌;选用各种化学稳定性的条件,如酸度增加可增加水中重金属元素的稳定性。

标准物质的有效期是有条件的,使用注意事项和保存条件在标准物质证书上明确地写明,使用者应严格执行,否则标准物质的有效期就无法保证。

在此要注意区别保存期限和使用期限,如一瓶标准物质封闭保存可能五年有效期,但开封之后,反复使用它,也许两年就变质失效了。

(3) 标准物质必须具有量值的准确性,量值准确是标准物质的另一基本特征,标准物质作为统一量值的一种计量标准,就是凭借该值及定值准确度校准器具、评价测量方法和进行量值传递。标准物质的特性量值必须由具备良好仪器设备的实验室,组织有经验的操作人员,采用准确、可靠的测量方法进行测定。

(4) 标准物质必须有证书,它是介绍该标准物质的属性和特征的主要技术文件,是生产者向使用者提供的计量保证书,是使用标准物质进行量值传递或进行量值追溯的凭据。证书上注明该标准物质的标准值及定值准确度。

(5) 标准物质必须有足够的产量和储备,能成批生产,用完后可按规定的精度重新制备,以满足测量工作的需要。生产标准物质必须由国家主管单位授权。

五、标准物质的分类及量值溯源体系

1. 标准物质的分类

(1) 国际理论与应用化学联合会(IUPAC)的分类方法:

① 相对原子量标准的参比物质(reference of atomic weight standard);

② 基准标准物质(ultimate standard);

③ 一级标准物质(primary standard);

④ 工作标准物质(working standard);

⑤ 二级标准物质(secondary standard);

⑥ 标准参考物质(standard reference materil)。

(2) 我国将标准物质分为一级和二级,它们都符合有证标准物质的定义。

一级标准物质(primary reference material)定值准确度高,主要用于评价标准方法、作仲裁分析的标准,为二级标准物质定值,是量值传递的依据。

一级标准物质具备如下条件:

① 用绝对测量法或两种以上不同原理的准确可靠的方法定值。在只有一种方法的情况下,用多个实验室以同种准确可靠的方法定值。

② 准确度具有国内最高水平,均匀性在准确度范围之内。

③ 稳定性在一年以上,或达到国际同类标准物质水平。

④ 包装形式符合标准物质技术规范要求。

二级标准物质(secondary reference material)主要特点是满足现场测量的需要,可作为工作标准直接使用,准确度能适应现场测量的需要。

二级标准物质具备如下条件:

① 用与一级标准物质进行比较测量的方法或一级标准物质定值方法定值;

② 准确度和均匀性未达到一级标准物质的水平，但能满足一般测量的需要；

③ 稳定性在半年以上，或能满足实际一级标准物质测量的需要；

④ 包装形式符合标准物质技术规范要求。

2. 编号

一级标准物质的编号是以标准物质代号“GBW”冠于编号前部，编号的前两位数是标准物质的大类号，第三位数是标准物质的小类号，第四、五位数是同一类标准物质的顺序号。复制批号用英文小写字母表示，排于标准物质编号的最后一位。

二级标准物质的编号是以二级标准物质代号“GBW(E)”冠于编号前部，编号的前两位数是标准物质的大类号，后四位数为该大类标准物质的顺序号。复制批号用英文小写字母表示，排于标准物质编号的最后一位。

3. 量值的溯源体系

通过一条具有规定不确定度的不间断的比较链，使测量结果或测量标准的值能够与规定的参考标准，通常是与国家测量标准或国际测量标准联系起来的特性，即溯源性。量值的溯源体系见图 1－6 所示。

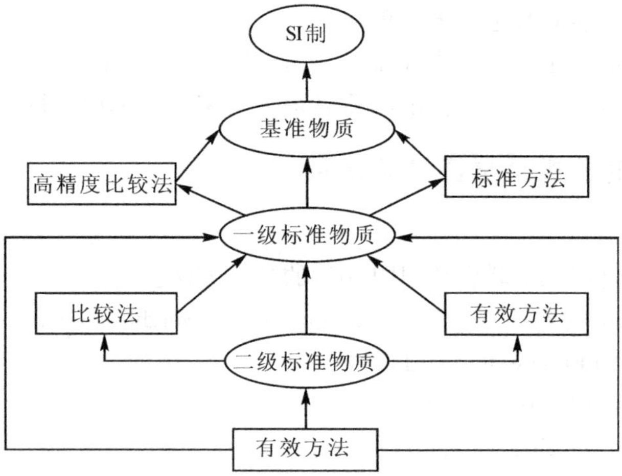

图 1－6　标准物质量值溯源图

六、标准物质的主要用途及选择原则

1. 标准物质的主要用途

(1) 标准物质是检验、评价、鉴定新技术和新方法的重要手段。近年来，国际上对新技术、新方法的准确度、精密度的评价普遍采用标准物质，因为这种评价方法比较方便和可靠。仪器设备的性能如线性、稳定性、灵敏度等的检验也常用标准物质。化验室常使用标准物质来检验与确认分析人员的操作技术与能力。

(2) 标准物质常被用作校正物。如 pH 的标准物质来确定 pH 计的刻度值，用固定温度点的标准物质来校正温度计温标，用金属标准物质校正分析仪器，用氧化镨钕玻璃滤光器校正分光光度计的波长，用聚苯乙烯薄膜标准物来检查红外光谱仪的波长及分辨率等，也可用标准物质来监测和校正连续测定过程中的仪器稳定性、数据漂移等。

(3) 标准物质用作确定物质特性量值的工作标准，是控制分析测试质量的有力工具。利用国家一级标准物质来制备与校准二级标准物质(工作标准物质或标准实物样品)，用后者作为常规分析的标准物，这样可以节省经费。

（4）用于实验室内部的质量保证。可用标准物质作质量控制图，长期监视测量过程是否处于统计控制之中，以提高实验室的分析质量，建立质量保证体系。

（5）用于实验室之间的质量保证。中心实验室可把标准物质发放于所管辖的各个实验室进行分析，然后收集各实验室的测定值，用以评价各实验室和分析者的工作质量及质量保证。

另外，也可把标准物质分发至全国各地实验室或世界各国实验室，用这种方法可以考查与提高各实验室的分析质量水平，利用标准物质测出数据的可比性，提供了全国、全世界技术协作的可能性。

2. 标准物质的选择原则

分析方法的基体效应与干扰组分、定量范围、进样方式与进样量、被测试样的基体组成、测定结果欲达到的准确水平等都是选择标准物质时应考虑的因素。

（1）必须采用与待测试样相似的标准物质。为了更好地参照、校准和比对，选择的标准物质一定要尽可能地与待测试样相类似。所谓类似并不是也不需要完全一致，只是要求类型上相似，基体大致相同。如待测试样是水质试样，就应选择水质标准物质。

（2）标准物质的准确水平应与期望分析结果的准确度相匹配。准确度有着不同的表示方法，要了解准确度不同表示方式的具体含义。我国的标准物质证书上用“不确定度”、“相对标准偏差”等方式表示标准物质特性值的可靠程度。标准物质的准确度应比被测试样欲达到的准确度高 3 ~10 倍。

（3）所选标准物质的浓度水平与直接用途相适应。分析方法的精密度随试样浓度的降低而放宽，应选择与被测试样浓度相近的标准物质。若用标准物质评价分析方法时，应选择浓度水平接近方法上限与下限的两个标准物质；当用标准物质作控制标准时，应选择与被测试样浓度相近的标准物质；当用标准物质校准仪器时，则应选择浓度在仪器测量范围内的标准物质等。

七、标准物质的使用与管理

1. 标准物质使用与管理

（1）标准物质统一采购，采购时应考虑使用的要求，如量值范围、基体组成和标准值的不确定度等。

（2）建立标准物质总账，并实行领用登记制度。标准物质总账内容包括：名称、组成、供应商、批号、购入日期、有效日期、证书号、验收情况或结论、存放地点等信息。

（3）标准物质按证书或有关的储藏条件要求进行安全处置，指定专人保管，设专门存放区域。存放区要标识明显，并有防污染措施，以确保标准物质处于标准状态，维持其有效性。

（4）使用国家或有关部门正式批准的有证标准物质，以便能溯源到国家基准、国家测量基准或国家标准物质基准。对于使用未经正式批准的标准物质，必须经过分析、比对验证，证明符合要求方能使用。

（5）标准溶液的量值必须按规定的方法测试、核定、比对确定，能溯源到国家基准；无法溯源到国家基准的，要按标准测试的数据证明满足要求时方能使用，标准溶液的配制、定值、保管按有关规定执行。

（6）标准物质已超过其有效期限，或在有效期限内但已出现异常情况，经测试分析已发生变化，由管理人员填写标准物质报废申请，经审批后及时处理。

（7）属于剧毒化学品的标准物质及标准溶液按剧毒化学品的管理规定进行管理，对使用进行跟踪记录。

2. 标准溶液配制管理要点

（1）准确称(量)取溶质。对于固体试剂要按照规定先进行充分干燥，并冷却至室温后立即称重以供配制，称量时准确称量至0.1mg。对于液体试剂，应根据需要计算出所需体积后直接量取。标准溶液配制应使用合格的A级容量瓶。

（2）正确选择溶剂。选择溶剂的总原则是溶剂纯度要与试剂纯度等级大致相同。必要时应对溶剂质量进行检验，若其纯度不符合要求则应进行处理，以保证标准溶液的质量。

（3）控制配制数量。应根据标准溶液的稳定性、浓度以及需要量进行配制。浓度较高、稳定性较好的标准溶液一次可配制一个月左右的使用量，浓度较低、稳定性差的标准溶液则应分次少量配制。

（4）做好标定工作。应对标准溶液浓度进行定期标定，尤其是对浓度不稳定的标准溶液，最好每次使用前进行标定，确保准确无误。

阅读材料

国际标准化组织(ISO)

国际标准化组织(International Organization for Standardization，ISO)，是世界上最大的非政府性标准化专门机构，是国际标准化领域中一个十分重要的组织，其成员主要来自世界上100多个国家的国家标准化团体。

ISO International Organization for Standardization

国际标准化组织的前身是1926年成立的国家标准化协会国际联合会(International Federation of the National Standardizing Associations，ISA)和联合国标准协调委员会。1946年10月，25个国家标准化机构的代表在伦敦召开大会，决定成立新的国际标准化机构，定名为ISO。大会起草了ISO的第一个章程和议事规则，并认可通过了该章程草案。1947年2月23日，国际标准化组织正式成立，总部设在瑞士的日内瓦，中国是始创成员国和最初的5个常任理事国之一。1951年，ISO发布了第一个标准——工业长度测量用标准参考温度。

ISO的任务是促进全球范围内的标准化及其有关活动，以利于国际间产品与服务的交流，以及在知识、科学、技术和经济活动中发展国际间的相互合作。其主要机构及运作规则都在一本名为ISO/IEC技术工作导则的文件中予以规定，其技术结构在ISO是有800个技术委员会和分委员会，它们各有一个主席和一个秘书处，秘书处是由各成员国分别担任，目前承担秘书国工作的成员团体有30个，各秘书处与位于日内瓦的ISO中央秘书处保持直接联系。通过这些工作机构，ISO已经发布了17000多个国际标准，如ISO公制螺纹、ISO的A4纸张尺寸、ISO的集装箱系列(目前世界上95%的海运集装箱都符合ISO标准)、ISO的胶片速度代码、ISO的开放系统互联(OS2)系列(广泛用于信息技术领域)和有名的ISO 9000质量管理系列标准。

思考与练习

一、名词解释

1. 标准化
2. 标准
3. 强制性标准
4. 技术标准
5. 管理标准
6. 工作标准
7. 推荐性标准
8. 国际标准
9. 国家标准
10. 标准物质
11. 标准分析方法
12. 区域标准
13. 地方标准
14. 企业标准

二、填空题

1. 国外标准化的原理有__________和__________。

2. 我国的标准化理论可以概括为__________、__________、__________和__________。

3. 标准化活动的三个重要环节分别是__________、__________、__________。

4. 制定标准的对象是__________；标准的本质是__________。

5. 按标准化的对象，可将标准分为__________、__________、__________。

6. 按标准的约束性分类，可将标准分为__________和__________。

7. 我国的标准分为__________、__________、__________和__________。

8. 在SH/T 0185—1992(2000)中画线部分的含义依次是：__________、__________、__________、__________。

9. 我国采用国际标准或国外先进标准的方式通常有________、________、________。

10. 我国将标准物质分为__________和__________。

三、单选题

1. 标准是为了在一定范围内获得最佳________，经协商一致制定并由公认机构批准，共同使用的和重复使用的一种规范性文件。

A. 效益　　B. 秩序　　C. 效果　　D. 效率

2. 推荐性国家标准的代号是________。

A. GB　　B. GB/T　　C. GB－T　　D. DB/T

3. 按GB/T 16733—1997规定我国国家标准制定程序应分为________个阶段。

A. 6　　B. 7　　C. 8　　D. 9

4. 下述标准等级属于地方标准的是________。

A. GB/T　　B. SH　　C. GJB　　D. DB

5. 下列标准中属于国家标准的是________。

A. ANSI　　B. ISO　　C. QB/T　　D. HJ

6. 标准的本质特征是________。

A. 统一　　B. 协调配合　　C. 先进、合理　　D. 法制性

7. 地方标准由省、自治区、直辖市________制定，并报国务院标准化行政主管部门和国务院有关行政主管部门备案。

A. 人民政府　　B. 人民政府委托有关行业主管部门

C. 有关行业主管部门　　D. 标准化行政主管部门

8. 标准由________这样一个不断发展，循环往复的过程，就是标准由低级向高级逐渐发展的过程。

A. 实施—监督检查—修订　　B. 修订—发布—实施

C. 起草—批准发布—实施　　D. 制定—实施—修订

9. 强制性国家标准的编号是________。

A. GB/T + 顺序号 + 制定或修订年份　　B. HG/T + 顺序号 + 制定或修订年份

C. GB + 序号 + 制定或修订年份　　D. HG + 顺序号 + 制定或修订年份

10. 化工行业的标准代号是________。

A. MY　　B. HG　　C. YY　　D. B/T

11. 我国的一级标准物质可用代号________表示；二级标准物质可用代号________表示。

A. GB　　B. GBW　　C. GBW(E)　　D. GBW(2)

12. 国际纯粹化学和应用化学联合会将作为标准物质的化学试剂按纯度分为________。

A. 6 级　　B. 5 级　　C. 4 级　　D. 3 级

四、简答题

1. 简述我国采用国际标准或国外先进标准方式的含义、表示符号及缩写字母。
2. 标准化有什么作用，其目的是什么？
3. 标准制定的程序是什么？
4. 标准物质的特点、性质和主要作用是什么？
5. 按中华人民共和国标准化法规定，我国标准按适用范围和法律属性分类应分几类？

第二章 质量管理概述

☞ **教学目标：**

- 了解质量的形成过程；
- 掌握质量管理的概念任务和发展阶段；
- 掌握全面质量管理的特点；
- 掌握全面质量管理的程序——PDCA 循环；
- 了解“5S”的概念及内容；
- 掌握八项质量管理原则。

☞ **教学重点：**

- 全面质量管理的特点、PDCA 循环及八项质量管理原则。

☞ **教学难点：**

- PDCA 循环及八项质量管理原则。

【案例】海尔 1985 年砸冰箱事件

1985 年海尔生产的第一批冰箱不合格，张瑞敏总裁亲自带头把有毛病的 76 台冰箱砸掉了。此事件后，海尔员工对“有缺陷的产品就是废品”有了刻骨铭心的理解与记忆，对“品牌”与“饭碗”之间的关系有了更切身的感受，海尔全体员工的质量意识也得到了大大的提高，并在 1988 年 12 月获得了全国同行业的第一块金牌。拿到金牌之后，张瑞敏又跟他的员工说，我们拿到的是一块全运会的金牌，下一步我们要拿奥运会金牌。从此，海尔的员工就树立起了严格的质量观。所有的员工都知道，要拿奥运会金牌，就要以质量使产品走向全球，用质量创造名牌。

海尔在生产经营中始终向职工反复强调“用户是企业的衣食父母”，在生产制造过程中，他们始终坚持“精细化，零缺陷”，让每个员工都明白“下道工序就是用户”。这些思想被职工自觉落实到行动上，每个员工将质量隐患消除在本岗位上，从而创造出了海尔产品的“零缺陷”。海尔空调从未发生过一起质量事故，产品开箱合格率始终保持在 100%。

第一节 质量与质量管理术语

美国的质量管理专家朱兰博士在很早以前就说过：“人们在质量大堤的保护下生活。”这一思想源于荷兰的海防大堤——荷兰有大约 1/3 的国土低于海平面，这块土地赋予人们很大的恩惠，但也很危险，要利用好这块土地，就需要建造和维护巨大的海防大堤。朱兰的这句名言说明了质量就像海防大堤一样，可以给人们带来利益和幸福，而一旦质量的大堤出现问题，它同样也会给社会带来危害甚至灾难。既然质量对于人类社会这么重要，那么到底什么是质量呢？

一、质量及质量的形成过程

人们对质量概念的认识是一个不断变化的过程。最早质量的概念仅仅是“不出错”，加工出来的产品只要不出错，没有大的毛病就是好的。质量概念的进一步发展是在第二次世界大战期间，提出质量即为符合性。所谓符合性就是对规范或要求的符合程度。美国的质量管理专家克劳斯比(Philip Crosby)是其代表人物之一，他认为质量并不意味着好、卓越、优秀等，谈论质量只有相对于特定的规范或要求才是有意义的，合乎规范即意味着具有了质量，而不合格自然就是缺乏质量。这种“合格即质量”的认识对于质量管理的具体做法显然是很实用的，但其局限性也是显而易见的。随着生产力的发展，后来又形成了另外一种与克劳斯比的观点相对应的观点，这就是著名质量管理专家朱兰博士从顾客的角度出发，提出了著名的适用性观点。朱兰指出，适用性就是产品使用过程中满足顾客要求的程度，适用性概念普遍适用于一切产品或服务，对顾客来说质量就是适用性，而不仅仅是符合规范。另外还有一种比较经典的质量概念，是从经济学的角度出发的，由日本的质量管理专家田口玄一提出。田口认为：“质量是指产品出厂以后给社会带来的损失”。这里所指的社会是指生产厂家以外的所有人，损失是指使用费用、故障损失、重新购置损失，不包括由于产品功能本身所产生的损失。

正是在这些概念的基础上，才形成了目前得到共识的 ISO 9000 标准中的质量概念。

1. 质量的概念

ISO 8402—1994《质量管理和质量保证术语》中对质量所下的定义是：质量是反映实体(产品、过程或活动等)满足明确和隐含需要能力的特性总和。ISO 9000—2008《质量管理和质量保证术语》中对质量所下的定义是：质量是一组固有特性满足要求的程度。包括：产品质量、服务质量、过程质量和工作质量。

2. 质量的形成过程

(1) 朱兰质量螺旋曲线。产品质量有一个产生、形成和实现的过程，美国质量管理专家朱兰于20世纪60年代用一条螺旋曲线来表示质量的形成过程，称为朱兰质量螺旋曲线，如图2-1所示。意思是指产品质量从市场调查研究开始，到形成、实现后交付使用，在使用中又产生新的想法，构成动力再开始新的质量过程，产品质量水平呈螺旋式上升。

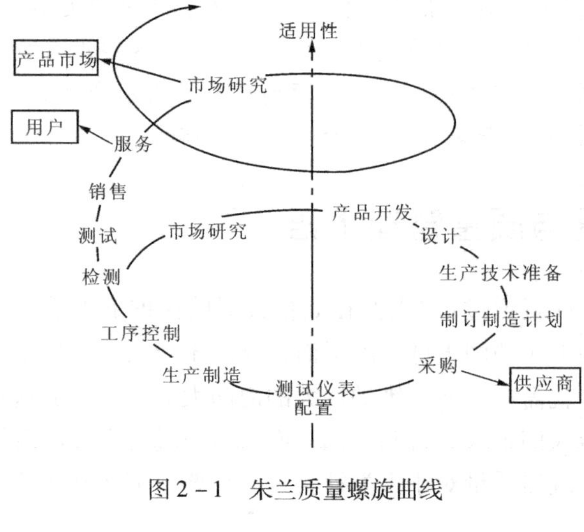

图2-1 朱兰质量螺旋曲线

朱兰质量螺旋曲线阐述了五个重要的理念。

① 产品质量的形成由市场研究、开发(研制)、设计、制定产品规格、制定工艺、采购、仪器仪表以及设备装置、生产、工序控制、检验、测试、销售、服务13个环节组成。

② 产品质量形成的13个环节一环扣一环，周而复始，但不是简单的重复，而是不断上升、不断提高的过程。

③ 产品质量形成是全过程的，对质量要进行全过程的管理。

④ 产品质量形成的全过程受供方、

销售商和顾客的影响，即涉及组织之外的因素。所以，质量管理是一个社会系统工程。

⑤ 所有的活动都由人来完成，质量管理应该以人为主体。朱兰螺旋曲线所揭示的各个环节的品质活动都要依靠人去完成。人的因素在产品质量形成过程中起着十分重要的作用，品质管理应该提倡以人为主体的管理。此外，要使“循环”顺着螺旋曲线上升，必须依靠人力的推动，其中领导是关键，要依靠企业领导者做好计划、组织、控制、协调等工作，形成强大的合力去推动质量循环不断前进，不断上升，不断提高。

（2）质量环。质量形成过程的另一种表达方法是“质量环”，1994 版的 ISO 9000 标准就采用了这种表达方法。所谓质量环是指从识别需要到评定这些需要是否得到满足的各个阶段中，影响质量的相互作用活动的概念模式。硬件产品的质量环包括 12 个环节，如图 2－2 所示。其中，使用寿命结束时的处置或再生利用阶段主要是指那些如果任意废弃后会对公民健康和安全有不利作用的产品，如核废料、化学制品等，用后一定要妥善处理。应注意的是这种质量循环不是简单的重复循环，它与朱兰质量螺旋曲线有相同的意义。

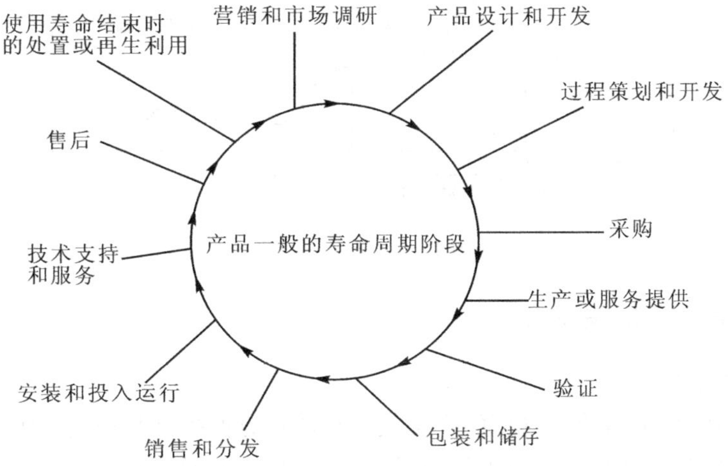

图 2－2　质量环

（3）朱兰质量管理三部曲。第二次世界大战以后，日本从美国引进了统计质量管理的思想和方法，一举改变了日本产品质量低劣的状况。20 世纪 70 年代末期，日本产品开始大量进入美国市场，不断蚕食着美国企业的市场份额。对于美国企业来说，传统的质量控制方法面对这种状况已经显得力不从心，迫切希望有新的管理思想来指点迷途。朱兰博士便是担当这一使命的先驱者之一，他主张要想解决质量危机，就需要破除传统观念，从根本上改造传统的质量管理，按照新的行动路线来行事，这一路线便是朱兰所提出的三部曲。朱兰认为质量管理是由质量策划、质量控制和质量改进这三个互相联系的阶段所构成的一个逻辑的过程，每个阶段都有其关注的目标和实现目标的相应手段。

质量策划指明企业的产品和服务所要达到的质量目标，并为实现这些目标所必需的各种活动规划和部署的过程。通过质量策划活动，企业应当明确谁是自己的顾客，顾客的需要是什么，产品必须具备哪些特性才能满足顾客的需要；在此基础上还必须设定符合顾客和供应商双方要求的质量目标，开发实现质量目标所必需的过程和工艺，确保过程在给定的作业条件下具有达到目标的能力，为最终生产出符合顾客要求的产品和服务奠定坚实的基础。

控制就其一般含义而言，是指制定控制标准、衡量实绩、找出偏差并采取措施纠正偏差的过程。控制应用于质量领域便成为质量控制。质量控制也就是为实现质量目标，采取措施满足质量要求的过程。广泛应用统计方法来解决质量问题是质量控制的主要特征之一。

质量改进是指突破原有计划从而实现前所未有的质量水平的过程。实现质量改进有三个方面的途径，即通过排除导致过程偏离标准的偶发性质量故障，使过程恢复到初始的控制状态；通过排除长期性的质量故障使当前的质量提高到一个新的水平；在引入新产品、新工艺时从计划开始就力求消除可能会导致新的慢性故障和偶发性故障的各种可能性。

在质量管理的三部曲中，质量策划明确了质量管理所要达到的目标以及实现这些目标的途径是质量管理的前提和基础；质量控制确保事物按照计划的方式进行，是实现质量目标的保障；质量改进则意味着质量水平的飞跃，标志着质量活动是以一种螺旋式上升的方式在不断攀登和提高，如图 2－3 所示。

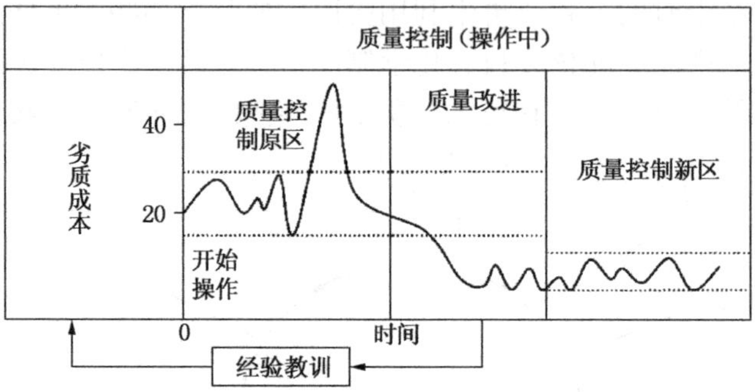

图 2－3　朱兰三部曲

二、质量管理及相关术语

1. 质量管理的概念

ISO 9000:2008 标准对质量管理的定义是：在质量方面指挥和控制组织的协调的活动。

这里的活动通常包括制定质量方针和质量目标以及质量策划、质量控制、质量保证和质量改进。

从定义中可知，组织的质量管理是指挥和控制组织与质量有关的相互协调的活动。它是以质量管理体系为载体，通过建立质量方针和质量目标，并为实施规定的质量目标进行质量策划，实施质量控制和质量保证，开展质量改进等活动予以实现的。组织在整个生产和经营过程中，需要对质量、计划、劳动、人事、设备、财务和环境等各个方面进行有序的管理。由于组织的基本任务是向市场提供能符合顾客和其他相关方要求的产品，围绕着产品质量形成的全过程实施质量管理是组织各项管理的主线。所以质量管理是组织各项管理的重要内容，通过深入开展质量管理能推动组织其他的专业管理。质量管理涉及组织的各个方面，是否有效地实施质量管理关系到组织的兴衰。组织的最高管理者在正式发布本组织的质量方针，确立组织质量目标的基础上，应认真贯彻有关质量管理原则，运用管理的系统方法来建立质量管理体系，并配备必要的人力和物力资源，开展各种相关的质量活动。另外，组织应采取激励措施激发全体员工积极参与，提高他们充分发挥才干的热情，造就人人做出应有贡献的工作环境，确保质量策划、质量控制、质量保证、质量改进活动的顺利进行。质量管理过程见图 2－4 所示。

质量管理的中心任务是建立、实施和保持一个有效的质量管理体系并持续改进其有效性。

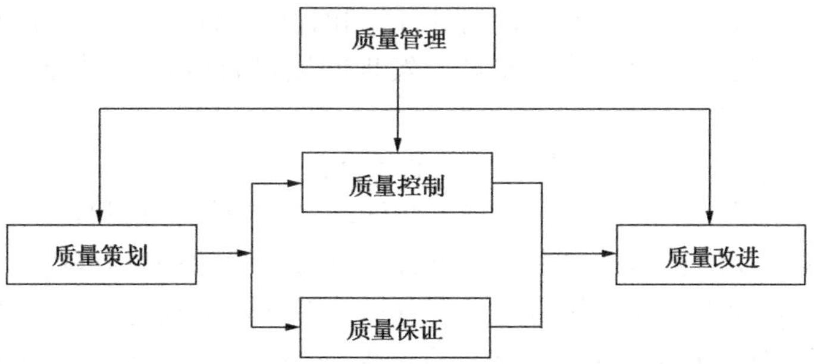

图 2-4　质量管理过程

（1）质量方针。ISO 9000:2008 标准对质量方针的定义是：由组织最高管理者正式发布的关于质量方面的全部意图和方向。

所谓组织是指职责、权限和相互关系得到安排的一组人员及设施，定义中的组织是广义的概念，是指公营、私营或联营的具有自身功能的、独立经营管理的公司、社团、商行、企事业单位或公共机构，或其中一部分。

从定义中可知，质量方针是一个组织总方针的重要组成部分，由最高管理者批准颁布，但质量方针的制定与实施是与组织的每一个成员密切相关的。制定质量方针必须以有关质量管理原则为基础，结合本组织的质量方向，特别是针对如何全面满足顾客和其他相关方的需求和期望以及努力开展持续改进做出承诺。并且质量方针还应为制定质量目标提供框架，以确保围绕质量方针提出的要求确定组织的质量目标，通过全体成员努力实施质量目标，才能保证质量方针的实施。

组织的质量方针一般是中长期方针，应保持其内容的相对稳定性，但必须注意随着组织的产品结构、市场环境和组织结构的变化，进行不定期的调整和修订。

为了确保组织质量方针得到切实贯彻实施，高层领导务必采取各种必要的措施，加强同组织各层次的沟通，保证组织的全体成员都能理解和实施。

质量方针是组织质量活动的纲领，经最高管理者批准签署并正式发布后，应公开告示全体成员、顾客和其他相关方，以便取得各方对质量方针的理解和信任。质量方针应形成文件，并按规定要求对质量方针实施有效的控制。

（2）质量控制。ISO 9000:2008 标准对质量控制的定义是：质量管理的一部分，致力于满足质量要求的活动。

从定义中可知，质量控制的目的是确保产品、过程或体系的质量能满足组织自身、顾客及社会三方面所提出的质量要求。它通过采取一系列作业技术和活动对质量形成的各个过程实施控制，排除会使质量受到损害而不能满足质量要求的各项因素，以减少经济损失，取得经济效益。

质量控制是为了达到规定的质量要求，预防不合格发生的重要手段和措施，组织应对影响产品、过程和体系质量的有关人员、技术和管理三方面的因素予以识别，在实施质量控制时，首先应进行过程因素分析，找出起着主导作用的因素加以控制，才能取得预期效果。

质量控制应贯穿在产品形成和体系运行的全过程。每一个过程都有输入、转换和输出等三个环节，通过对每一过程三个环节实施有效的控制，对产品质量有影响的各个过程才能处于受控状态，持续提供符合规定要求的产品才能得到保障。

质量控制程序为：

① 对影响产品质量各环节、各因素制订计划和程序，建立质量控制计划和标准。

② 在实施过程中进行连续评价和验证，发现问题进行分析，对异常情况进行处理并采取纠正措施，防止再发生。

为了使控制发挥作用，必须注重以下三个环节：

① 对影响达到质量要求的各种作业技术和活动都要制订计划和程序。

② 保证计划和程序的实施，并在实施过程中进行连续的评价和验证。

③ 对不符合计划和程序活动的情况进行分析，对异常活动进行处置并采取纠正措施。

（3）质量保证。ISO 9000:2008 标准对质量保证的定义：质量管理的一部分，致力于对达到质量要求提供信任的活动。

从定义中可知，质量保证的核心是向人们提供足够的信任，使顾客和其他相关方确信组织的产品、过程或体系达到规定的质量要求。根据目的不同，质量保证可分为内部质量保证和外部质量保证两类。

内部质量保证的主要目的是向组织的最高管理者提供信任，使组织的最高管理者确信组织的产品、过程或体系能满足质量要求。为此，组织中应有一部分管理人员专门从事监督、验证和质量审核活动，以便及时发现质量控制中的薄弱环节，提出改进措施，促使质量控制能更有效地实施，从而使组织的最高管理者"放心"。但是，随着人们对质量问题认识的进一步深化，组织的最高管理者也有向组织的全体员工提供信任的必要，这是建立全体员工对于组织质量管理的信心的重要活动。因此，内部质量保证是组织最高管理者实施质量活动的一种重要的管理手段。

外部质量保证是在合同或其他外部条件下，向顾客或第三方提供信任，使顾客或第三方确信本组织已建立了完善的质量管理体系，对合同产品有一整套完善的质量控制方案、办法，有信心相信组织提供的产品能达到合同所规定的质量要求。一般来说，外部质量保证必须要有证实文件。在外部质量保证中，有两种形式取得顾客的信任。一种是组织接受顾客或以顾客名义的第二方质量管理体系审核；另一种是组织向独立的、公正的第三方审核机构申请质量管理体系认证和注册，以证实组织符合质量管理体系的要求，保证产品质量得到系统的控制。

质量控制和质量保证是既有区别又有一定关联的两个概念。质量控制是为了达到规定的质量要求而开展的一系列活动，质量保证是提供客观证据证实已经达到规定的质量要求，并取得顾客和其他相关方的信任的各项活动。所以，组织必须有效地实施质量控制，在此基础上才能提供质量保证，取得信任，离开了质量控制也谈不上质量保证。

（4）质量改进。ISO 9000:2008 标准对质量改进的定义：质量管理的一部分，致力于增强满足质量要求的能力。

质量是组织在竞争中取胜的重要手段，为了增强组织的竞争力，有必要进行持续的质量改进。为此，组织应确保质量管理体系能推动和促进持续的质量改进，使其质量管理工作的有效性和效率能使顾客满意，并为组织带来持久的效益。所谓有效性是指完成策划的活动和达到策划结果程度的度量。效率是指达到的结果与所使用的资源之间的关系，有效性和效率之间的关系对组织质量管理活动而言是密不可分的。离开效率将付出高昂的代价换得有效性的结果；离开有效性高效率的后果将是可怕的。另外，质量要求是多方面的，除了有效性和效率外，还有追溯性等。所谓可追溯性，是指追溯所考虑对象的历史、应用情况或所处场所的能力。当考虑的对象为产品时，可追溯性可涉及原材料和零部件的来源、加工过程的历史、产品交付后的分布和场所等。为此，组织的质量管理活动必须追求持续的质量改进。组织开展质量改进应注意以下几点：

① 质量改进是通过改进过程来实现的。组织产品质量的提高，必须通过改进形成质量的过程来实现。

② 质量改进致力于经常寻找改进机会，而不是等待问题暴露后再捕捉机会。对于质量改进的识别主要基于组织对降低质量损失的考虑和与竞争对手比较中存在的差距。

③ 对质量损失的考虑依据三个方面的分析结果：顾客满意度、过程效率和社会损失。这三个方面的质量损失问题不仅给质量改进制造了机会，也为质量改进效果的评价提供了分析比较的依据。

2. 质量管理的任务

（1）正确制定和贯彻执行质量方针和政策；

（2）保证和提高产品质量和服务质量，生产出物美价廉的产品；

（3）满足用户需要；

（4）不断降低物质消耗，降低质量成本和提高经济效益；

（5）提高领导和职工的质量意识和素质，促进企业素质和管理水平的提高；

（6）研究和发展质量理论和质量科学。

3. 标准化与质量管理间的关系

标准化和质量管理都是综合性的应用技术基础学科，它们之间密切相关、相互支持、相互依赖、不可分割。一方面质量管理必须建立在一整套标准的基础上，没有标准质量管理就没有依据，检验就无法进行；另一方面没有质量管理，标准的贯彻实施就没有可靠的保证和监督。所以说标准是质量管理的基础，质量管理又对贯彻实施标准给予支持。有的人把质量管理看成是一项“从标准化开始，到标准化结束”的活动，在质量管理的 PDCA 循环中，实施（D）阶段是根据计划（P）阶段制定、采用标准进行实施；在检查（C）阶段是按标准进行检查，找出问题采取措施；解决问题（A）阶段，要最后确认修订或制定标准。所以质量管理每一阶段都离不开标准，都是以标准作为依据，标准贯穿于质量管理全过程，PDCA 循环也是制定—实施—检查—处理标准过程的循环。

三、质量管理发展过程

质量管理是随着生产的发展和科学技术的进步而逐渐形成和发展起来的，它发展到今天大致经历了三个阶段，如图 2－5 所示。

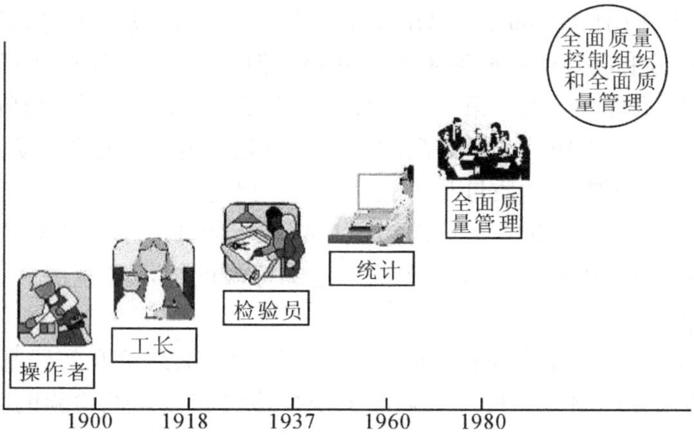

图 2－5　质量管理发展过程

1. 质量检验阶段(1920～1940 年左右)

第二次世界大战之前，人们对质量管理的理解还只限于质量的检验。也就是说，通过严格的检验来控制和保证出厂或转入下一道工序的产品质量。检验工作是这一阶段执行质量职能的主要内容。在由谁来检验把关方面也有一个逐步发展的过程。

(1) 在 20 世纪以前，生产方式主要是小作坊形式，那时的工人既是操作者，又是检验者，制造和检验的职能都集中在操作者身上，因此被称为“操作者质量管理”。

(2) 20 世纪初，科学管理的奠基人泰勒(F. W. Taylor)提出了在生产中应该将计划与执行、生产与检验分开的主张。于是在一些工厂中建立了“工长制”，将质量检验的职能从操作者身上分离出来，由工长行使对产品质量的检验。这一变化强化了质量检验的职能，称为“工长质量管理”。

(3) 随着科学技术和生产力的发展，企业的生产规模不断扩大，管理分工的概念就被提了出来。在管理分工概念的影响下，一些工厂便设立了专职的检验部门并配备专职的检验人员来对产品质量进行检验。质量检验的职能从工长身上转移给了质量检验员，称为“检验员质量管理”。

专门的质量检验部门和专职的质量检验员，使用专门的检验工具，业务比较专精，对保证产品质量起到了把关的作用。然而，它也存在着许多不足，主要表现在：

(1) 对产品质量的检验只有检验部门负责，没有其他管理部门和全体员工的参与，尤其是直接操作者不参与质量检验和管理，就容易与检验人员产生矛盾，不利于产品质量的提高。

(2) 主要采取全数检验，不仅检验工作量大，检验周期长，而且检验费用高。

(3) 由于是事后检验，犹如“死后验尸”，没有在制造过程中起到预防和控制作用，即使检验出废品，也已是“既成事实”，质量问题造成的损失已难以挽回。

(4) 全数检验在技术上有时变得不可能，如破坏性检验，判断质量与保留产品之间发生了矛盾。这种质量管理方式逐渐不能适应经济发展的要求，需要改进和发展。

2. 统计质量控制阶段(第二次世界大战～1961 年)

“事后检验”存在的不足促使人们进行研究。1926 年美国贝尔电话研究室工程师休哈特(W. A. Shewhart)提出了“事先控制，预防废品”的观念，并且应用概率论和数理统计理论，发明了具有可操作性的“质量控制图”，用于解决事后把关的不足。随后，美国人道奇(H. F. Dodge)和罗米格(H. G. Romig)提出了抽样检验法，并设计了可以运用的“抽样检验表”，解决了全数检验和破坏性检验所带来的麻烦。但是，由于当时经济危机的影响，这些方法没有得到足够的重视和应用。第二次世界大战爆发后，由于战争对高可靠性军需品的大量需求，质量检验的弱点严重影响军需品的供应。为此，美国政府和国防部组织了一批统计专家和技术人员，研究军需品的质量和可靠性问题，促使数理统计在质量管理中的应用，先后制定了三个战时质量控制标准：AWSZ1. 1～1941 质量控制指南、AWSZ1. 2～1941 数据分析用控制图、AWSZ1. 3～1941 工序控制图法。这些标准的提出和应用，标志着质量管理进入了统计质量控制阶段。

从质量检验阶段发展到统计质量控制阶段，质量管理的理论和实践都发生了一次飞跃，从“事后把关”变为预先控制，并很好地解决了全数检验和破坏性检验的问题，但也存在许多不足之处：

(1) 它仍然以满足产品标准为目的，而不是以满足用户的需求为目的。

（2）它仅偏重于工序管理，而没有对产品质量形成的整个过程进行管理。

（3）统计技术难度较大，主要靠专家和技术人员，难以调动广大工人参与质量管理的积极性。

（4）质量管理与组织管理未密切结合起来，质量管理仅限于数学方法，常被领导忽略。由于上述问题，统计质量控制也无法适应现代工业生产发展的需要。自 20 世纪 60 年代以后，质量管理便进入了全面质量管理阶段。

3. 全面质量管理阶段

这一阶段是从 20 世纪 60 年代开始的。促使统计质量控制向全面质量管理过渡的原因主要有以下几个方面：

（1）科学技术的进步，出现了许多高、精、尖的产品，这些产品对安全性、可靠性等方面的要求越来越高，统计质量控制的方法已不能满足这些高质量产品的要求。

（2）随着生活水平的提高，人们对产品的品种和质量有了更高的要求，而且保护消费者利益的运动也向企业提出了"质量责任"问题，这就要求质量管理进一步发展。

（3）系统理论和行为科学理论等管理理论的出现和发展，对企业组织管理提出了变革要求，并促进了质量管理的发展。

（4）激烈的市场竞争要求企业深入研究市场需求情况，制定合适的质量，不断研制新产品，同时还要做出质量、成本、交货期、用户服务等方面的经营决策。而这些均需要科学管理作指导，现代管理科学也就得到迅速的发展。正是在这样的历史背景和社会经济条件下，美国的费根堡姆（A. V. Feigenbaum）和朱兰提出了"全面质量管理"的概念。1961 年费根堡姆出版了《全面质量管理》一书，其主要见解是：

① 质量管理仅仅靠数理统计方法是不够的，还需要一整套的组织管理工作。

② 质量管理必须综合考虑质量、价格、交货期和服务，而不能只考虑狭义的产品质量。

③ 产品质量有一个产生、形成和实现的过程，因此质量管理必须对质量形成的全过程进行综合管理，而不应只对制造过程的管理。

④ 质量涉及企业的各个部门和全体人员，因此企业的全体人员都应具有质量意识和承担质量责任。

从统计质量控制发展到全面质量管理，是质量管理工作一个质的飞跃，全面质量管理活动的兴起标志着质量管理进入了一个新的阶段，它使质量管理更加完善，成为一种新的科学化管理技术。随着对全面质量管理认识的不断深化，人们认识到全面质量管理实质上是一种以质量为核心的经营管理，可以称之为质量经营。实际上日本人早就把全面质量管理同企业的经营联系在一起。日本著名的质量管理专家石川馨教授在其《质量管理入门》一书中高度概括地指出："全面质量管理是经营的一种思想革命，是新的经营哲学。"质量管理三个阶段的比较见表 2－1。

表 2－1　质量管理三阶段比较

项　目	质量检验	统计质量控制	全面质量管理
管理范围	生产现场	生产过程＋设计过程	产品质量形成的全过程
管理对象	产品质量	产品质量＋工序质量	产品、工序、工作质量
管理特点	事后把关，管结果	从把关预防发展	防检结合预防为主
管理依据	符合规格	按既定质量标准控制	以用户为中心，重在产品适应性

续表

项　目	质量检验	统计质量控制	全面质量管理
管理办法	运用技术检验方法	技术检验方法+数据统计方法	运用多种管理方法，提高工作质量以保证产品质量
管理标准化	重视技术标准	技术标准发展为质量控制标准	技术标准、控制标准和管理标准并重
管理经济性	忽视质量经济性	重视质量的经济性	讲究质量的经济性
参与人员	依靠检验部门和检验人员	依靠技术和质量检验部门	全体员工

随着全面质量管理的发展，20 世纪 80 年代世界标准化组织(ISO)发布了第一个质量管理的国际标准——ISO 9000 标准；20 世纪 90 年代国际上又掀起了六西格玛管理的高潮。前者将质量管理形成标准，后者追求卓越的质量管理。

第二节　全面质量管理

20 世纪 60 年代，美国通用电器公司的费根堡姆和质量管理专家朱兰将系统理论的观点和方法引入质量管理领域，提出了“全面质量管理”概念(total auality management，TQM)，其含义表现为：①单靠数理方法控制生产过程还不够，还需要有一系列的组织管理工作。②产品质量是在市场调查、设计生产、检验、销售全过程中形成的，同时又在不断循环中螺旋式上升提高，可称为质量进展螺旋(如图 2-1 所示)。③质量不能脱离成本，否则是没有意义的。

基于上述观点，质量和质量管理概念被赋予了新的内涵。到 20 世纪 60 年代，美国的费根堡姆发表了《全面质量管理》一书，较系统地提出了全面质量管理的概念。他指出：“全面质量管理是为了能够在最经济的水平上并考虑到充分满足用户要求的条件下进行市场研究、设计、生产和服务，并把企业各部门的研制质量、维护质量和提高质量的活动构成为一体的一种有效体系。”这一新的质量管理理论，很快地被各国企业、公司所接受，其中日本运用得最为成功且最为突出。

全面质量管理是系统管理理论在质量管理中的应用和拓展。系统管理思想是指对与质量有关的一切方面和一切联系进行全面研究和系统分析的一种管理思想。它要求人们在研究、解决质量问题时，不仅要重视影响产品质量的各种因素和各个方面的作用，而且要把重点放在整体效应上，通过综合分析和综合治理，达到整体优化，即用最小的投入生产出满足顾客需要的产品，以取得最佳的经济效果。全面质量管理作为一个系统，是由许多部分组成的，系统的目的或特定的功能是由许多目标(指标)形成的。系统是作为整体而存在的，其组成的各个部分不能离开整体去研究和协调，脱离了整体其各个部分也就失去了作用。

在全面质量管理中，对各项质量指标的协调，对各个过程的协调，对各种工作的协调，对各类人员的协调，都必须从整个系统和全局出发，进行综合性的考察和研究。在一些相互矛盾的要求中，追求全局最优、整体效益最优，而不是追求某个局部最优，还要注意暂时利益服从长远利益。解决质量问题时，如果对目前和将来都有利当然最理想，但如果目前不利但长远有利也是可取的，即从全局的长远利益出发。

一、全面质量管理概述

全面质量管理是从质量管理的共性出发，对质量管理工作的实质内容进行科学的分析、综合、抽象和概括，从中探索质量管理的客观规律性，以指导人们在开展质量管理工作时按客观规律办事。它是现代企业管理的中心环节，是进行质量管理的有效方法。

1. 全面质量管理的概念及内容

全面质量管理即一个组织以质量为中心，以全员参与为基础，目的在于通过让顾客满意和本组织所有成员及社会受益而达到长期成功的管理途径。其实质是企业全体员工、所有部门同心协力，综合运用现代管理技术、专业技术和数理统计方法，经济合理地开发、研制、生产和销售用户满意产品的管理活动过程的总称。

全面质量管理所谓的全面性，具体表现在管理内容的全面性、管理范围的全面性、参加管理人员的全面性以及管理方法的全面性等。它是全方位的质量管理，全员参与的质量管理，全过程的质量管理，管理的方法是多种多样的。因此，全面质量管理简称“三全一多样”。

（1）全面质量管理内容的全面性：主要表现在不仅要管好产品质量，还要管好产品质量赖以形成的工程质量、工作质量。

（2）全面质量管理的管理范围的全面性：主要表现在包括产品研究、开发、设计、制造、辅助生产、供应、销售(售前、售中、售后)服务等全过程的质量管理。它指明了质量管理的宗旨是经济地开发、研制、生产和销售用户满意的产品。

（3）全面质量管理参加管理人员的全面性：主要表现在这项管理是要由企业全体人员参与的全员质量管理。它阐明了质量管理的基础是由企业全体员工牢固的质量意识、责任感、积极性构成的。

（4）全面质量管理的管理方法的全面性：主要表现在根据不同情况和影响因素，采取多种多样的管理技术和方法，包括科学的组织工作、数理统计方法的应用、先进的科学技术手段和技术措施等。它强调了全面质量管理的手段，是综合运用管理技术、专业技术和科学方法，而不是单纯只靠检测技术或统计技术。

2. 全面质量管理的特点

传统质量管理认为，质量管理是企业生产部门和质量检验部门的工作，重点应放在生产过程的管理，特别是工艺管理以及产品质量检验上，把质量管理委托给质量经理去管理。全面质量管理就是要在“全”字上做文章，要树立“三全一多样”管理的理念。

（1）全面的质量管理。全面质量管理就是对产品质量、工程质量、工作质量和服务质量的管理。要保证产品质量、工程质量、服务质量，则必须保证工作质量，以达到预防和减少不合格品、不合格工程及提高服务水平的目的，即做到价格便宜、供货及时、服务优良等，以满足用户各方面的合理要求。

（2）全过程的质量管理。全过程主要是指产品的设计过程、制造过程、辅助过程和使用过程。全过程的质量管理，就是指对上述各个过程的有关质量进行管理。

（3）全员参与的质量管理。全面质量管理的另一个重要特点是，要求企业的全体人员都必须为提高产品质量尽职尽责，只有这样生产优质产品才有可靠的保证。因此，全员性、群众性是科学质量管理的客观要求。

实行全员性的质量管理，即在生产过程中要求动员和组织广大员工积极参与改善产品质量的活动，组织各种形式的质量管理小组(QC 小组)，及时从技术上和组织措施上解决现场中所出现的各种质量问题，特别是关键的质量问题。产品质量是企业素质的综合反映，涉及全体员工和各个部门，提高产品质量需要靠企业全体员工共同努力，质量管理人人有责。要从企业领导人员到每个员工，都来学习、运用科学质量管理的理论和方法，提高本职工作质量，同时广泛开展群众性的质量管理小组活动。图 2－6 揭示了如何使用 QC 手法来提高产品质量。

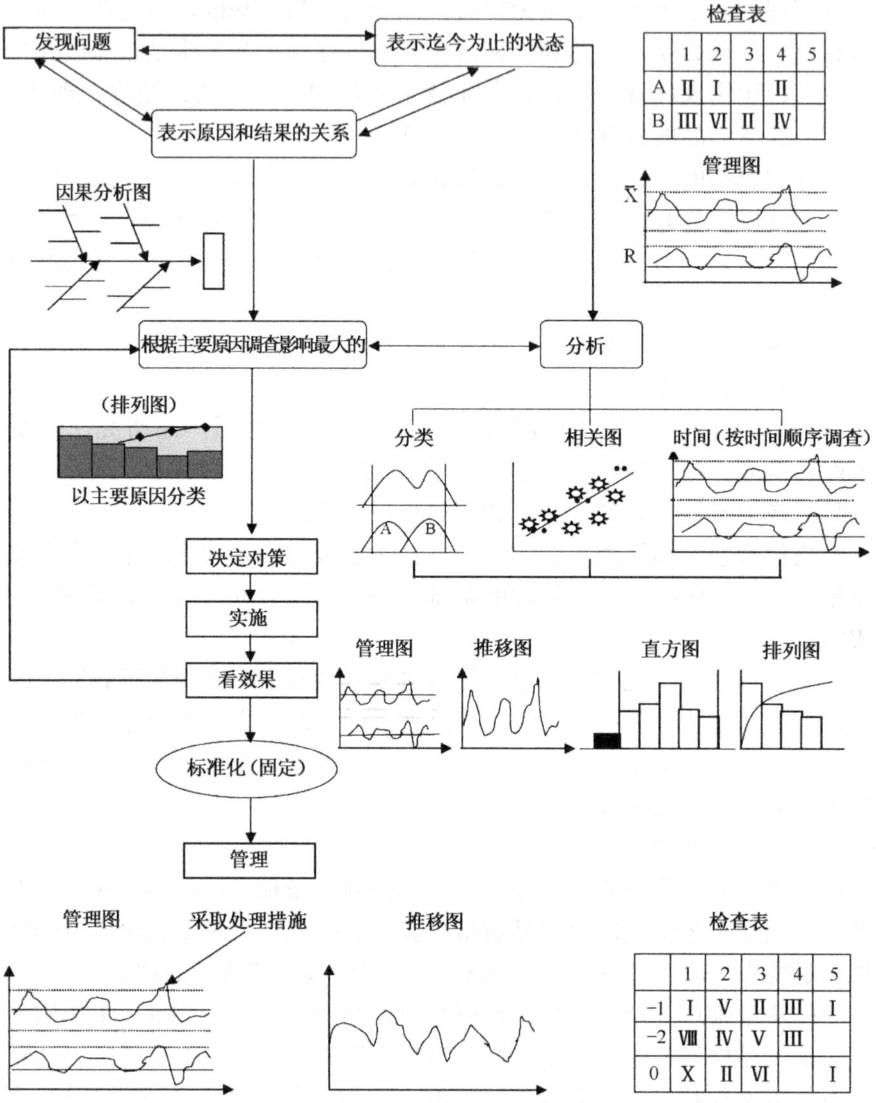

图 2－6　使用 QC 手法提高产品质量流程图

(4) 多种多样方法的质量管理。在质量管理过程中应自觉地利用先进的科学技术和管理方法，应用排列图、因果图、直方图、控制图、数理统计、正交试验等技术来分析各部门的工作质量，找出产品质量存在的问题及其关键的影响因素，从而有效地控制生产过程的质量，达到提高产品质量的目的。

(5) 以人为本的质量管理。全面质量管理强调在质量管理中要调动人的积极性，发挥人的创造性。以人为本就是要使企业全体员工，特别是生产第一线员工齐心协力搞好质量。

1993年美国开展“质量月”活动的主题是：“授权给掌握技术的人。”意思是说，决策者要给那些掌握技术的人以自决权，放手让他们发挥自己的创造性。这个主题包括了质量与技术的关系，技术、质量与人的关系，领导与被领导的关系。

美国商务部部长布朗在1993年美国质量大会上讲话中强调：“公司的成功取决于经过充分培训的、更有自主权和受到鼓励的员工，越来越多的公司更清楚地认识到，对人的投资可以带来公司的发展、生产率的提高和质量的改进。”

（6）动态的质量管理。传统质量管理思想的核心是“质量控制”，是一种静态的管理。全面质量管理强调有组织、有计划、持续地进行质量改进，不断地满足变化着的市场和用户的需求，是一种动态的管理。朱兰博士指出：“质量管理不仅要有控制程序，而且要有改进程序”，并把质量管理精辟地归纳为质量计划、质量控制和质量改进“三部曲”。质量改进是国际质量管理发展的总趋势。1996年美国质量管理协会第49届年会的主题就是“不断的改进——领导、授权和统计工具”。可见，质量管理的总趋势是不断改进，主要措施是从领导抓起，员工通过领导授权广泛参与制订工作计划，并运用统计方法来改进质量和管理。

（7）适用性为标准的质量管理。传统的质量管理以是否符合技术标准和规范为目标，即“符合性”质量标准。全面质量管理以是否适合用户需要，用户是否满意为最终目标，即“适用性”标准。因此，全面质量管理一方面强调产品要适合用户要求，要按用户的要求来组织生产，并且全面质量管理不仅要考虑实物质量和服务质量，还要考虑经济性和质量成本，不仅产品质量要有竞争力，还要有使产品具有竞争力的性能价格比。另一方面，如果不在确保质量的前提下降低成本，最终也将在价格上失去竞争力。一般而言，加强过程质量管理，减少不良品造成的损失和各种浪费，提高产品质量，与降低质量成本是一致的。但在不少情况下，提高产品质量要增加投入，全面质量管理就是要处理好产品质量满足用户要求和企业经营效益两方面的问题。

（8）“三个一切”的思想：

① 一切要用数字说话。进行全面质量管理强调一切以数字为依据，就是在分析质量问题和解决质量问题时，不能仅凭感觉、印象和经验，而要根据客观事实及表现客观事物的数据来进行管理。管理人员要从经常变化的生产过程中，对影响产品质量的各种因素，系统地收集有关的数据，并用统计方法对数据进行整理、加工和分析，制定出一定的图表，计算一定的指标，从中找出质量运行的规律，实现对产品质量的控制。用数据观察问题、分析问题和发现问题，最后解决问题，就是所谓“一切用数据说话”的精髓。

② 一切要以预防为主。在质量管理中，要树立和贯彻以预防为主的思想，要尽一切可能将废品消灭在发生之前，这样才能真正减少企业和社会的损失。贯彻预防为主的原则，就必须对质量形成的全过程设定规范的操作标准和制定详细的预防措施。预防的原则不排斥终端检验，要做到防检结合，以防为主。对正在生产和尚未生产的产品应强调预防；而对已经生产出来的产品则要强调检验，这样才能有效地保证产品的质量。

③ 一切为用户服务。在质量管理中，要树立以用户为中心，为用户服务的思想。即要将用户的需要和利益放在首位，要求企业提供用户满意的产品，除了在使用过程中继续为用户提供服务外，同时还应不断地开发新产品来满足用户的新需要。需要指出的是，这里所说的“用户”有它特定的含义，它不仅是指企业产品出厂后的直接用户，而且还包括企业内部前后工序、前后工段或车间，以及任何一项工作的执行者与工作结果的受用者之间的关系。从广义上来说，产品质量的好坏还可能影响到社会，如产生环境污染等。

美国质量管理专家朱兰把用户分为以下四类：第一类，加工者，他们可能是本企业的各个生产部门或进行再加工的其他企业；第二类，从事买卖的中间商人；第三类，最终用户，即产品的直接使用者；第四类，全社会。总之，产品质量的好坏，最终应以用户的满意程度为标准。树立一切为用户服务的思想是维持企业的生存、增强竞争力、促进企业兴旺发达的重要条件。

3. 全面质量管理的基础工作

全面质量管理的基础工作内容比较广泛，这里主要介绍最基本的基础工作，包括标准化工作、计量管理工作等。

（1）标准化工作。标准是指人们为了更好地满足各方面的共同要求和取得良好的社会效益，在先进的科学、技术、管理和实践经验的基础上，对具有多次重复性的事和物，在一定范围内所制定的，并经过一定程序批准以特定形式颁布、实施的统一规定。

所谓标准化是指人们制定标准并有效地实施标准的一种有组织的活动过程。它的本质是为了寻求各方面的良好效益(或效果)而采取的统一的方法、手段和原则。标准化是一个发展着的运动过程，它包括制定标准、贯彻标准、修订完善标准的全过程，这是一个不断循环和螺旋式上升的运动过程。每经过一个循环，标准的水平就提高一步。标准化的任务就是要根据实际情况的变化，不断地促进这种循环过程的进行，从而使标准不断地提高到新水平。所以，也可以把标准看作是标准化活动的成果之一。要取得标准化的效果，首先要制定标准。但是，标准化的效果只有在实施标准的过程中才能取得，所以贯彻实施标准是标准化工作的关键。此外，由于科学技术的发展，人们经验的不断积累和认识的不断深化，原有的标准在一定时期后就会落后于实际，因此就要不断修改和完善标准。所以，标准化是随着科学技术的发展，生产技术水平和管理水平的不断提高而不断发展的，并反过来促进生产技术和管理水平的提高。

（2）计量管理工作。计量管理工作(包括测试、化验、分析等工作)是保证化验分析、计量测试的量值准确和统一，确保技术标准的贯彻执行，保证零部件互换和产品质量的重要手段。

加强计量管理工作，必须抓好以下几个主要环节。

① 正确、合理地使用计量器具。合理地使用计量器具必须做到以下几点：a. 要经常教育员工爱护计量器具，提高员工对保持计量器具质量重要性的认识，做到精心维护和正确使用。b. 要不断提高员工的技术水平，帮助员工熟悉和掌握计量器具的性能、结构、维护保养技术以及使用计量器具的技能。c. 要正确制定和严格贯彻执行有关计量器具使用和维护方面的规定。

② 严格执行计量器具的检定。主要包括：a. 入库检定，即对计量器具入仓库之前的技术检定。b. 入室检定，即对计量器具入制造部门工具室之前的技术检定。c. 周期检定，即对使用中的计量器具，由法定检定机构按规定的周期、规定的项目进行的技术检定。d. 返还检定，即对使用后的计量器具返还给仓库时所进行的技术检定。

对上述各种方式的检定，所有计量器具必须检验合格，具有合格证或标志，才准许投入使用或进行流转。

③ 计量器具的及时修理和报废。对于磨损的计量器具要根据检定结果，按照损坏程度

的不同而分别处理，该废则废，该换则换，该修则修，都应抓紧及时解决。

(3) 质量信息工作。质量信息是指反映产品质量和供、产、销各环节工作质量的数据、原始记录和资料。它是企业进行产品质量管理的极为重要的资料。通过质量信息可以及时地反映影响产品质量的各种因素和生产技术经营活动的状态，反映产品的使用情况，以及国内外产品质量的发展动向。通过对质量信息的分析研究，可以正确认识影响产品质量诸因素的变化同产品质量波动的内在联系，从而认识和掌握提高产品质量的规律性。

为了充分发挥质量信息的作用，企业的质量信息必须准确、及时、全面、系统和完整。

保证数据、资料的准确性是质量信息工作的生命。如果提供的数据、资料不准确，不仅掌握不了产品质量的真实情况，而且也掌握不了提高产品质量的规律性。因此，实事求是如实反映情况，是质量信息工作的一项严格的纪律，同时必须杜绝弄虚作假、欺骗隐瞒等行为。

质量信息工作还必须做到提供资料的及时性。因为影响产品质量各方面的因素是在不断发展的，每时每刻都会出现一些新的问题、新的情况。只有把那些新资料及时地、如实地反映出来，才能及时采取措施，消除缺陷，促进生产顺利发展，保证产品质量。

质量信息工作还必须做到全面、系统和完整。也就是说它应当全面反映质量管理活动的全过程，经常完整地反映质量管理相互联系的各个方面，系统地反映其变动情况。只有这样才能切实掌握产品质量运动发展的规律性，才能充分发挥它在质量信息反馈和积极预防质量缺陷方面的作用。也只有这样，质量信息工作才能真正成为认识质量规律的耳目，成为全面质量管理可靠的基础。

(4) 质量教育与责任制。产品质量的形成，不只是依靠机器设备、工艺和工具设备、原材料等物的因素，更重要的是人的因素。只有广大员工牢固地树立了“质量第一”的思想和强烈的质量意识，对全面质量管理的重要性有了充分的认识，具备了一定的质量管理知识和技能，并且能熟练地操作和掌握先进技术，才能保证和提高产品质量。因此，为了动员和组织企业全体成员都能积极自觉地参加全面质量管理活动，关心和提高产品质量，应从企业领导人员到每个班组员工，都必须接受全面质量管理的教育和训练。

企业推行全面质量管理，是涉及企业各部门和全体员工的一项综合性的管理工作。为了保证和提高产品质量，企业各级领导、各个管理部门以及每位员工，都必须明确自己应该承担的质量责任。企业建立和健全质量责任制，就是要对企业每个部门和每个员工都明确规定各部门和个人在质量工作上的具体任务、责任和权力，以便做到质量工作事事有人管，层层、人人有专责，办事有标准，工作有检查。这样就可以把与质量直接有关的工作和广大员工的积极性、责任性结合起来，形成一个严密的质量体系。

只有实行严格的质量责任制，才能建立起正常的生产和工作秩序，才能加强对设备、工模、原材料和技术工作的管理，才能统一工艺操作，才能从各个方面有力地保证产品质量。此外，由于员工对于自己应该做什么、怎么做、做好的标准是什么等心中有数，并通过技术培训，掌握操作要领和过硬本领，就有可能熟练地排除生产过程中出现的故障，取得驾驭生产的主动权，使企业的质量工作真正落到实处。

二、全面质量管理的工作程序

要搞好全面质量管理工作，最主要的一条是组织的最高管理者要重视并亲自参与，这是全面质量管理工作能否取得预期效果的根本保证，所以 TQM 又被形象的称为“头 QM”。要

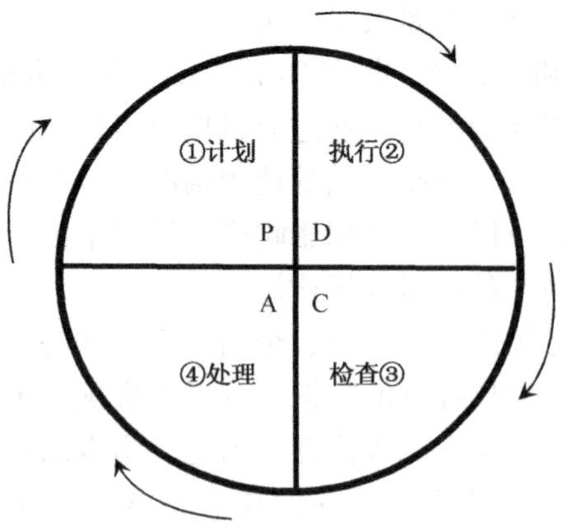

图 2－7　PDCA 循环的四个阶段

推行全面质量管理就必须要有一套推行的工作程序和具体的工作内容，就必须要有一定的组织活动方式和适合全员参与的活动载体。

全面质量管理采用一套科学的、合乎逻辑的工作程序，也即 P、D、C、A 循环法。PDCA 由英文 plan(计划)、do(执行)、check(检查)、action(处理)几个词的第一个字母组成。PDCA 循环的概念最早是由美国质量管理专家戴明提出来的，故又称为“戴明环”，是全面质量管理的基本工作方法。它把全面质量管理的工作过程分为计划、执行、检查、处理四个阶段，其中每个阶段又可具体分为若干步骤，如图 2－7 所示。

1. PDCA 循环四个阶段

(1) 第一阶段是计划阶段。以满足顾客的要求并取得经济效果为目标，通过调查、设计、试制，制定技术和经济指标、质量目标，以及达到这些目标的具体措施和方法。所以计划阶段就是制定质量目标、活动计划、管理项目和实施方案。

(2) 第二阶段是执行阶段。根据预定计划和措施要求，努力贯彻和实现计划目标和任务。所以执行阶段就是要按照所制定的计划和措施去实施。

(3) 第三阶段是检查阶段。对照执行结果和预定目标，检查计划执行情况是否达到预期的效果，哪些措施有效，哪些措施效果不好，成功的经验是什么，失败的教训又是什么，原因在哪里，所有这些问题都应在检查阶段调查清楚。所以检查阶段就是对照计划，检查计划执行的情况和效果，及时发现和总结计划实施过程中的经验和问题，如图 2－8 所示。

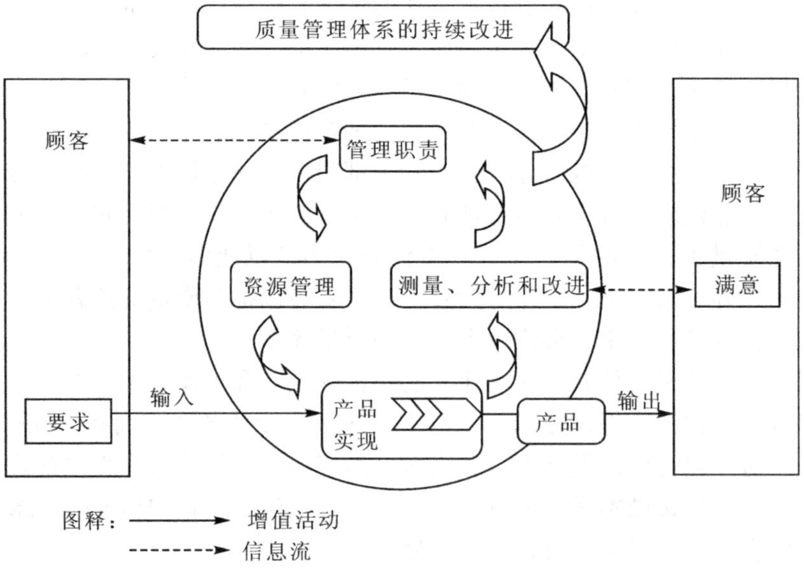

图 2－8　以过程为基础的质量管理体系模式

(4) 第四阶段为处理阶段。就是根据检查的结果所采取的措施，巩固成绩，吸取教训，以利再干，这是总结处理阶段。

2. PDCA 循环八个步骤

全面质量管理工作程序可以具体分为以下八个步骤：

第一步，调查研究，分析现状，找出存在的质量问题。

第二步，根据存在问题，分析产生质量问题的各种影响因素，并逐个因素加以分析。

第三步，找出影响质量的主要因素，并从主要影响因素中着手解决质量问题。

第四步，针对影响质量的主要原因，制定技术、组织的措施和方案，执行计划和预计效果，计划和措施应尽量做到明确具体，并确定具体的执行者、时间进度、地点、部门和完成方法等。

以上四个步骤就是 P 阶段的具体化。

第五步，按照既定计划执行，即 D 阶段。

第六步，根据计划的要求，检查实际执行结果，即 C 阶段。

第七步，根据检查结果进行总结，把成功的经验和失败的教训总结出来，对原有的制度、标准进行修正，把成功的经验肯定下来制定成为标准和规则以指导实践，对失败的教训也要加以总结整理，记录在案，以供借鉴。巩固已取得的成绩，同时防止重蹈覆辙。

第八步，提出这一次循环尚未解决的遗留问题，并将其转到下一次 PDCA 循环中，作为下一阶段的计划目标。

以上第七、第八步是 A 阶段的具体化。

上述四个阶段八个步骤不是运行一次就完结的，而是要周而复始地运行的。一个循环完结解决了一部分问题，可能还有问题没有解决，或者又出现了新的问题，需要再进入下一次循环，以不断改进质量，见图 2－9 所示。

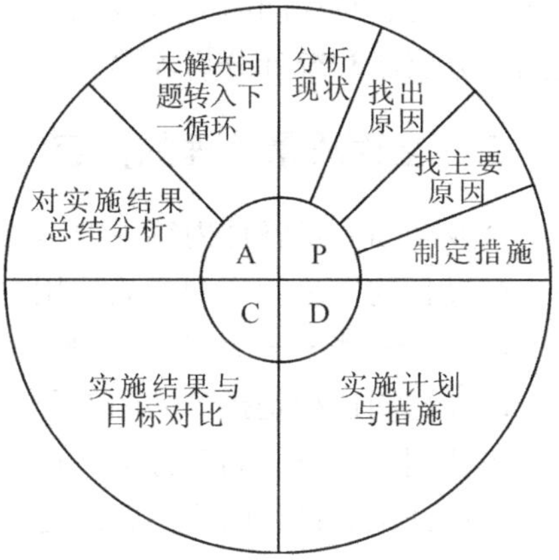

图 2－9　全面质量管理的八个步骤

3. PDCA 循环的四个特点

(1)大环套小环，互相促进，一环扣一环，小环保大环，推动大循环。

如果将整个企业的工作比喻为一个大的 PDCA 循环，那么各个车间、小组或职能部门则都有各自的 PDCA 小循环。因此，管理循环的转动不是个人的力量，而是组织的力量，是整个企业全员推动的结果。PDCA 循环不仅适用于整个企业，而且也适用于各个车间、科室和班组以至个人。根据企业总的方针目标，各级各部门都要有自己的目标和自己的 PDCA 循环。这样就形成了大环套小环，小环里边又套有更小的环的情况。整个企业就是一个大 PDCA 循环，各部门又都有各自的 PDCA 循环，依次又有更小的 PDCA 循环，具体落实到每一个人。上一级的 PDCA 循环是下一级 PDCA 循环的依据，下一级 PDCA 循环又是上一级 PDCA 循环的贯彻落实和具体化。通过循环把企业各项工作有机地联系起来，彼此协同，互相促进。

(2)不断循环，阶梯式上升。四个阶段要周而复始地循环。

PDCA 循环不是停留在一个水平上的循环，而每一次循环都会解决一批问题，取得一部分成果，因而就会前进一步，有新的内容和目标，水平就上升一个台阶，质量水平就会有新的提高。就如上楼梯一样，每经过一次循环，就登上一级新阶，这样一步一步地不断上升提高。例如，企业向省级、国家级、国际标准不断迈进，正是阶梯式上升的具体表现，见

图 2－10所示。

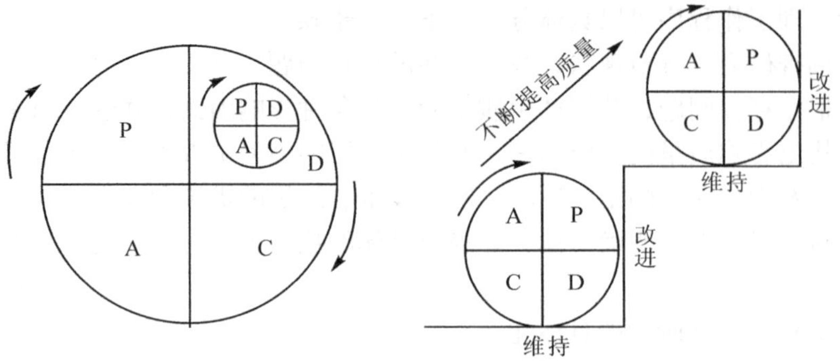

图 2－10 PDCA 循环的特点

(3) 推动 PDCA 循环关键在 A 阶段。所谓总结就是总结经验，肯定成绩，纠正错误，提出新的问题以利再干。这是 PDCA 循环之所以能上升、前进的关键。如果只有三个阶段，没有将成功经验和失败教训纳入有关标准、制度和规定中，就会不巩固成绩、吸取教训，也就不能防止同类问题的再度发生。因此，推动 PDCA 循环，一定要始终抓好总结这个阶段。

(4) 统计工具的应用。PDCA 循环的一个重要特点就是它应用了一套科学的统计处理方法作为发现、解决问题的有效工具。在质量管理中广泛应用的直方图、控制图、因果图、排列图、分层法和统计分析表等。

三、全面质量管理的内容

企业全面质量管理内容主要包括：设计试制过程的质量管理，制造过程的质量管理，辅助生产过程的质量管理和产品使用过程的质量管理等。

1. 设计试制过程的质量管理

设计试制过程是指产品(包括开发新产品和改进老产品)正式投产前的全部开发研制过程，包括调查研究、制订方案、产品设计、工艺设计、试制、试验、鉴定以及标准化工作等内容。设计试制过程的质量管理是全面质量管理的起点，是企业质量体系中带动其他各个环节的首要一环。

(1) 设计试制过程质量管理的任务：

① 根据对使用要求的实际调查和科学研究成果等信息，保证和促进设计质量，使研制的新产品或改进的老产品具有更好的使用效果，有更好的适用性。

② 在实现质量目标、满足使用要求的前提下，还要考虑现有生产技术条件和发展可能性，研究加工的工艺性，要求设计质量易于得到加工过程的保证，并获得较高的生产效率和良好的经济效益。

由上述可见，设计试制过程的质量主要体现在所设计的产品能否满足用户要求的程度，以及与企业加工制作水平相适应状况两个方面。

(2) 设计试制过程质量管理工作的具体内容(9 项工作)：

① 根据市场调查与科技发展的信息资料制定质量目标。

② 保证先行开发研究工作的质量。先行开发研究是属于产品前期开发阶段的工作，这阶段的基本任务是选择新产品开发的最佳方案，编制设计任务书，阐明开发该产品的结构、特征、技术规格等，并做出新产品的开发决策。保证先行开发研究的质量就是把握上述各个

环节的工作质量，特别在选择新产品开发方案时，要进行科学的技术经济分析，在权衡各方案利弊得失基础上做出最理想的选择。

③ 根据方案论证，验证试验资料，鉴定方案论证的质量。

④ 审查产品设计质量（包括性能审查、一般审查、计算审查、可检验性审查、可维修性审查、互换性审查、设计更改审查等）。

⑤ 审查工艺设计质量。

⑥ 检查产品试制、鉴定质量。

⑦ 监督产品试验质量。

⑧ 保证产品最后定型质量。

⑨ 保证设计图样、工艺等技术文件的质量等。

企业应组织质量管理部门专职或兼职人员参与上述方面的质量保证活动，落实各环节的质量管理职能，以保证最终的设计质量。在保证产品设计质量的前提下，还应尽量节约设计质量费用，提高经济效益。为此，要从产品质量水平的变化同所发生的费用、成本的变化等方面进行经济分析，选择质量与质量保证费用的“最佳点”。

2. 生产制造过程的质量管理

产品正式投产后，能不能保证达到设计质量标准，这在很大程度上取决于制造部门技术能力以及生产制造过程的质量管理水平。生产制造过程的质量管理，重点要抓好以下四项工作。

（1）加强工艺管理。严格工艺纪律，全面掌握生产制造过程的质量保证能力，使生产制造过程经常处于稳定的控制状态，并不断进行技术革新，改进工艺。为了保证工艺加工质量，还必须认真搞好文明生产，合理配置工位器具，保证工艺过程有一个良好的工作环境。

（2）组织好技术检验工作。为了保证产品质量，必须根据技术标准，对原材料、半成品、产成品以至工艺过程质量都要进行检验，严格把关，保证做到不合格的原材料不投产，不合格的制品不转序，不合格的半成品不使用，不合格的零件不装配，不合格的产成品不出厂也不计算产值、产量。质量检验的目的不仅要挑出废品，还要收集和积累大量反映质量状况的数据资料，为改进质量、加强质量管理提供信息。

（3）掌握好质量动态。为了充分发挥生产制造过程质量管理的预防作用，就必须系统地掌握企业、车间、班组在一定时期内质量的现状及发展动态。掌握质量动态的有效工具是对质量状况的综合统计与分析。这种综合统计与分析，一般是按规定的某些质量指标来进行的。这种指标有两类：

① 产品质量指标，如产品等级率、寿命等。

② 工作质量指标，如废品率、返修率等。

为了有效地做好质量状况的综合统计与分析，要建立和健全质量的原始记录。合格品的转序、缴库，不合格品的返修、报废都要有记录、有凭证，并由质量检验人员签证。根据原始记录定期进行汇总统计，有关部门对质量变动原因做出分析，使企业各级领导和员工及时掌握质量动态。

（4）加强不合格品管理。产品质量是否合格，一般是根据技术标准来判断的，符合标准的为合格品，否则为不合格品。在不合格品中又可以分为两类：一类属于不可修复的；另一类属于可以修复的。不可修复的不合格品就是废品，可修复的不合格品中包括返修品、回用品、代用品（即只能降级使用或做另外用途的产品）等，它也会造成工时、设备等浪费。从质量管理的观点看，不仅要降低明显的废品数量，而且更要降低整个不合格品的数量。

加强不合格品管理，重点要抓好以下工作。

① 按不合格品的不同情况分别妥善处理，要建立健全原始记录。

② 定期召开不合格品分析会议。通过分析研究，找出造成不合格品的原因，从中吸取教训，并采取措施，以防再度发生。

③ 做好不合格品的统计分析工作。要根据有关质量的原始记录，对于不合格品的废品、返修品、回用品等进行分类统计，并对废品种类、数量、产生废品所消耗的人工和原材料，以及产生废品的责任者等，作分门别类的统计，并将各类数据资料汇总编制成表，以便为进行单项分析和综合分析提供依据。

④ 建立包括废品在内的不合格品技术档案，以便发现和掌握废品产生变化的规律性，从而为有计划地采取防范措施提供依据，还可成为企业进行质量管理教育、技术培训的反面教材。

⑤ 实行工序质量控制。全面质量管理要求在不合格品发生之前发现问题，及时处理，防止不合格品发生，为此必须进行工序质量控制。

工序质量控制的主要手段有两个：一个是建立管理点。所谓管理点就是把在一定时期内和一定条件下，需要特别加强监督和控制的重点工序（或重点部位），明确列为质量管理的重点对象，并采用各种必要的手段、方法和工具，对它加强管理。另一个手段是运用控制图，它是进行工序质量控制的一种最重要而有效的工具。

3. 辅助生产过程的质量管理

上述生产制造过程的质量管理，实质上是基本生产过程的质量管理。为保证基本生产过程实现预定的质量目标，保证基本生产过程正常进行，还必须加强对辅助生产过程的质量管理。

一般来说辅助生产过程的质量管理，包括：物料供应的质量管理、工具供应的质量管理和设备维修的质量管理等。

4. 产品使用过程的质量管理

产品的使用过程是考验产品实际质量的过程，它既是企业质量管理的归宿点，又是企业质量管理的出发点。产品的质量特性是根据客户使用要求而设计的，产品实际质量的好坏，主要看客户的评价。因此企业的质量管理工作必须从生产过程延伸到使用过程。产品使用过程的质量管理，主要应抓好以下三个方面的工作：

（1）积极开展技术服务工作。对客户的技术服务工作，通常可采用以下几种形式：

① 编制产品使用说明书。

② 采取多种形式传授安装、使用和维修技术，帮助培训技术骨干，解决使用技术上的疑难问题。

③ 提供易损件制造图样，按客户要求，供应客户修理所需的备品、配件。

④ 设立维修网点，有的要做到服务上门。

⑤ 对复杂的产品，应协助客户安装、试车或负责技术指导。

（2）进行使用效果与使用要求的调查。为了充分了解产品质量在使用过程中的实际效果，企业必须经常进行客户访问或定期召开客户座谈会。加强工商衔接、产销挂钩。通过各种渠道，对出厂产品使用情况进行调查，了解本企业产品存在的缺陷和问题，及时反馈信息，并和其他企业、其他国家的同类产品进行比较，为进一步改进质量提供依据。

（3）认真处理出厂产品的质量问题。对客户反映的质量问题、意见和要求要及时处理。即使是属于使用不当的问题也要热情帮助客户服务部门掌握使用技术。属于制造的问题，不论外购件或自制件，统一由客户服务部门负责包修、包换、包退。由于质量不好，保用期内造成事故的，企业还要赔偿经济损失。

四、“5S”活动

参观过日本工厂的人都会很惊讶地发现，在工厂里，在办公室里，每一个角落都是干干净净、整整齐齐的，工作环境非常清洁、舒适。在工厂的正面墙上，经常可看到“整理、整顿、清扫、清洁、素养”几个大字，这就是近年来全世界许多企业竞相学习的“5S”，全体员工自上至下推动“5S”，带来的就是要想把事情做好，不放过任何一个小细节。

1. “5S”运动的定义

“5S”是整理、整顿、清扫、清洁、素养日文的拉丁语拼法的第一个字母的组合。是企业全体人员的日常基本工作和必备素养，是保证工作质量和产品质量所必需的基本环境，是开展全面质量管理的基础工作和主要方法。

（1）整理（Seiri）。将工作场所的任何物品区分为有必要与没有必要的。除了有必要的留下来以外，其他的都清除掉。其目的是腾出更多的空间，防止误用、误送，营造清爽的工作场所，这是“5S”的第一步。

（2）整顿（Seiton）。把留下来的必要的物品依规定位置摆放，并放置整齐，加以标示。其目的是消除过多的积压物品，留下的有限物品再加以定点定位放置，除了空间宽敞以外，更可免除物品使用时的找寻时间，且对于过量的物品也可即时处理。具体做法如下：①空间腾出。②规划放置场所及位置。③规划放置方法。④放置标示。⑤摆放整齐、明确。这样可以达到要用的东西随即可取得，不仅是使用者知道，其他的人也能一目了然。

（3）清扫（Seiso）。将工作场所内看得见与看不见的地方清扫干净，保持工作场所干净、亮丽。其目的是减少工业伤害，保证产品质量稳定。工作场所彻底打扫干净，并杜绝污染源。具体做法如下：

① 清扫从地面到墙板到天花板所有物品。

② 机器工具彻底清理。

③ 玻璃门窗的擦洗。

④ 水管漏水及噪声污染处理。

⑤ 破损的物品修理。

维持上述“3S”的成果。贯彻上面的“3S”，具体做法如下：①红色标签。②目视管理。③查检表。

（4）清洁（Seiketsu）。将干净的观念延伸到个人，关注是否穿着工作服，是否正确操作仪器设备，是否持续的进行整理、整顿、清扫工作，并视为每日工作的一部分。

（5）素养（Shitsuke）。每位成员养成良好的习惯，并遵守规则做事，培养主动积极的精神。“5S”活动始于素养，终于素养。一切活动都靠人，假如缺乏遵守规则的习惯，或者缺乏自动自发的精神，推行“5S”易于流行式，不易持续。提高素养主要靠平时经常的教育培训，认同企业、参与管理，才能收到效果。素养的实践始自内心而形之于外，由外在的表现再去塑造内心。

整理：从心中就有“应有与不应有”的区分，并把不应有的予以去除的观念。

整顿：从心中就有“将应有的定位”的想法。

清扫：从心中就有“彻底清理干净，不整洁的工作环境是耻辱”的想法。

清洁：从心中就有保持清洁，保持做人处事应有态度的想法。

素养：心中不断追求完美的想法。

例如，员工应确实遵守作息时间，按时出勤；工作应保持良好状况，不可随意谈天说笑、离开工作岗位、呆坐、看小说、打瞌睡、吃零食等；服装整齐、戴好识别卡；待人接物诚恳有礼貌，爱护公物，用完归位，不可乱扔纸屑果皮，乐于助人等。

“5S”之间的关系如图 2－11 所示。

从图 2－12 的推进层次可以看出，整理、整顿、清洁的对象是“场地”、“物品”。素养的对象则是“人”，而人是最重要的资源，实验室应不厌其烦地教育员工做好整理、整顿、清扫工作，其目的不只是希望他们将东西摆好，设备擦干净，更主要的是通过这些活动潜移默化，改变他们的思想，养成良好的习惯，进而能依照规定的事项(程序文件、作业指导书)等行动，成为情操高尚的优秀员工。

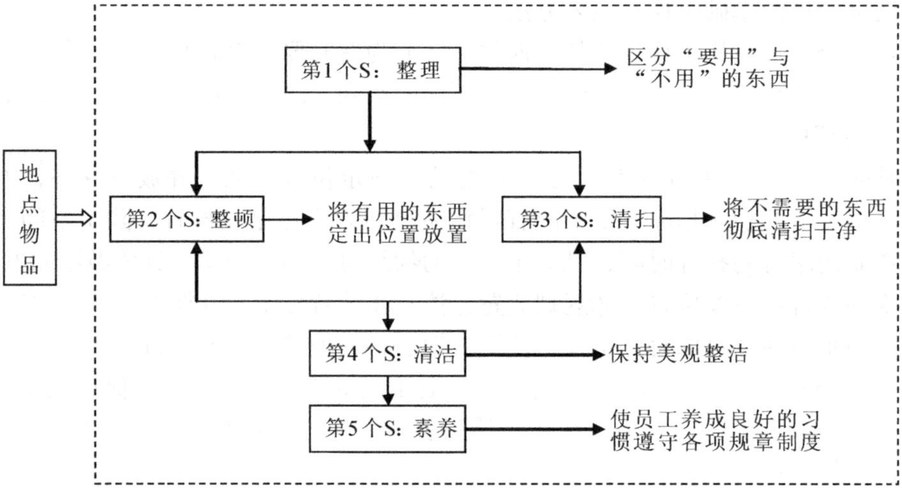

图 2－11　“5S”之间的关系

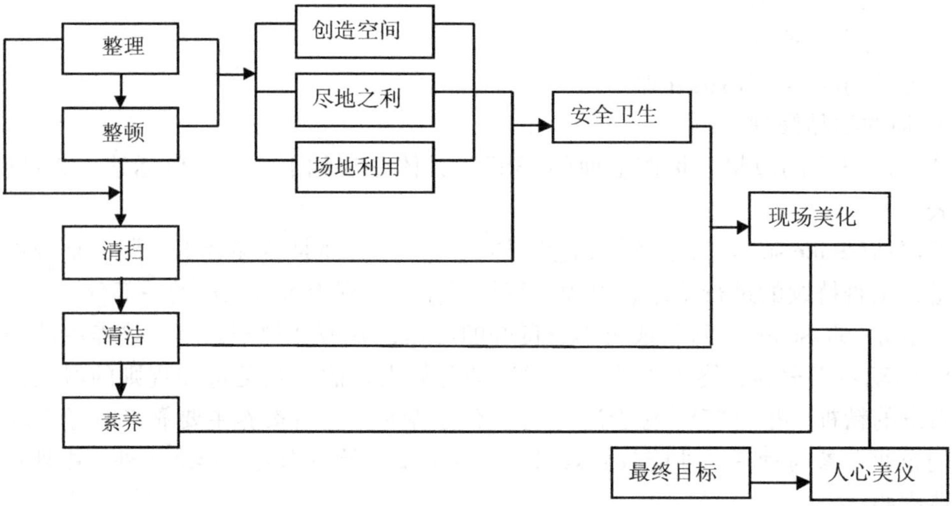

图 2－12　“5S”活动推进层次

2. “5S”运动的实施

（1）消除意识障碍。“5S”容易做，却不易彻底或持久，究其原因主要是对它缺乏足够的认识，所以要顺利推行“5S”，第一步就得先消除有关人员意识上的障碍。

① 不了解的人，认为“5S”太简单，芝麻小事，没什么意义。

② 虽然工作上问题很多，但与“5S”无关。

③ 工作已经够忙的了，哪有时间再做“5S”？

④ 现在比以前已经好很多了，有必要吗？

⑤ “5S”既然很简单，却要劳师动众，有必要吗？

⑥ 就是我想做好，别人呢？

⑦ 做好了有没有好处？

这一系列的意识障碍（存疑），应事先利用培训的机会先予消除，才易于推行“5S”。

（2）成立推行组织，设置推行委员会。推行“5S”企业内全体成员均应参与，借助于推行“5S”让工作场所得以整齐清洁，塑造舒适的工作环境，并进而养成企业员工做事认真的心态，久而久之形成了习惯，大家遵守规则，认真工作。

推行“5S”企业高层应设置专门的推行委员会，然后在各部门设置推行小组，先有健全的组织，才能形成团队，也才能够取得成效，如图2－13所示。推行小组的主要工作任务：①设定推行目标。②拟订活动计划及活动办法。③教育训练的实施。④制定推行的方法。⑤制定考核方法。

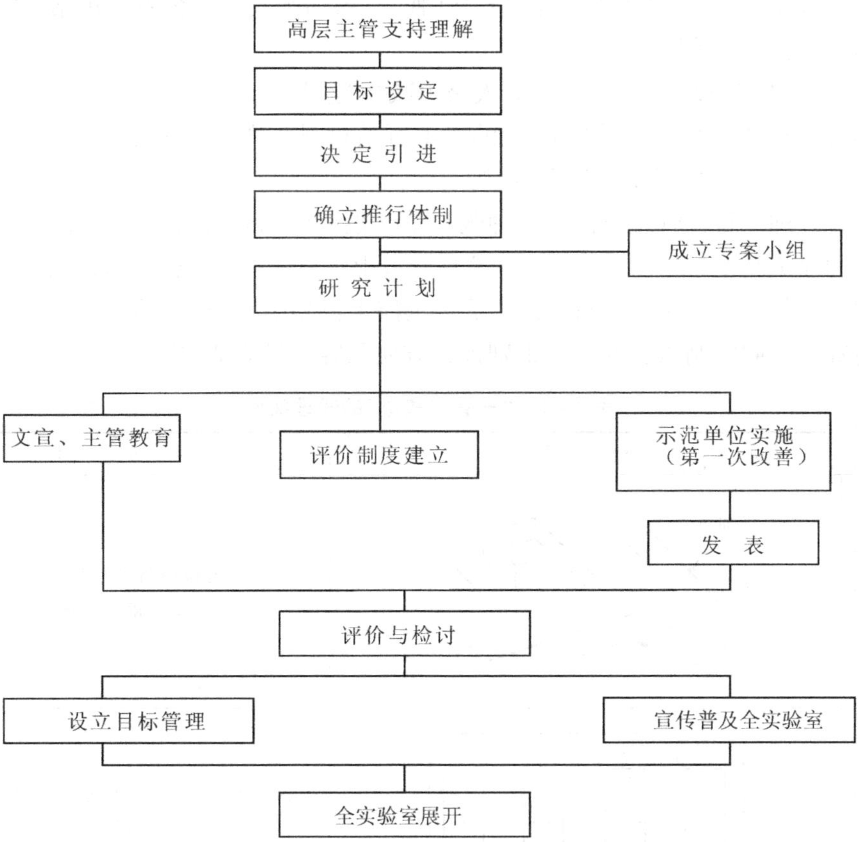

图2－13　整理整顿活动导入流程图

（3）展开文宣造势活动。

① 公司推行“5S”的目的、目标、宣传口号、竞赛办法的宣传活动。

② 做成标语，各部门宣传。

（4）教育训练。教育训练的主要内容：①“5S”概论。②整理、整顿、红牌子作战。③清扫、清洁。④QC 改善方法。

（5）实施。推行初期可选择某一部门作示范，然后逐次推广，活动中要与改善的方法相结合。活动的成果要予标准化。

（6）核查。

① 利用查核表。

② 红牌子作战。

（7）竞赛：拟订竞赛奖励办法。

3. “5S”实施的技巧

（1）红牌作战。在“5S”活动展开的过程中，红牌作战是个很重要的活动工具之一。

红牌目的：运用醒目的“红色”标志标明问题之所在。

实施方法：

① 整理：清楚地区分要与不要的东西，找出需要改善的事、地、物。

② 整顿：将不要的东西贴上“红牌”，将需要改善的事、地、物以“红牌”标示。

③ 清扫：有油污、不清洁的设备贴上“红牌”，藏污纳垢的办公室死角贴上“红牌”。

④ 清洁：减少“红牌”数量。

⑤ 素养：有人继续增加“红牌”，有人努力减少“红牌”。

看到“红牌”时不可生气，挂“红牌”的对象可是材料、产品、机器、设备、空间、办公桌、文件、档案，但是“人”不要挂上“红牌”。

（2）目视管理。目视管理方法是一种既简单又很有效的管理方法。其定义为：“一看就知道。”假如每个人均能“一看就知道”，就会带来很大的方便，减少因找寻而浪费的时间，提高工作效率。例如，马路上的行车线，假如马路上没划上行车线，那就很不方便；餐厅经理与服务生穿着不同的制服，并挂上识别证，方便顾客，见表 2－2。

表 2－2　“一看就知道”的管理实例

名称	略　图	说　明
白线表示	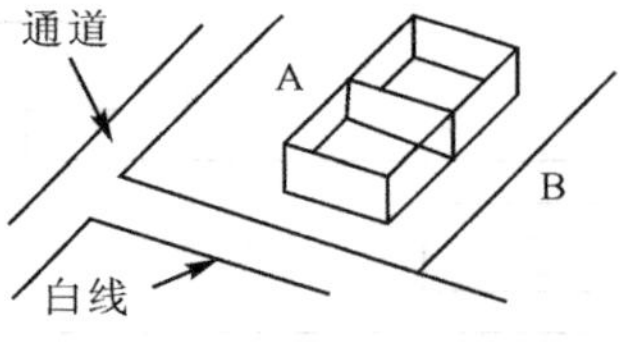	为了使机械设备的位置、加工品的放置场所、通道等得以明确，而画的区分线
表示板	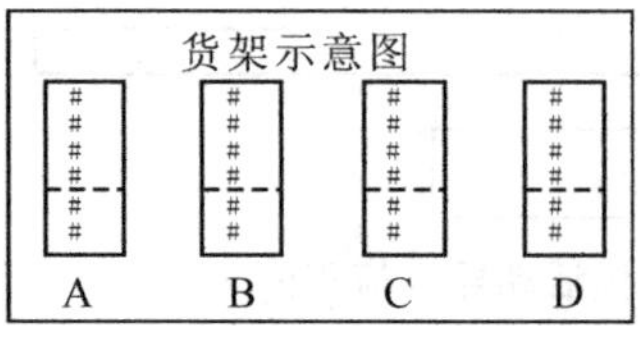	这是为了不管是谁只要看到它，就能明白在何处有多少什么东西等信息的表示板

<table>
<tr><th>名称</th><th>略　图</th><th>说　明</th></tr>
<tr><td>生产管理板</td><td>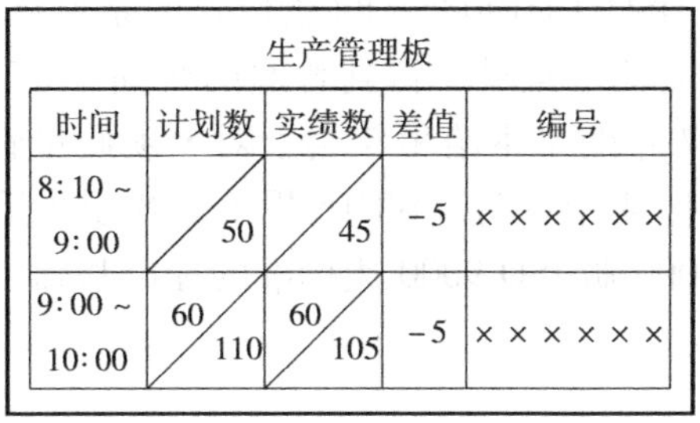
</td><td>这是表示流水线的生产状况的表示板，记录着产量开机情况，停机原因等</td></tr>
<tr><td>电子显示器</td><td>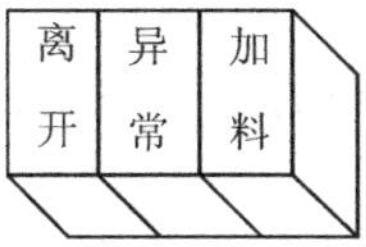
</td><td>这是为了使工序内的异常的情况立即告诉管理监督人员的表示灯</td></tr>
<tr><td>红线</td><td>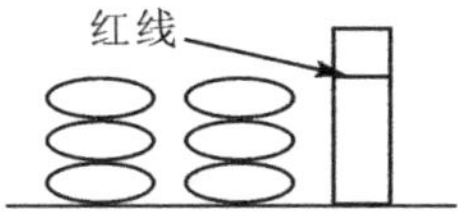
</td><td>这是为了表示仓库中零件架等的最大库存量或者安全库存量而画的红线，以便能一目了然地看出是否异常</td></tr>
<tr><td>NG 卡</td><td>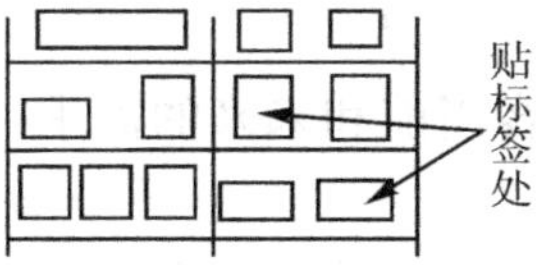
</td><td>用标签来明确表示出日常生产的活动中不需要的东西 NG 是 No Goods 的省略</td></tr>
</table>

目视管理，配合“5S”运动来进行，能达到更好的效果。

(3) 检查表。推行任何活动除了要有一个详尽的行动计划外，在推行的过程中，每一项活动均要定期检查加以控制。因此，编制检查表就显得十分重要。

推行“5S”活动，同样也要导入 PDCA 管理循环。Plan：拟订活动目标，进行活动计划及准备。Do：执行阶段，如文宣、训练、实际执行工作。Check：过程中进行查核，如检查表、红牌子。Action：采取必要的改进措施。依据检查表进行定期核查，能及时得到活动进展情况，若有偏差，则可随即采取修正措施。

检查表的使用有两种，一种是点检用，只记入好、不好的符号；另一种是记录用，记录评价的数据。

第三节　质量管理八项原则

一个组织的基本任务是提供满足顾客和其他相关方的需要和所期望的产品，并使他们满意，这是组织存在和发展的前提。随着世界范围产品竞争的日趋激烈，竞争的焦点最终将归结为产品质量的竞争，所以对企业和有关组织而言，实施质量管理越来越显得重要。2005 版 ISO 9000 族标准在引言中提出的 8 项质量管理原则是组织成功地实施质量管理，达到预期效果的指南。这些原则适用于所有类型的产品和组织，成为质量管理体系建立的基本原则。

一、质量管理原则产生的背景

国际标准化组织第 176 个技术委员会(ISO/TC176)在策划 ISO 9000 族标准时，准备为组织的管理者编制一套有关质量管理的文件，其中最重要的内容就是质量管理原则。为此，1995年在ISO/TC176/SC2下专门成立了一个工作组（WG15），征集世界上最受尊敬的一批质量管理专家的意见，在此基础上编写了ISO/CD19004—8《质量管理原则及其应用》。此文件在1996年ISO/TC176的特拉维夫年会上征求意见，得到普遍的赞同。WG15为了确保此文件的权威性和广泛的一致性，又在1997年的哥本哈根年会上对8项质量管理原则的正文举行投票。在36个投票国中有32个赞同，4个反对。WG15提出的8项质量管理原则和12条质量管理体系的基础说明，成为编写2000版ISO 9000族标准的理论基础。

二、质量管理原则的作用

（1）质量管理原则是2000版ISO 9000族标准的理论基础。

（2）质量管理原则是组织的领导者进行质量管理的基本原则，指导组织的管理者建立、实施、改进本组织的质量管理体系。

（3）质量管理原则可以指导审核员、咨询师、质量工作者学习、理解和掌握ISO 9000族标准。

三、质量管理原则的内容

1. *以顾客为关注焦点*

“组织依存于顾客。因此，组织应当理解顾客当前和未来的需求，满足顾客要求并争取超越顾客期望”。

顾客是组织存在的基础，如果组织失去了顾客，就无法生存下去，所以组织应把满足顾客的需求和期望放在第一位，并将其转化成组织的质量要求，采取措施使其实现；同时还应测量顾客的满意度，处理好与顾客的关系，加强与顾客的沟通，采取改进措施，以使顾客和其他相关方满意。同时，由于顾客的需求和期望是不断变化的，也是因人因地而异的，因此需要进行市场调查，分析市场变化以此来满足顾客当前和未来的需求并争取超越顾客的期望，以创造竞争优势。

应用该原则，组织应采取如下活动：

① 调查、识别并理解顾客的需求和期望；

② 确保组织的目标与顾客的需求和期望相结合；

③ 确保在整个组织内满足顾客的需求和期望；

④ 测量顾客的满意程度并根据结果采取相应的活动或措施；

⑤ 系统地管理好与顾客的关系。

2. *领导作用*

“领导者确立组织统一的宗旨及方向。他们应当创造并保持使员工能充分参与实现组织目标的内部环境”。

最高管理者应建立体现组织总的质量宗旨和方向的质量方针与质量目标，应时刻关注组织经营的国内外环境，制定组织的发展战略，规划组织的蓝图。质量方针应随着环境的变化而变化，并与组织的宗旨相一致。最高管理者还应将质量方针、目标落实到组织的各职能部门和相关层次，让全体员工理解和执行。

为了实施质量方针和目标，组织的最高管理者应身体力行，建立、实施和保持一个有效的质量管理体系，确保提供充分的资源，识别影响质量的所有过程，并管理这些过程，使顾客和相关方满意。为了使建立的质量管理体系保持其持续的适宜性、充分性和有效性，最高管理者应亲自主持对质量管理体系的评审，并确定持续改进和实现质量方针、目标的各项措施。

运用“领导作用”原则，组织应采取下列措施：

① 考虑所有相关方的需求和期望；

② 为本组织的未来描绘清晰的远景，确定富有挑战性的目标（可测性、挑战性、可实现性）；

③ 在组织的所有层次上建立价值共享、公平公正和道德伦理观念；

④ 为员工提供所需的资源和培训，并赋予其职责范围内的自主权。

3. 全员参与

“各级人员都是组织之本，只有他们的充分参与，才能使他们的才干为组织带来收益”。

全体员工是每个组织的根本，人是生产力中最活跃的因素。组织的成功不仅取决于正确的领导，还有赖于全体人员的积极参与。所以应赋予各部门、各岗位人员应有的职责和权限，为全体员工制造一个良好的工作环境，激励他们的创造性和积极性，通过教育和培训，增长他们的才干和能力，发挥员工的革新和创新精神；共享知识和经验，积极寻求增长知识和经验的机遇，为员工的成长和发展创造良好的条件。只有这样才会给组织带来最大的收益。

运用“全员参与”原则，组织应采取下列措施：

① 让每个员工了解自身贡献的重要性及其在组织中的角色；

② 以主人翁的责任感去解决各种问题；

③ 使每个员工根据各自的目标评估其业绩状况；

④ 使员工积极地寻找机会增强他们自身的能力、知识和经验。

4. 过程方法

“将活动和相关的资源作为过程进行管理，可以更高效地得到期望的结果”。

任何使用资源将输入转化为输出的活动即认为是过程。组织为了有效的运作，必须识别并管理许多相互关联的过程，系统地识别并管理组织所应有的过程，特别是这些过程之间的相互作用，称之为“过程方法”。

在建立质量管理体系或制定质量方针和目标时，应识别和确定所需要的过程，确定可预测的结果，识别并测量过程的输入和输出，识别过程与组织职能之间的接口和联系，明确规定管理过程的职责和权限，识别过程的内部和外部顾客，在设计过程时还应考虑过程的步骤、活动、流程、控制措施、投入资源、培训、方法、信息、材料和其他资源等。只有这样才能充分利用资源，缩短周期，以较低的成本实现预期的结果。

运用“过程方法”原则，组织应采取下列措施：

① 为了取得预期的结果，系统地识别所有的活动；

② 明确管理活动的职责和权限；

③ 分析和测量关键活动的能力；

④ 识别组织职能之间与职能内部活动的接口；

⑤ 注重能改进组织活动的各种因素，如资源、方法、材料等。

5. 管理的系统方法

“将相互关联的过程作为系统加以识别、理解和管理，有助于组织提高实现目标的有效性和效率”。

一个组织的体系是由大量错综复杂、互相关联的过程组成的网络构成的。最高管理者要成功地领导和运作一个组织，要求用系统和透明的方式进行管理，也就是对过程网络实施系统管理，可以帮助组织提高实现目标的有效性和效率。

管理的系统方法包括了确定顾客的需求和期望，建立组织的质量方针和目标，确定过程及过程的相互关系和作用，并明确职责和资源需求，确立过程有效性的测量方法并用以测量现行过程的有效性，防止不合格，寻找改进机会，确立改进方向，实施改进，监控改进效果，评价结果，评审改进措施和确定后续措施等。这种建立和实施质量管理体系的方法，既可用于建立新体系，也可用于改进现行的体系。这种方法不仅可提高过程能力及产品质量，还可为持续改进打好基础，最终导致顾客满意和使组织获得成功。

运用“管理的系统方法”原则，组织应采取下列措施：

① 建立一个体系，以最佳效果和最高效率实现组织的目标；

② 理解过程内各过程的相互依赖关系；

③ 更好地理解为实现共同的目标所必须的作用和责任，从而减少职能交叉造成的障碍；

④ 理解组织的能力，在行动前确定资源的局限性；

⑤ 设定目标，并确保如何运作体系中的特殊活动；

⑥ 通过测量和评估，持续改进体系。

6. 持续改进

“持续改进总体业绩应当是组织的一个永恒目标”。

组织所处的环境是在不断变化的，科学技术在进步，生产力在发展。人们对物质和精神的需求在不断提高，市场竞争日趋激烈，顾客的要求越来越高。因此组织应不断调整自己的经营战略和策略，制定适应形势变化的策略和目标，提高组织的管理水平，才能适应这样的竞争和生存环境。所以持续改进是组织自身生存和发展的需要。

持续改进是一种管理的理念，是组织的价值观和行为准则，是一种持续满足顾客要求、增加效益、追求持续提高过程有效性和效率的活动。持续改进应包括：了解现状，建立目标，寻找、实施和评价解决办法，测量、验证和分析结果，把它纳入文件等活动，其实质也是一种 PDCA 循环，从策划、计划开始，执行和检查效果，直至采取纠正和预防措施，将它纳入改进成果加以巩固。

运用“持续改进”原则，组织应采取下列措施：

① 在整个组织范围内使用一致的方法持续改进组织的业绩；

② 为员工提供有关持续改进的方法和手段的培训；

③ 将产品、过程和体系的持续改进作为组织内每位成员的目标；

④ 建立目标，以指导、测量和追踪持续改进。

7. 基于事实的决策方法

“有效决策是建立在数据和信息分析的基础上”。

成功的结果取决于活动实施之前的精心策划和正确决策。决策的依据应采用准确的数据和信息，分析或依据信息做出判断是一种良好的决策方法。在对数据和信息进行科学分析时，可借助于其他辅助手段。

统计技术是最重要的工具之一。应用基于事实的决策方法，首先应对信息和数据的来源进行识别，确保获得充分的数据和信息的渠道，并能将得到的数据正确方便地传递给使用者，做到信息的共享，利用信息和数据进行决策并采取措施。其次用数据说话，以事实为依据，有助于决策的有效性，减少失误并有能力评估和改变判断和决策。

运用“基于事实的决策方法”原则，组织应采取下列措施：

① 确保数据和信息足够精确和可靠；

② 让数据/信息需要者能得到数据/信息；

③ 使用正确的方法分析数据；

④ 基于事实分析，权衡经验与直觉，做出决策并采取措施。

8. 与供方互利的关系

“组织与供方是相互依存的，互利的关系可增强双方创造价值的能力”。

供方提供的产品对组织向顾客提供满意的产品可以产生重要的影响。因此把供方、协作方、合作方都看作是组织经营战略同盟中的合作伙伴，形成共同的竞争优势，可以优化成本和资源，有利于组织和供方共同得到利益。组织在形成经营和质量目标时，应及早让供方参与，帮助供方提高技术和管理水平，形成彼此休戚相关的利益共同体。

因此，需要组织识别、评价和选择供方，处理好与供方或合作伙伴的关系，与供方共享技术和资源，加强与供方的联系和沟通，采取联合改进活动，并对其改进成果进行肯定和鼓励，都有助于增强供需双方创造价值的能力和对变化的市场做出灵活和迅速反应的能力，从而达到优化成本和资源的目的。

运用“与供方互利的关系”原则，组织应采取下列措施：

① 在对短期收益和长期利益综合平衡的基础上，确立与供方的关系；

② 与供方或合作伙伴共享专门技术和资源；

③ 识别和选择关键供方；

④ 清晰与开放的沟通；

⑤ 对供方所做出的改进和取得的成果进行评价并予以鼓励。

阅读材料

质量管理史中的著名人物——戴明(W. Edwards Deming)

戴明(1900～1993)，博士，世界著名的质量管理专家，他因对世界质量管理发展做出的卓越贡献而享誉全球。作为质量管理的先驱者，戴明学说对国际质量管理理论和方法始终产生着异常重要的影响。他认为，“质量是一种以最经济的手段，制造出市场上最有用的产品。一旦改进了产品质量，生产率就会自动提高。”1950 年，戴明对某国家工业振兴提出了“以较低的价格和较好的质量占领市场”的战略思想。20 世纪 80 年代初，他受命于福特汽车公司首席执行官唐纳德·彼得森(Donald Peterson)，来到底特律。那时的福特汽车公司由于日本竞争对手的冲击而“内出血”，正步履维艰地挣扎出“Pinto”质量事故的厄运。“Pinto”事件是福特汽车公司在最近的轮胎质量事件之前的一次最大的质量事故。戴明提出长期的生产程序改进方案、严格的生产纪律以及体制改革。戴明博士将一系列统计学方法引入美国产业界，以检测和改进多种生产模式，从而为后来杰克·韦尔奇等人的六个西格马管理法奠定了基础。同当今许多质量管理法不同的是，戴明不仅仅是在科学的层面来改进生产程序。戴明用他特有的夸张语言强调："质量管理98%的挑战在于发掘公司上下的知识诀窍。"他推崇团队精神，跨部门合作，严格的培训以及同供应商的紧密合作。这些观念远远超前于80年代所奉为经典的"能动性培养。"

然而，戴明一直自觉地保持着一个局外人的身份。正因为如此，他的观念和方法才那么有效，同时又富有争议。个头很高的戴明往往会不假思索地在大庭广众对业界大腕出言不逊，可工人和工程师们却对他崇敬有加。业余时间，戴明喜欢谱写教会礼拜歌曲。戴明赢得了众多首席执行官的爱戴，但也常遭白眼。著名企业改造专家约翰·惠特尼(John O. Whitney)说："美国需要戴明这种震荡疗法。多亏了戴明，现在美国的首席执行官才真正理解程序的重要性。"许多质量管理专家认为，戴明的理论帮助某个国家从一个衰退的工业国转变成了世界经济强国。

戴明学说简洁易明，其主要观点十四要点(Deming's 14 Points)成为本世纪全面质量管理(TQM)的重要理论基础。主要观点是引起效率低下和不良质量的原因在公司的管理系统而不在职员，部门经理的责任就是要不断调整管理系统以取得预期的结果，戴明还强调了减少质量变动(与一定标准之间的偏差)的必要性。要减少质量波动，就需要辨别引起波动的特殊原因(即可纠正的原因)和共同原因(即随机原因)。

(1) 创造产品与服务改善的恒久目的：最高管理层必须从短期目标的迷途中归返，转回到长远建设的正确方向。也就是把改进产品和服务作为恒久的目的，坚持经营，这需要在所有领域加以改革和创新。

(2) 采纳新的哲学：必须绝对不容忍粗劣的原料，不良的操作，有瑕疵的产品和松散的服务。

(3) 停止依靠大批量的检验来达到质量标准：检验其实是等于准备有次品，检验出来已经是太迟，且成本高而效益低。正确的做法是改良生产过程。

(4) 废除价低者的做法：价格本身并无意义，只是相对于质量才有意义。因此，只有管理当局重新界定原则，采购工作才会改变。公司一定要与供应商建立长远的关系，并减少供应商的数目。采购部门必须采用统计工具来判断供应商及其产品的质量。

(5) 不断地及永不间断地改进生产及服务系统：在每一活动中，必须降低浪费和提高质量，无论是采购、运输、工程、方法、维修、销售、分销、会计、人事、顾客服务及生产制造。

(6) 建立现代的岗位培训方法：培训必须是有计划的，且必须是建立于可接受的工作标准上。必须使用统计方法来衡量培训工作是否奏效。

(7) 建立现代的督导方法：督导人员必须要让高层管理知道需要改善的地方。当知道之后，管理当局必须采取行动。

(8) 驱走恐惧心理：所有同事必须有胆量去发问，提出问题，表达意见。

(9) 打破部门之间的围墙：每一部门都不应只顾独善其身，而需要发挥团队精神。跨部门的质量圈活动有助于改善设计、服务、质量及成本。

(10) 取消对员工发出计量化的目标：激发员工提高生产率的指标、口号、图像、海报都必须废除。很多配合的改变往往是在一般员工控制范围之外，因此这些宣传品只会导致反感。虽然无须为员工订下可计量的目标，但公司本身却要有这样的一个目标：永不间歇地改进。

(11) 取消工作标准及数量化的定额：定额把焦点放在数量，而非质量。计件工作制更不好，因为它鼓励制造次品。

(12) 消除妨碍基层员工工作畅顺的因素：任何导致员工失去工作尊严的因素必须消除，包括不明何为好的工作表现。

(13) 建立严谨的教育及培训计划：由于质量和生产力的改善会导致部分工作岗位数目的改变，因此所有员工都要不断接受训练及再培训。一切训练都应包括基本统计技巧的运用。

(14) 创造一个每天都推动以上 13 项的高层管理结构。

思考与练习

一、名词解释

1. 质量管理
2. 质量方针
3. 质量控制
4. 质量保证
5. 全面质量管理
6. “5S”活动

二、填空题

1. 质量管理是指在质量方面__________组织的协调一致的__________。

2. 一般可以将现代质量管理分为__________阶段和统计质量控制阶段和__________阶段。

3. ISO 8402:2008 将全面质量管理定义为“一个组织以________为中心，以__________为基础，目的在于通过让________和本组织所有成员及社会受益而达到长期成功的管理途径”。

4. 我国企业在实践中将全面质量管理概括为“三全一多样”，即________、__________和全组织的质量管理，全面质量管理所使用的方法是多种多样的。

5. 朱兰提出了质量管理三部曲，即__________、质量控制和______________。

6. 根据质量保证的目的，可将质量保证分为______________和________________。

7. “5S”由 5 个日语词汇组成，是整理、__________、清扫、__________和__________的简称。

8. “5S”的基本含义为：整理即区分清理；整顿即________；清扫即__________；清洁即____________；素养即____________。

9. 研究物品的取用方法，合理安排所需物品的摆放位置，并根据需要恰当标识的活动是__________。

10. 做到现场没有垃圾、灰尘及污垢，查找并消除造成脏污的源头，对设备工具等作业器具进行清洁养护的活动属于____________。

三、选择题

1. 对现场物品进行整理分类，明确区分要用的和不用的，并把不用的清除现场的活动是__________。

A. 整理　　B. 整顿　　C. 清扫　　D. 清洁

2. 质量检验的实质是________。

A. 事前预防　　B. 事后把关　　C. 全面控制　　D. 应用统计技术

3. ________的质量管理认为质量产生、形成和实现的过程中的每个环节都或轻或重地影响着最终的质量状况。

A. 全过程　　B. 全企业　　C. 全员　　D. 全面

4. "适用性"的观点是由________提出来的。

A. 戴明　　B. 菲根鲍姆　　C. 朱兰　　D. 休哈特

5. ________是指对产品质量的产生、形成和实现过程进行的抽象描述和理论概括。

A. 质量特性　　B. 质量环　　C. 质量圈　　D. 全面质量管理

6. 在八项质量管理原则中提出________，就是体现各级人员都是组织之本，只有他们的充分参与，才能使他们的才干为组织带来收益的思想。

A. 以顾客为关注焦点　　B. 领导作用　　C. 全员参与　　D. 过程方法

7. 在八项质量管理原则中提出________，就是将活动和相关的资源作为过程进行管理，从而更高效地得到期望的结果。

A. 过程方法　　B. 管理的系统方法　　C. 持续改进　　D. 基于事实的决策方法

四、简答题

1. 比较质量管理的三个阶段。

2. 简述全面质量管理的特点。

3. 简述 PDCA 循环的内容及特点。

4. 质量管理的八项原则是什么?

5. QC 小组活动遵循 PDCA 循环，其基本步骤有哪些?

第三章　实验室质量管理体系的建立与运行

☞ **教学目标：**

- 了解管理的基本原则及方法；
- 了解实验室管理的基本概念及内容；
- 掌握实验室质量管理体系的构成、特性及意义；
- 掌握质量管理八项原则在实验室管理中的运用；
- 掌握实验室质量管理体系建设及运行的基本要求和步骤；
- 了解实验室质量管理体系文件的编写方法和基本要求。

☞ **教学重点：**

- 实验室管理体系的构成；
- 质量管理八项原则在实验室管理中的运用；
- 实验室质量管理体系的建设及运行步骤。

☞ **教学难点：**

- 质量管理八项原则在实验室管理中的运用及实验室质量管理体系的建设步骤。

【案例】割草工的故事

一个替人割草打工的男孩打电话给一位陈太太说："您需不需要割草?"陈太太回答说："不需要了，我已有了割草工。"男孩又说："我会帮您拔掉花丛中的杂草。"陈太太回答："我的割草工也做了。"男孩又说："我会帮您把草与走道的四周割齐。"陈太太说："我请的那人也已做了，谢谢你，我不需要新的割草工人。"男孩便挂了电话，此时男孩的室友问他说："你不是就在陈太太那割草打工吗？为什么还要打这电话?"男孩说："我只是想知道我做得有多好!"

我们认为这个故事反映了ISO的第一个思想，即以顾客为关注焦点，不断地探询顾客的评价，我们才有可能知道自己的长处与不足，然后扬长避短，改进自己的工作质量，牢牢地抓住顾客。这也是质量管理八项原则第6条："持续改进"思想的实际运用的一个例子。我们每个员工是否也可结合自己的岗位工作，做一些持续改进呢？不光是实验室管理人员、技术人员，所有的员工都可以做到让顾客满意。对于实验室管理人员来说这样是可以得到忠诚度极高的顾客，对于每个实验室技术人员来说，只有时刻关注我们的"顾客(服务对象)"，工作质量才可以不断改进。

第一节　实验室管理概述

一、实验室管理的概念

实验室管理(laboratory management)是现代管理学中的一个分支，它是在社会发展、技术进步、实验室的发展过程中发展起来的一门新兴学科。它起源于20世纪中叶，尽管其发展历史仅有几十年的时间，但由于实验室在现代科学技术发展中的特殊作用有力地促进了实验室事业的快速发展。1986年在日内瓦成立了“世界实验室组织”，大大地推动了世界性的实验室管理和实验技术的广泛交流，实验室管理也逐步发展成为一门独立的管理学分支。近20余年来我国在引进、运用、实践、研究实验室管理方面作出了可喜的尝试和卓越的努力。由于它研究的对象是前人未涉及过的研究领域，具有开放性，因此它是在研究自然和社会不同领域现象的基础上建立起来的一门综合性的学科。

实验室管理是指导人们管理实验室及其活动的一门科学，它运用自然科学、社会科学、人文科学、实验科学以及其他相关学科的原理和方法，研究实验室运行过程中各项活动的基本规律及方法。各类检验工作大多数是基于实验室来完成的，能否正常地开展工作以及能否通过实验室给出准确的结果或结论，都需要在一个管理规范、科学有效的实验环境中进行，因此做好实验室管理的各项工作是实验室工作的前提和保障。

二、管理的原则及基本方法

1. 管理的原则

（1）系统管理原则：要求管理工作者把管理的对象看成一个系统，充分发挥系统的整体功能，即各子系统的行为要服从于整体的要求，树立全局观念，正确处理好整体与局部的关系，局部利益要服从全局的利益。

（2）人本管理的原则：即充分体现以人为本的管理原则，积极的情绪能够提高人的进取性，提高人的活动能力、思维能力和解决问题的能力，愉快的情绪可使人精神焕发，干劲倍增，以致多出成果。因此，在对人、财、物、信息、时间等因素的管理中，把调动人的积极因素放在第一位。也就是把做好人的工作看成是提高整个系统功效的关键。

（3）价值管理原则：管理的根本目的是为提高组织运行效率，降低运行成本，提高客户和员工的满意度，为社会创造更多的社会价值。不能为社会创造价值的管理是无效的管理，也就是管理者的失职。社会价值最终必须以是否有利于整个社会的发展和整个社会效益的提高为评价的准则。因此，管理必须要动机与效果相结合，克服只讲动机不讲效果的做法。

2. 管理的基本方法

管理方法是指在管理过程中，解决思想和行动等问题的方法。管理方法主要有：

（1）系统管理方法。系统管理方法是指将管理的对象当作一个系统来认识和管理的方法，这种方法主要包括以下几个环节：通观全局，分解结构，认识关系，区分层次，跟踪变化，调节反馈，控制方向，实现目标。这几个环节必须统一组织，同步认识，不能分割，以求所管理对象的整体效益，这是管理工作中最基本的思想方法和工作方法。

（2）计划管理方法。计划管理方法也是管理的一种基本方法，不论做什么事，都应该进行周密计划，预计在先则成效就会快而大，否则就难免会走弯路。由于任何事物都含有矛盾，并以此推动着事物的发展变化，所以要求管理计划要从实际出发，并要有先进性、开拓性和指导性，而不是墨守陈规的老一套。

（3）目标管理方法。目标管理方法是指任何事物在一定范围和期限内，在总体安排的指导下，所要达到的具体指标或目的。制定目标是管理者重要的职责之一，也是管理中的重要一环。具体目标的制定，要求与总体工作相适应，要求所制定的目标应体现与整个事物有一定的连续性、稳定性和现实性。要远近结合，既有深度又有广度。有了目标就可以充分利用目标来统一人们的思想和行动，调动各方面的积极性，使之向一个方向而努力。

（4）制度管理方法。制度管理方法是管理工作中一种必须掌握和应用的方法，是实行科学管理的行动准则，必要的、合理的、切实可行的规章制度是长期实际工作的经验总结，也是做好工作的依据和保证。

在实际管理工作中，必须注意结合本单位本部门的工作实际，制定出一套严格的规章制度和具体工作细则，才能使繁杂的工作规范化，做到管理有章可循，努力有方向，检测有尺度。管理工作本身的性质和特点决定了要搞好管理，就必须建立和健全在管理过程中各个环节必要的规章制度，以使管理工作制度化、程序化和规范化。

（5）决策管理方法。做到科学决策必须是在把握大量信息基础上的决策，决策方法实际上是对未来不确定的事物认识的理论思维方法，它只有在辩证的、系统的思维方式指导下，才能作出符合于客观实际的付之于行动的决策。

（6）行为管理方法。行为管理方法在某种意义上就是政治思想工作方法。它是通过谈心、观察、满足、理解和奖惩等方法，对管理系统中各类人员的行为和思想进行科学的分析和有效的管理。行为管理的目的是为了及时解决管理系统内人员的思想情绪和各类实际问题，充分调动各类人员的工作积极性和创造性。

（7）数理管理方法。数理管理方法是理论思维和对事物进行逻辑分析的一种重要形式。例如，用数理方法来协助人们找出解决各种问题的最优方案（即优选法、运筹法），怎样合理地组织人力、物力和财力，使人、财、物在管理中形成一个有机的整体，并取得管理最佳效应；如何安排某项工作的工序，使整个工程周期最短；用数理方法从客观存在的偶然现象中，找出它的必然规律等。

三、实验室管理的研究内容和发展趋势

实验室管理研究的内容包含自然科学的内容，也包含社会科学、现代新兴科学的内容，同时它又是一门应用科学，体现了理论性、实践性的统一与结合。

实验室管理的对象是与实验室有关的人、事、物、信息、经费等。因此，实验室管理的研究内容涉及实验室工作的全部活动。主要包括：实验室设置模式与管理体制、管理机构与职能，实验室的建设与规划，实验室人力资源管理，质量管理，仪器设备与试剂管理，实验室资料管理及实验室安全管理等。

随着管理学科的不断创新和全球经济一体化的发展趋势，实验室管理必须适应经济全球化的调控制度、组织结构和管理方法。包括：新理论、新知识的应用，高新技术的引入，全面质量管理体系的建立，实验室信息系统（laboratory information system，LIS）的利用等。随着市场化进程的加快，有可能出现外资检测实验室、跨国实验室、投资者检测实验室等，这些实验室的管理模式与方法将有待进一步探讨。

第二节　实验室质量管理体系的概念与构成

一、实验室质量管理的概念

实验室质量管理就是实验室在质量方面指挥和控制组织协调的活动，这里的活动通常包括制定质量方针和质量目标以及质量策划、质量控制、质量保证和质量改进。实验室质量管

理的中心任务是建立、实施和保持一个有效的实验室质量管理体系并持续改进其有效性。

1. 测量数据——实验室的产品

实验室是为获得自然科学某一学科领域内认知对象的有关知识，而进行实验研究的机构，例如世界著名的贝尔实验室、国家重点实验室等。自然科学的新发现、新理论只有通过实验得到验证后才能为同行承认。因此，当世界上某一实验室公布最新成果后，其他实验室常常会按照其所述的实验条件、实验步骤等，通过高准确度的测量予以模拟或再现，以验证该理论的可靠性。对于大多数有测量数据的实验，测量数据便是实验室的产品。当然，从事科学研究的还只是一小部分实验室，更多的实验室从事的是产品性能检测和测量仪器的校准活动。这些实验室接受顾客的委托，对顾客送来的物品根据顾客的要求进行检测或校准，得到被试物品的性能，有时还要应顾客的要求对其实用性做出判断。因此，这些实验室需要向顾客出具检测报告或校准证书，此时证书/报告则是测量数据的载体。

2. 实验室需要科学的质量管理

无论是从事科学研究、进行产品开发或技术开发的实验室，还是为社会、企业提供准确可靠的检测数据和检测结果的检测/校准实验室，人们都要求数据是可信的。而要保证数据的真实、可靠、准确，就需要对测量活动予以控制。

实验室的检测活动，从确定工作任务（对检测/校准实验室而言就是接收顾客物品，明确检测任务）到证书/报告的出具，也是由一系列的过程组成的，只有控制住各种可变因素，例如，环境条件、人员技术能力、仪器设备等，才能确保最终结果的可信度。因此，实验室同样需要科学的质量管理。

3. 用标准规范实验室的质量管理活动

ISO/IEC 17025—2005《检测和校准实验室能力的通用要求》是关于实验室质量管理的国际标准，提出了实验室需要控制的10个技术要素和15个管理要素。各国均以该标准作为准则，对本国的检测/校准实验室进行认可。随着质量体系日益广泛的应用，对作为较大组织一部分的实验室或提供其他服务的实验室，要求其确保所运作的质量体系符合ISO 9001或ISO 9002标准的需要也在增长。

在我国该标准转化为国家标准是GB/T 27025—2008《检测和校准实验室能力的通用要求》。国家质量监督检验检疫总局还以该标准为基础，制定了针对法制计量实验室的《法定计量检定机构考核规范》。

4. 实验室能力依赖于适宜和有效的质量管理体系

质量管理体系是"在质量方面指挥和控制组织的管理体系"，是质量管理的系统方法，是建立质量方针和目标，并为实现这些目标的活动或过程的系统。质量管理体系包括"硬件"和"软件"，即技术和管理两大部分。实验室在实施质量管理时，首先要根据实现质量目标的需要，配备必要的条件（如人力资源、基础设施、工作环境、资金等），然后通过设置组织机构和明确职责分配，分析确定需要开展的各项质量活动及接口，通过制定程序规定各项质量活动的工作方法，使其能够经济、有效、协调地进行。

二、实验室质量管理体系的概念

1. 体系及其适应性

（1）体系和要素。体系是指"相互关联或相互作用的一组要素"（ISO 9001），体系由要素组成，要素是体系的基本成分，是体系形成和存在的基础，没有要素就没有体系。一般来说，要素决定体系的性质，有什么样的要素，就有什么样的体系。研究体系就是研究要素之间的关联性和相互作用。

要素以一定的结构形成体系，各种要素在体系中的地位和作用各不相同，有的要素起主要作用，有的起次要作用。因此，处理好要素与要素、要素与体系（即部分与整体）的关系，对于体系的功能和性质研究至关重要。

（2）体系的整体性和适应性。体系与其作用的环境存在着密切关系，通常把体系的环境描述为体系之外的所有其他事物。环境是体系存在与发展的必要条件，对体系的性质与发展方向起一定的作用。体系的整体性就是在体系与环境的相互联系中体现出来的。例如，体系和环境之间通常都有物质和信息的交换。环境的变化往往会引起体系性质和功能的变化；反之，由于体系的作用不同，也会引起环境的变化，二者相互作用的结果，有可能使体系改变或失去原有的功能。因此，体系要有一种特殊的能力以适应环境变化，保持和恢复原有的功能，这就是体系的适应性。体系要强调其关联性、协调性和适应性。研究体系就是研究要素与要素、要素与体系、体系与环境之间的交互作用关系。

对于实验室来说，检测报告/校准证书是其最终产品，而影响报告/证书质量的要素很多，诸如操作人员、仪器设备、样品处置、检测方法、环境条件、量值溯源等，这些要素就构成了一个体系。为了保证报告/证书的质量，实验室就要以整体优化的要求处理好检测/校准，实现检测和处理过程中各项要素间的协调与配合。

2. 质量管理体系

所谓质量管理体系（quality management system，QMS），就是通过制定质量方针和质量目标，并为实现质量目标而建立的一组相互关联或相互作用的要素的集合，是在质量方面起指挥和控制组织作用的管理体系。质量管理体系由管理活动、资源提供、产品实现和测量等有关过程组成，包括为实施质量管理所需要的组织结构、程序、过程和资源。该定义把影响报告/证书质量的各种技术、管理、资源等因素都综合在一起，使之为了一个共同的目的——在质量方针的指引下，为达到质量目标而相互配合、努力工作。QMS 是质量管理的核心，是组织机构、职责、权限、程序之类的管理能力和资源能力的综合体。

质量方针是指实验室最高管理者正式发布的该实验室总的质量宗旨和方向。这里的最高管理者是指在最高层指挥和控制实验室的一个人或一组人，而质量目标是在质量方面所追求的目的。

3. 实验室质量管理体系

实验室依据自身质量方针和质量目标的需要，准备必要的条件（人员、设备、设施、环境等资源），然后通过设置组织机构、分析确定开展检测/校准所需的各项质量活动（过程），分配、协调各项活动的职责和接口，通过体系文件（程序）的编制给出从事各项质量活动的工作流程和方法，使各项质量活动（过程）能经济、有效、协调地进行，这样组成的有机整体称为实验室质量管理体系。

实验室质量管理体系把影响检测/校准质量的所有要素综合在一起，在质量方针的指引下，为实现质量目标而形成集中统一、步调一致、协调配合的有机整体，使总体的作用大于各分系统作用之和。

三、实验室质量管理体系的构成

实验室管理体系包含了硬件部分和软件部分。硬件主要是一个实验室必须具备相应的检验条件，包括必要的、符合要求的仪器设备、试验场地及办公设施、合格的检验人员等。软件则是通过与硬件相适应的组织机构，分析确定各检验工作的过程，分配协调各项检验工作的职责和接口，指定检验工作的工作程序及检验依据方法，使各项检验工作能有效、协调地进行，成为一个有机的整体。

实验室管理体系由组织机构、职责、程序、过程和资源五个基本要素组成。

1. 组织机构

组织机构(organizational structure)指实验室人员的职责、权限和相互关系的安排，这种安排通常是有序的。实验室或其所在组织应是一个能够承担法律责任的实体，并有明确的组织分工。

(1) 设置机构时应注意：①管理层次；②管理幅度；③分工形式；④职能设置及分类；⑤区域分布情况；⑥人员素质结构。

(2) 实验室在组织结构设置时要设立专职的质量管理部门(或岗位)，并落实质量职责。

① 明确与检测/校准有关的各项质量活动(直接/间接)；

② 明确各项质量活动的控制要求；

③ 划分质量职能；

④ 落实质量职责(先部门，后岗位)；

⑤ 职责文件化。

2. 职责

规定实验室各个部门和相关人员的岗位责任，就是规定在实验室质量管理体系和工作中应承担的任务和责任。实验室必须以过程为主线，通过协调把各个过程的责任逐级落实到各职能部门和各层次的人员。职责划分时应注意：①既要明确，又要相互衔接、协调；②要防止多头领导，多头指挥；③对质量工作独立行使权力者要详细规定其职责并明确任职条件。

3. 程序

程序(procedure)是为进行某项活动或过程所规定的途径。实验室为了保证组织结构按预定要求正常工作，除了要进行纵横向的协调设计外，程序或管理标准的设计非常必要。含有程序的文件称为程序文件，虽然不要求所有程序都必须形成文件，但质量管理体系程序通常都要形成文件。

程序文件的内容主要是规定按顺序开展所承担活动的细节，包括应做的工作的要求，即所谓5W1H(或6个何)：做何事(what)，为什么做(why)，何人做(who)，何时做(when)，什么场合(情况)做(where)，如何做(how)以及对人(man)、机(machine)、料(material)、法(method)、环(environment)[4M1E]如何控制、记录。

4. 过程

一组将输入转化为输出的相互关联或相互作用的活动即为过程，其输入和输出是相对的。实验室通常对过程进行策划并使其在受控状态下运行以达到增值的目的。需要说明的是，有些合格产品的形成需要特殊的过程。一个复杂的大过程可以分解为若干个简单的“小过程”，上一个小过程的输出即可为下一个或几个小过程的输入，所有过程构成一个封闭的质量环。证书/报告的形成可视为一个大过程，包含一系列相关联的小过程(业务授理→编制工作指令→抽样→样品管理→检测/校准→数据处理→报告编制→报告审批分发→报告事后管理)，如图3-1所示。

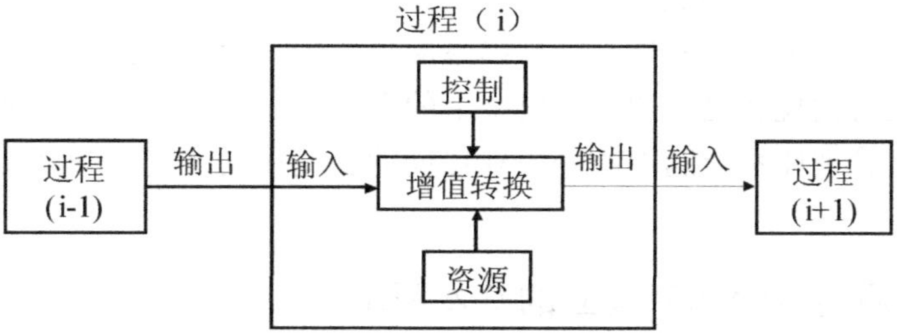

图 3－1　过程示意图

过程具有下列特点：①所有过程均有输入和输出；②输入是实施过程的基础，输出是完成过程的结果；③完成过程必须投入适当的资源和活动；④应在各环节进行检查、评价、测量，对过程质量进行控制；⑤过程是增值的，其价值的来源就是过程投入的资源和活动所应产生的结果（成本核算）。

评价质量体系时，必须对每一被评价的过程提出如下三个基本问题：①过程是否被确定？过程程序是否被恰当地形成文件？②过程是否被充分展开并按文件要求贯彻实施？③在提供预期的结果方面过程是否有效？

5. 资源

资源是满足产品和质量管理体系要求的重要组成部分，包括技术资源、物质资源、组织资源、人才资源、信息资源等。实验室充分利用各类资源应主要考虑：①人员素质提高；②设备、仪器、设施维护、添置和更新；③测试技术、测试方法、标准发展动态的有关信息跟踪研究。

实验室质量管理体系的五个组成要素，彼此既相对独立，又相互依存。程序是组织结构的继续和细化，也是职权的进一步补充，比如：实验室各级人员职责的规定，可使组织结构更加规范化，起到巩固和稳定组织结构的作用。程序和过程是密切相关的，有了质量保证的各种程序性文件，有了规范的实验操作手册，才能保证检验过程的质量。实验室质量管理是通过对过程的管理来实现的，过程质量又取决于所投入的资源与活动，而活动的质量则是通过实施该项活动所采用的方法（或途径）予以保证，控制活动的有效途径和方法制定在书面或文件的程序之中。

四、实验室质量管理体系的功能及特性

1. 实验室质量管理体系的功能

（1）能够对所有影响实验室质量的活动进行有效的和连续的控制；

（2）能够注重并且能够采取预防措施，减少或避免问题的发生；

（3）一旦发现问题能够及时作出反应并加以纠正。

实验室只有充分发挥管理体系的功能，才能不断完善健全和有效运行质量体系，更好地实施质量管理，达到质量目标的要求，所以说质量体系是实施质量管理的核心。

2. 实验室质量管理体系的特性

（1）系统性：管理体系是对质量活动中的各个方面综合起来的一个完整的系统。各要素相互依赖、相互配合、相互促进和相互制约，形成了具有一定活动规律的有机整体。建立管理体系时必须树立系统的观念，才能确保实验室质量方针和目标的实现。

（2）全面性：管理体系应对质量各项活动进行有效地控制。对检验报告质量形成进行全

过程、全要素(硬件、软件、物资、人员、报告质量、工作质量)的控制。

(3) 有效性：功能上的有效性：管理体系应能减少、消除和预防质量缺陷的产生，一旦出现质量缺陷能及时发现和迅速纠正；要素上的有效性：各项质量活动都处于受控状态。

(4) 适应性：管理体系能随着所处内外环境的变化和发展进行修订补充，以适应环境变化的需求。

五、实验室质量管理体系建立的基本要求

实验室应按有关标准/准则的要求建立质量管理体系，形成文件，加以实施和保持，并持续改进其有效性，使其达到确保检测和(或)校准结果质量可靠的目的。这是所有检测和(或)校准实验室管理体系的共同目的。在 PDCA 循环的过程方法工作原则下，实验室质量管理体系的建立应符合以下总体要求：

1. 明确质量形成过程

实验室是专门从事检验测试工作的实体，实验室工作的最终成果是检测报告。检测报告就是实验室的产品，同样有一个质量形成过程。为了确保检测数据的准确可靠，以确保检测报告的质量，就必须明确它的质量形成过程和过程的各个阶段可能影响检测报告质量的各项因素。从而对这些因素采取相应的措施，加以管理和控制，使其过程处于受控状态，以保证最终产品——检测报告的质量。由于生产组织的性质不同，产品特性不同，实验室的工作任务不同，因而，检测报告的质量形成过程也不尽相同。在建立质量管理体系时，应根据本实验室的工作特点进行分析研究，以明确其质量形成过程及其涉及的要素。比较典型的质量形成过程，大体上包括以下各阶段。

(1) 明确检测依据。接受某项检测任务，首先要明确检测依据的技术标准和技术规范，熟悉和正确掌握它的技术要求和检测条件。必要时在完全理解检测依据的基础上，编制便于操作的具体检测程序和方法，以防止在掌握检测依据上出现偏差，保证具体操作上的一致性，避免发生质量问题。

(2) 样品的抽取。为了使抽取的样品具有代表性，且真实完整，应制定合理的随机抽样方案，明确抽样、封样、记录、取送方式等各项质量要求，或严格按检验规程规定进行抽样工作。

(3) 样品的管理和试样的制备。为了保证样品的完好，不污染、不损坏、不变质，符合检测技术要求，应编制样品的交接、保管、使用、处置的质量控制措施。需要制备试样时，还应制定制备程序和方法，对制样的工具、模具等也应进行质量控制。

(4) 外部供应的物品。对检测工作需用的从外部购进的材料、药品、试剂、器件等物品，应有明确的质量要求和进行验收的质量控制措施。

(5) 环境条件。应有满足符合技术要求的工作环境，并配备必要的监控环境技术参数及技术措施。

(6) 检测操作。检验人员要依据技术标准和检验规范规定的方法，正确、规范地进行检测操作，及时准确地记录和采集检测数据。

(7) 计算和数据处理。依据检验规范的有关规定，对检测数值进行正确的计算和数据处理，并经过校对验证，以确保结果正确无误。

(8) 检测报告的编制和审定。检测报告的内容应完整，填写应规范、正确、清晰、判定准确，并严格执行校核、审批程序。

分析检测质量形成过程，准确地找出可能影响检测工作质量的各项因素，使其持续地处于受控状态，这是建立质量管理体系的一项基本要求。一个完善的实验室质量管理体系，应能实现纠正和预防质量问题的发生，即使一旦出现质量问题也能及时发现，迅速予以纠正和改进。

2. 配备必要的人员和物质资源

在明确质量形成过程中应开展的质量活动的基础上，为使质量管理体系能有效地运行，应配备适应工作需要的各类人员和物质资源。

（1）配备包括管理人员、执行人员、监督人员的各类人员。这些人员应具有同工作任务相适应的工作能力、经验和技能，规定有明确的质量职责、权限和彼此的相互关系。

（2）配备物质资源包括仪器设备、工作场所、环境设施、技术控制手段和其他检测装置等。资源的配置应满足工作任务的需要和检测技术规范的技术要求。仪器设备的功能和准确度符合产品的技术要求，环境条件和监控设施符合有关技术规定。

3. 形成检测有关的程序文件

（1）程序文件是规定检测活动和检测过程的途径，是为控制可能影响质量的各项因素而制定的文件。质量管理体系的运行是通过贯彻实施程序文件实现的，因而制定好程序文件是至关重要的一项工作。

（2）程序文件应做到全面、适用、可操作。其内容通常包括：开展某项质量活动的目的和范围；对检验要做什么，由谁来做，如何做，如何控制，使用的设备和文件等做出具体的规定。

（3）编制程序文件时应参照 GB/T 27025—2008《检测和校准实验室能力的通用要求》国家标准和结合本实验室建立质量管理体系的实际需要而定。应组织有关人员对编制的程序文件的内容是否完整、适用、可操作性进行评审，提出意见，经修改、审核后正式批准、颁布执行。

（4）应制定的程序文件一般包括：各类人员的质量责任制、检测工作程序、样品质量控制、技术文件控制、仪器设备质量控制、环境条件控制、外购检验用品质量控制、分包检测的控制、记录和报告、质量申诉处理等。

六、建立实验室质量管理体系的意义

建立完善的质量管理体系并保持其有效运行是实验室质量管理的核心。实验室应重视检测和（或）校准工作，将检测和（或）校准工作的全过程以及涉及到的其他方面（如：影响检测数据的诸多因素）作为一个有机整体加以有效控制，满足社会对检验数据的质量要求。

（1）质量管理体系是实验室管理的重要组成部分，是实施质量管理的必备条件。实验室建立管理体系是为了实施质量的全过程管理，并使其实现和达到质量方针和质量目标，以便能以最好、最实际的方式来指导实验室和检验机构的工作人员、设备及信息的协调活动，从而保证顾客对质量的满意和降低成本。

（2）有利于提高实验室管理水平和工作质量，有利于实验室保证检测和（或）校准报告的质量。质量管理体系能够对所有影响实验室质量的活动进行有效和连续的控制，注重并且能够采取有效的预防措施，减少或避免问题的发生。如果一旦发现问题，能够及时作出反应并加以纠正。

（3）增加用户的信任和安全感是拓展市场的基础，有利于提高实验室业绩数量和经济效益。拥有健全和有效运行的质量管理体系是实验室具有较好的检测和(或)校准管理能力的重要体现，也作为向顾客、相关方等提供质量满足要求的有力证据。实验室质量管理体系围绕实现质量方针和质量目标，从领导重视到全员参与、从内部监督到外部审查、从预防程序到纠正措施等实施文件化、全方位质量监控，能最大限度地满足顾客需求，增加其信任度，利于开拓市场，提高业务数量。

第三节 质量管理八项原则在实验室管理中的运用

质量管理八项原则可指导实验室在长时期内通过关注顾客的需求和期望而达到改进其总体业绩的目的，其既是指导实验室管理者建立、实施、改进本实验室质量的理论依据，也是实施质量管理的基本准则。八项质量管理原则在实验室管理体系中的应用见表 3－1。

表 3－1 八项质量管理原则在实验室管理体系中的应用

质量管理原则	在 ISO 9001：2008 中的应用	在实验室管理体系中的应用
原则 1 以顾客为关注焦点	与所确定的顾客要求保持一致	了解顾客现有的和潜在的需求和期望，测定顾客的满意度并以此为行动的准则
原则 2 领导作用	设立方针和可证实的目标，方针的开展，提供资源，建立以质量为中心的组织环境	明确实验室的前景，指明方向，价值共享，设定具有挑战性的目标并加以实现，对员工进行训练、提供帮助并给予授权
原则 3 全员参与	划分技能等级，对员工进行培训和资格评定，明确权限和职责	利用员工的知识和经验，通过培训使得他们能够参加与决策和对过程的改进，让员工以实现实验室的质量目标为己任
原则 4 过程方法	建立、控制和保持文件化的过程	清楚地识别过程外部/内部的顾客和供方，着眼于过程中资源的使用，追求人员、设备、方法和材料有效使用
原则 5 管理的系统方法	建立并保持实用有效的、文件化的质量管理体系	识别体系中的过程，理解各过程间的相互关系，将过程与实验室的目标相联系，针对关键的目标测量其结果
原则 6 持续改进	通过管理评审、内/外部审核以及纠正/预防措施，持续的改进质量管理体系的有效性	设定现实的和具有挑战性的改进目标，配备资源，向员工提供工具、机会并激励他们持续的为改进过程做出贡献
原则 7 基于事实的决策方法	以审核报告、纠正措施、不合格品、顾客投诉以及其他来源的实际数据和信息作为质量管理决策和行动的依据	把决策和行动建立在对数据和信息分析的基础上，以最大限度的提高实验室检测和/或校准结果的准确性、公正性、保密性和及时性
原则 8 与供方互利的关系	适当地确定供方应满足的要求并将其文件化。对供方提供的产品和服务的情况进行评审和评价	与供方建立战略伙伴关系，确保其在早期参与确立合作开发以及改进，相互信任、相互尊重，共同承诺让顾客满意并持续改进

一、以顾客为关注焦点

顾客是指接受产品的组织或个人。实验室应理解顾客当前和将来的需求，满足顾客要求并争取努力超越顾客的期望。以顾客为关注焦点是质量管理的核心思想，任何实验室都依存于顾客，如果失去了顾客，实验室就失去了存在和发展的基础。顾客是一个大概念，主要是被测样品的供方和需方。对于实验室来说，顾客就是检测/校准服务的需求者，政府也是实验室的顾客。实验室应认识到检测市场是变化的，顾客也是动态的，顾客的需求和期望也是不断变化的。实验室必须时刻关注顾客的动向、潜在需求和期望，以及对现有检测/校准服务的满意程度，及时调整自己的策略并采取必要的措施，根据顾客的要求和期望作出改进，以取得顾客的信任。

实施以顾客为关注焦点应该做到以下几点：①全面了解顾客的需求和期望，如对报告/证书的准确可靠、交付期、收费等方面的要求；②确保实验室的各项目标，包括质量目标，能体现顾客的需求和期望；③确保顾客的需求和期望在整个实验室中得到沟通，使有关领导和员工都能了解顾客需求的内容、细节和变化，并采取措施来满足顾客的要求；④有计划地了解顾客的满意程度，处理好与顾客的关系，力争使顾客满意；⑤在重点关注顾客的前提下，兼顾其他相关方的利益，使实验室得到全面、持续的发展。

实施本原则带来的效益：对于方针和战略的制定，使得整个组织都能理解顾客以及其他受益者的需求；对于目标的设定，能够保证将目标的需求和期望相关联；对于运作管理，能够改进组织满足顾客需求的业绩；对于人力资源管理，保证员工具有满足组织的顾客所需的知识和技能。

二、领导作用

实验室最高管理者的领导作用、承诺和积极参与，对建立并保持一个有效和高效的质量管理体系是必不可少的。管理者通过其领导活动，可以创造每个员工充分参与的环境，质量管理体系能够在这种环境中有效运行。实验室最高管理者在质量管理体系中的作用包括：制定并保持实验室的质量方针和质量目标；在整个实验室内促进质量方针和质量目标的实现，以增强员工的意识、积极性和参与程度；确保整个实验室关注顾客要求；确保实施适宜的过程以满足顾客和其他相关方要求并实现质量目标；确保建立、实施和保持一个有效的质量管理体系以实现这些质量目标；确保获得必要的资源；定期评价质量管理体系；决定有关质量方针和质量目标的活动；决定质量管理体系的改进活动等。

实施领导作用一般应采取以下措施：①领导者应做好发展规划，为实验室规划出一个清晰的远景，为整个实验室及有关部门设定奋斗目标；②创建一种共同的价值观，树立职业道德榜样，形成实验室自身的企业文化；③使全体员工工作在一个比较宽松、和谐的环境之中，相互信任，消除疑虑，提倡公开和诚恳地交流和沟通；④为员工提供所需的资源、培训以及在职权范围内的自主权。

三、全员参与

全体员工是每个实验室的基础。实验室的质量管理不仅需要最高管理者的正确领导，还有赖于全员的参与。产品质量取决于过程质量，过程的有效性取决于各类参与人员的意识、能力和主动精神。

全员参与的原则首先要求员工要了解他们在实验室中的作用及工作的重要性，给予机会提高他们的知识、能力和经验，使他们对实验室的成功负有使命感。他们应熟悉本职岗位的目标，知道该如何去完成，使其能全身心地投入。实现全员参与，应注意以下几点：①明确员工承担的责任和规定的目标，使他们认识到自己工作的相关性和重要性，树立工作的责任心。②让员工积极参与管理决策和过程控制，在规定的职责范围内，员工有一定的自主权。

③鼓励员工主动、积极、创造性地参与和改进工作，鼓励员工积极地为实现目标寻找机会，提高自己的技能，丰富自己的知识和经验。在实验室内部提倡自由地分享知识和经验，使先进的知识和经验成为共同的财富。④尊重员工的努力工作和奉献，正确评价员工的业绩，从精神和物质上给予激励。动员全体员工积极参与，实现承诺，为实现实验室质量方针和目标做出贡献。

四、过程方法

将活动和相关的资源作为过程进行管理，会更有效地实现预期的结果。如前所述，任何利用资源并通过管理将输入转化为输出的相互关联、相互作用的活动或一组活动，都可视为过程。系统地识别和管理实验室所有的过程，特别是这些过程之间的相互作用，称为过程方法。

以过程为基本单元是质量管理考虑问题的一种基本思路。过程方法的优点就是对系统中单个过程之间的联系以及过程的组合和相互作用进行优化。质量管理体系是通过一系列过程来实现的。质量策划就是要通过识别过程，确定输入和输出，确定将输入转化为输出所需的各项活动、职责和义务、所需的资源、活动间的接口等，以实现过程的增值，获得预期的结果。过程方法鼓励实验室要对其所有过程有一个清晰的理解，通常一个过程的输出直接成为下一个过程的输入，但有时多个过程之间也形成比较复杂的过程网络。在应用过程方法时，必须对每个过程特别是关键过程的要素进行识别和管理，这些要素包括：输入、输出、活动、资源、管理和支持性过程(图 3－2)。

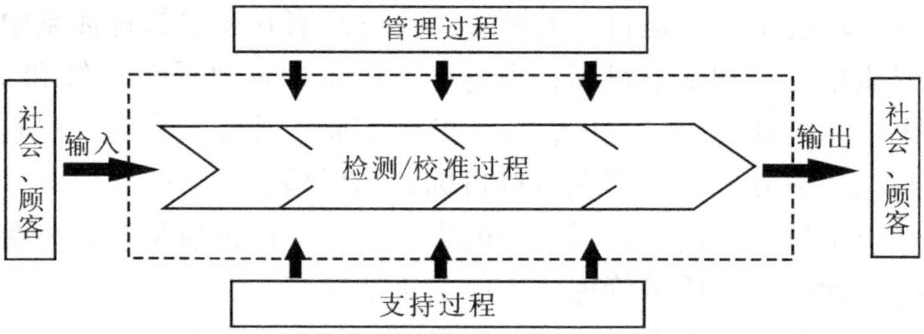

图 3－2　过程方法示意图

实施过程方法一般采取以下措施：①识别质量管理体系所需的过程，包括管理职责、资源配置、检测/校准的实现和分析改进有关的过程，确定过程的顺序和相互作用；②确定每个过程为取得预期结果所必须的关键活动，并明确管理好关键过程的职责和权限；③确定对过程的运行，实施有效控制的原则和方法，并实施对过程的监控以及对监控结果的数据分析，发现问题采取改进措施的途径，包括提供必要的资源、实现持续的改进等，以提高过程的有效性；④评价过程结果可能产生的风险、后果及对顾客和相关方的影响。

在过程的设计中，实验室不仅要减少不必要的重复作业(诸如收发的录入和记录、证书中相关信息的录入等在实验室中是常见的重复作业)，提高效率，减少系统和过程开支，还要使用统一的系统和过程，也就是标准化的系统和过程。这个标准化的系统和过程必须是明确的、高效的、可复现的，以便能更快捷、更高质量地完成工作。设计和建立标准化过程不仅仅是建立粗线条的流程，还要建立标准作业程序，包括过程的所有作业细节，明确预期的结果、细化操作的过程，就要把流程细化，把过程标准化，这样过程的输出才具有一致性，实验室才能确保得到无误的结果。

五、管理的系统方法

将相互关联的过程作为系统加以识别、理解和管理，有助于实验室提高实现目标的有效性和效率。系统的特点之一就是通过各分系统(要素)的协同作用，互相促进，使总体的作用大于各分系统作用之和。系统方法包括系统分析、系统工程和系统管理三大环节。它从系统地分析有关数据、资料或客观事实开始，确定要达到的目标，然后通过系统工程，设计或策划为达到目标而应采取的各项措施、步骤以及应配置的资源，形成一个完整的方案，最后在实施中通过系统管理而取得有效性和高效率。

在质量管理体系中采用系统方法，就是要把质量管理体系作为一个大系统，对组成质量管理体系的各个过程加以识别、理解和管理，以达到实现质量方针和质量目标的目的。

系统方法和过程方法关系非常密切，它们都以过程为基础，都要求对各个过程之间的相互作用进行识别和管理。但系统方法着眼于整个系统和实现总目标，使得实验室所策划的过程之间相互协调和相容，是基于对过程网络实施系统分析和优化，遵循整体性原则、相关性原则、动态性原则和有序性原则，以提高系统实现目标的整体有效性和效率。过程方法着眼于具体过程，对其输入、输出、相互关联和相互作用的活动进行连续地控制，以实现每个过程的预期结果。

实施管理的系统方法，应首先建立一个以过程方法为主体的质量管理体系，确定系统的目标。明确质量管理过程的顺序和相互作用，进行系统优化决策，使这些过程相互协调。控制并协调质量管理体系各过程的运行，应特别关注体系内某些关键或特定的过程，并应规定其运作的方法和程序，实施重点控制。制定全面完成任务的富有挑战性的规划，规定各个过程职责、权限和接口，并对过程进行监视和控制。通过对质量管理体系的分析和评审，采取措施以持续改进体系，提高实验室的业绩，同时预防不合格和降低风险。

六、持续改进

持续改进整体业绩应当是组织的一个永恒目标。持续改进是增强满足要求的能力的循环活动。为了改进实验室整体业绩，应不断改进其报告/证书的质量，提高质量管理体系及过程的有效性和效率，以满足顾客/相关方日益增长和不断变化的需求和期望。质量管理体系的充分性是相对的，持续改进从概念上不是指预防发生错误，而是在现有水平上不断提高服务质量、过程及体系的有效性。在实施中则是通过贯彻方针、目标、利用内部审核、数据分析、纠正和预防措施以及管理评审等手段促进质量管理体系的持续改进。持续改进是永无止境的，因此，持续改进应成为每一个实验室永恒的目标。

实验室各级人员在持续改进中扮演着不同的角色。实验室高层主管在持续改进中的角色：坚定不移地把持续改进作为组织的战略决策；提供帮助和指导，分配持续改进所需的资源；建立持续改进的政策和跨职能部门的目标；通过部署和审查实现持续改进的目标；建立系统程序和组织结构来支持改进；定义正常状态，即统计控制下稳定系统的状态；通过培训对异常性的变化做出反应。实验室中层主管在持续改进中的角色：根据高层主管的指导，部署执行持续改进目标；利用持续改进提高各职能部门的实际能力；建立、保持并提升标准；通过强化培训计划，大力加强员工的持续改进意识；帮助员工发展工作技能和解决问题的能力。实验室基层(低层)主管在持续改进中的角色：使用持续改进发挥职能作用；明确持续改进计划，为员工提供指导；改进与员工的交流，保持高昂的士气；支持小组活动和个人建议系统；提出工作标准；提供持续改进建议。实验室员工在持续改进中的角色：通过建议系统和小组活动(质量图)，积极参加持续改进的活动；在实践中体现工作质量标准；不断提高自觉性，努力成为能更好解决问题的人；加强工作技能和提升职业表现，努力成为多面手。

实验室应将持续改进纳入自身的质量方针和目标。持续改进有两条积极途径：渐进式持续改进和突破性项目。渐进式持续改进即由实验室内在岗人员对现有过程进行步幅较小的持续改进活动，包括：分析和评价现状，以识别改进区域；确定改进目标；寻找可能的解决办法，以实现这些目标；评价这些解决办法并作出选择；实施选定的解决办法；测量、验证、分析和评价实施的结果，以确定这些目标已经实现；正式采纳更改等。所有这些活动是对PDCA工作原理的具体应用。突破性项目通常由日常运作之外的专门小组来实施，实验室应配备足够的资源，有计划地指派一些有资格的人员，对现有标准方法实施改进，自己研制新的检测/校准方法，以超越顾客的需求。不论哪条改进途径，实验室都应为员工提供持续改进的各种工具，鼓励使用统计技术和先进控制方法，承认改进结果，对改进有功人员进行表扬和奖励。

七、基于事实的决策方法

有效决策建立在对数据和信息分析的基础之上。所谓决策就是针对预定目标，在一定的约束条件下，从诸多方案中选出最佳的一个付诸实施。基于事实的决策方法就是指实验室的各级领导在作出决策时要有事实根据，这是减少决策不当和避免决策失误的重要原则。数据是事实的表现形式，信息是有用的数据，实验室要确定所需的信息及其来源、传输途径和用途，确保数据是真实的。分析是有效决策的基础，应对数据和信息进行认真的整理和分析。实验室领导应及时得到适用的信息，这些都是做好为“基于事实的决策方法”服务的基础性工作。

实施基于事实的决策方法，首先要求实验室质量方针和战略应建立在数据和信息分析基础之上，制定出现实而富有挑战性的目标：①通过测量积累，或有意识地收集与目标有关的各种数据和信息，并明确规定收集信息的种类、渠道和职责；②通过鉴别确保数据和信息的准确和可靠；③采取各种有效方法，对数据和信息进行有效分析，包括采用适当的统计技术；④应确保数据和信息能为使用者利用；⑤根据对事实的分析，用过去的经验和直觉的判断作出相应决策，采取改进措施。

八、与供方的互利关系

组织与供方的互利关系可提高双方创造价值的能力。从实验定来说，虽然与企业不同，但实验室的活动也不是孤立的。实验室的供方可以理解为相关方，如供应商、服务方、承包方等。实验室在与他们建立关系时，应考虑到短期和长远利益的平衡，要营造一个合作和沟通的气氛，与他们共享必要的信息和利益，确定联合的改进活动。这种“双赢”的思想，可使成本和资源进一步优化，能对变化的市场作出更灵活和快速一致的反应。

实现与供方的互利关系，主要从以下几方面进行考虑：①让供方及早参与制定更富有挑战性的目标；②选择供方并建立与供方的关系时，既要考虑当前的需要，还要考虑长远的利益；③与相关的供方共享专门的技术、信息和资源；④创造一个通畅和公开的沟通渠道，及时解决问题，确保供方适时提供更为可靠和无缺陷的产品；⑤确立联合的改进活动；⑥承认和鼓励供方的改进活动和成果；⑦通过对供方提供资料、培训和双方的合作改进，及早了解顾客的需求，发展和提高供方的能力。

第四节　实验室质量管理体系的建立步骤

不同的标准/准则，例如，“检测和校准实验室能力认可准则”(ISO/IEC 17025:2005)、“检测和校准实验室能力的通用要求”(GB/T 27025—2008)、“实验室资质认定评审准则”(国认实函[2006]141号)以及ISO 9001:2000标准等都对实验室所建立的体系有不同的要求，这些标准/准则为实验室建立质量管理体系提供了参照依据。

实验室应根据本身的类型和工作性质等的不同，依据不同的标准/准则构建符合自身实际的质量管理体系。实验室质量管理体系的建立，首先是一种自我认识、自我评价的过程。要从思想上、观念上彻底认识质量管理体系对于保证检测/检验质量的重要性，让每个成员对质量管理体系的概念、目的、方法，所依据的原理和国际标准都有充分的认知，同时要了解本实验室的质量管理现状和与先进管理模式之间的差异，认识先进质量管理体系的意义。对于决策层，要在对有关质量管理体系国际标准充分认识的基础上，明确建立、完善管理体系的迫切性和重要性，明确决策层在质量管理体系建设中的关键地位和主导作用；对于管理层要全面了解质量管理体系的内容；对于执行层主要了解与本岗位质量活动有关的内容。然后通过质量体系的策划与准备、编制质量体系文件、试运行、评价和管理等进行质量管理体系的建立和完善。

实验室建立管理体系一般分为两个阶段：准备阶段和实施阶段。其中准备阶段包括：领导提高认识，宣贯培训、全员参与，组织落实、拟定计划等三个方面；实施阶段则包括：确定质量方针和质量目标，分析现状、确定过程和要素，确定机构、分配职责、配备资源，管理体系文件化及管理体系运行等五个方面。

一、准备阶段

1. 领导提高认识

ISO/IEC 17025:2005标准为实施实验室质量管理提供了有效的手段，实验室的领导需改变传统的管理理念，明确目标，统一认识，对体系的建立和实施在资源上给予足够的支持并通过各种形式对全体员工进行宣传、教育。必要时可成立以实验室最高领导为核心的推行工作领导小组。

实验室领导(包括最高领导者和领导层成员)是实验室的领导核心和决策者。实验室建立管理体系的最终目的是建立一套科学合理的管理机制，提高产品的和服务的质量，进而提高自己在社会上的竞争力，取得最好的社会和经济效益，保证实验室的持续发展和提高。

实验室建立管理体系涉及实验室内部诸多部门，是一项全面性的工作。领导对管理体系的建立、改进资源的配备等方面发挥着决策作用。领导的作用不容忽视，特别是领导层要统一思想，统一认识，步调一致。

2. 宣贯培训、全员参与

各级人员是实验室的根本。只有他们充分参与才能发挥他们的智慧，才能为实验室带来收益。实验室在建立管理体系时，要向全体工作人员进行《评审准则》和管理体系方面的宣传教育。其目的就是使全体工作人员了解建立管理体系的重要性；理解《评审准则》的内容和要求；理解他们在建立管理体系工作中的职责和作用；认识建立健全实验室管理体系的工作中人人有责、而并非是实验室领导者或个别人员的事情；做到积极响应和参与，不能是一名旁观者，而必须是一名参与者。

培训的内容包括：标准知识及应用培训，文件编写、技能培训和内部审核员培训。具体培训内容见表3－2。

表3－2　实验室质量管理体系建立培训工作的内容

序号	培训名称	培训内容	参加人员
1	标准知识及应用培训	1. ISO/IEC 17025：2005标准 2. 质量管理八项原则 3. ISO/IEC 17025：2005标准中部分术语介绍 4. ISO/IEC 17025：2005标准理解 5. 体系建立和实施的过程与要求	实验室最高管理者、推行工作领导小组成员、各检测或校准项目领导、骨干、推行工作小组成员等，必要时可扩大到全体人员
2	文件编写、技能培训	1. 质量体系文件的结构 2. 质量手册的编写 3. 程序文件的编写 4. 记录的编写 5. 体系文件的管理	质量负责人、各检测或校准项目领导、骨干、推行工作小组成员
3	内部审核员培训	1. 审核技术 2. 审核实施的过程 3. 纠正措施及跟踪确认 4. 管理评审	质量负责人、推行工作小组成员

3. 组织落实，拟定计划

对多数单位，需要成立一个精干的工作班子（既熟悉业务工作，又熟悉管理工作，能很好理解《评审准则》，有文字表达能力），并分别制订计划，见表3－3。

表3－3　建立实验室质量管理体系的机构

序号	机构名称	工作内容	备注
1	管理体系建设领导小组	1. 体系建设的总体规划 2. 制定质量方针和目标 3. 按职能部门进行质量职能的分解	组长：最高管理者 副组长：质量主管领导
2	管理体系建设工作组	按照体系建设的总体规划具体组织实施	质量部门和计划部门的领导共同牵头
3	管理体系要素工作小组	根据各职能部门的分工明确管理体系要素的责任单位	“文件控制”一般应由办公室负责，“采购”要素由物资采购部门负责

良好、科学的计划是保质、保量、按时完成工作的前提。建立和实施实验室质量管理体系是一个系统工程，牵涉实验室管理中方方面面的工作和人员，在体系建立之初，实验室应拟订一个切实可行的工作计划。体系建立和实施的工作计划，通常由质量负责人组织推行、工作小组制定、经实验室最高领导批准后执行，随着工作的进展可不断对计划作出修改和调整。对需申请认证的实验室来说，从实验室开始建立体系到进行第三方认证，时间一般应不少于9个月，有的实验室可能需要更长的时间。其中体系运行不得少于6个月，标准条款所要求的活动均应发生过，且已能被证实，实验室还必须经过两次完整的内部审核和一次管理评审活动，证实实验室自身具有自我完善、自我改进的机制，认证机构方可对其实施第三方

审核、认证。

二、实施阶段

1. 确定质量方针和质量目标

制定质量方针和质量目标是为实验室确定预期的结果，并帮助实验室利用其资源达到这些结果。在顾客需求确定之后，就要制定实验室的质量方针和质量目标。实验室质量方针和质量目标不仅应与其宗旨和发展方向相一致，而且应能体现顾客的需求和期望。质量方针应能体现实验室在质量上的追求，体现对顾客的质量承诺，同时也是规范全体实验和管理人员质量行为的准则。一个好的质量方针必须有好的质量目标的支持。

（1）质量方针：质量方针是指引实验室开展质量管理的“纲”，是建立质量体系的出发点。实验室质量方针对内明确质量宗旨和方向，激励员工质量责任感；对外表示实验室高层管理者的决心和承诺，使顾客能了解可以得到什么样的服务。由于实验室业务领域不同、规模各异，其质量方针也会各有不同，但都应能反映通过提供满足顾客要求的检测/校准结果，而达到使顾客满意的目的。方针应包括对满足要求的承诺，尤为重要的是公正性和诚信性的承诺，还应包括对持续改进质量体系有效性的承诺。方针的表述应力求简明扼要。

（2）质量目标：质量目标应在方针给定的框架内制定并展开，也是实验室在职能和层次上所追求并加以实现的主要任务。目标是实验室实现满足客户要求、增强顾客满意的具体落实，也是评价质量体系有效性的重要判定指标，目标既要先进又要可行便于检查。

最高管理者应确保方针和目标在实验室内得到沟通和理解，并使相关人员认识到所从事工作的重要性及如何为实现本岗位的具体目标做出贡献，即实验室质量方针和目标应传达至所有人员，并被其理解、获取和执行。

对质量目标的主要要求包括以下内容：

① 适应性：质量方针是制订质量目标的框架，质量目标必须能全面反映质量方针要求和组织特点。

② 可测量：方针可以原则性强一些，但目标必须具体。所谓“可测量”不仅指对事物大小或质量参数的测定，也包括可感知的评价。所有制定的质量目标都应该是可以衡量的。

③ 分层次：最高管理者应确保在实验室的相关职能和层次上建立质量目标。质量方针和质量目标实质上是一个目标体系，实验室质量方针应有质量目标支持，质量目标应有每个部门的具体目标或举措支持。

④ 可实现：质量目标是在质量方面所追求的目的。对于现在已经做到或轻而易举就能做到的不能称为目标；另一方面，根本做不到的也不能称为目标。一个科学而合理的质量目标，应该是在某个时间段内经过努力能达到的要求。

⑤ 全方位：即在目标的设定上应能全方位地体现质量方针，应包括组织上的、技术上的、资源方面的以及为满足检验/校准报告要求所需的内容。

（3）制定质量方针和质量目标应注意的问题：

① 明确质量方针和质量目标的关系：质量方针为建立和评审质量目标提供了一个框架，指出了实验室满足客户要求的意图和策略，质量目标在此框架内确立、展开和细化，即方针指出了实验室的质量方向，而目标是对这一方向的落实、展开。目标应与方针保持一致，不能脱节或偏离，方针和目标也是质量管理体系有效性的评价依据。目标应适当展开，除总目标外，有关部门和岗位还应根据总目标确定各自的分目标。

② 必须考虑实验室的具体情况：每个实验室的具体情况不同，质量方针和目标也不同，质量方针和目标的制定必须实事求是。例如，实验室的具体服务对象和任务、人力资源、物质资源及资源供应方情况、各个实验室成员能否理解和坚决执行、检测结果要达到何种要求等。

③要与上级组织保持一致：实验室的质量方针和目标应是上级组织有关质量方针和目标的细化和补充，绝不能偏离。

下面以示例的形式，提供制定质量方针和目标的思路，仅供参考。

例 1　某检测实验室的质量方针和质量目标

（1）质量方针：坚持质量第一，依靠科学管理采用先进技术，确保准确公正。

（2）质量目标：创建国内一流实验室，力争达到国内同类实验室先进水平。

① 质量事故率 <001%；

② 检测数据置信概率为 95%；

③ 检测报告及时率达 100%。

对上面的质量方针和质量目标进行分析：坚持质量第一，反映了该实验室的质量宗旨；依靠科学管理，采用先进技术，反映了该实验室在管理方法和服务手段上承诺持续改进；确保公正准确，反映了承诺满足顾客、法律法规的要求情况。

研究其质量目标，既有定性描述，"创建国内一流，力争达到国内先进水平"反映了该实验室对自身的定位，是"国内一流和国内先进水平"而不是"国际水平"；紧接着几小项小目标定量地描述了该实验室的管理和服务目标。

例 2　某实验室的质量方针和质量目标

（1）质量方针：诚信守法、客观公正、科学规范、准确高效；

（2）质量目标：

① 全年不符合检测工作不大于检测样品总数的 0.5%；

② 全年检测结果及时报出率不小于 99%；

③ 全年客户投诉次数占客户委托次数的比率不大于 1%；

④ 顾客投诉处理率达 100%。

大家可以试着以上面的研究方法对该质量方针和质量目标进行研究。

2. 分析现状、确定过程和要素

实验室的最终目标是提供合格的检验报告，它由各个检验过程来完成。因此，对各管理体系要素必须作为一个有机的整体去考虑，了解和掌握各要素要达到的目标，按照《评审准则》的要求，结合自身的检验工作及实施要素的能力进行分析比较。确定检验报告形成过程中的质量环加以控制。

（1）实验室现状分析：实验室现状分析应在实验室最高层管理者的直接领导下，组织对实验室各个单位的管理现状运用过程分析的方法进行分析。

① 确定各单位所需的过程，确定每个过程的输入和输出，明确谁是这些过程的顾客，顾客的要求是什么；明确谁是这些过程的供方及供方应提供的资源是什么；确定谁是这些过程的主要负责人；

② 明确这些过程的顺序和相互关系，绘制这些过程的总流程，明确这些过程间的接口

关系；

③ 明确需要哪些文件才能控制好这些过程及接口关系，现在是否有这些文件，文件的描述是否充分、适当，是否需要修改或重新制定；

④ 明确所期望和不期望的过程结果的特征是什么，分析和评价这些过程的标准是什么，有没有标准，是否需要重新制定；

⑤ 从经济和效率方面考虑(如成本是否会降低，时间是否会缩短，是否会造成资源浪费等)，分析评价这些过程的有效性；

⑥ 确定每个过程需要配置哪些资源；

⑦ 如何实现过程间或职能间的沟通，确定沟通方式和渠道，谁来提供该过程的外部和内部信息，如何进行信息反馈；

⑧ 如何监视过程的业绩，需不需要测量，需要什么样的测量手段，如何更好地分析所收集到的信息，从分析中应得出什么结果，如何改进这些过程，这些过程通常会出现什么问题，针对这些问题采取哪些纠正和预防措施可以将其消除等。

在此分析基础上列出现有的设施、设备、记录、表格、报告、职能、人员岗位及分工、法律法规、管理文件、详细的过程流程图、技术文件等信息和改进单位工作的意见和建议，提交给质量负责人，由质量负责人组织推行工作小组按单位进行分类整理，并依据上述要求进行分析和评价，为实验室建立、实施和改进质量管理体系打下一个坚实的基础。

(2) 识别过程、确定控制对象：质量管理是通过过程管理来实现的。方针、目标确定之后，就要根据实验室自身的特点，确定实现质量目标必需的过程和职责，系统识别并确定为实现质量目标所需的过程，包括一个过程应包含哪些子过程和活动。在此基础上明确每一过程的输入和输出的要求。用网络图、流程图或文字，科学而合理地描述这些过程或子过程的逻辑顺序、接口和相互关系。明确这些过程的责任部门和责任人，并规定其职责，明确本实验室的检测/校准流程(质量环)，识别报告/证书质量形成的全过程，尤其是关键过程，这是质量体系设计构思及运行的基本依据。

① 过程的特征：

包括：任何过程都有输入和输出，输入是实施过程的依据或基础；输出是完成过程的结果；完成过程必须投入适当的资源和活动。

② 过程的要求：

包括：过程应是价值增加的转换，价值的增加来源于投入过程的资源与活动相结合所产生的结果；为确保过程质量，应对输入过程的信息和要求、输出的结果以及在过程中的适当阶段进行必要的检查和验证，即应受控。

③以过程为基础的实验室质量管理体系模式：

根据过程的不同，一个过程可以包含多个纵向(直接)过程，还可能涉及多个横向(间接、支持)过程，当逐个或同时完成这些过程后，才能完成一个全过程。以检测/校准的实现过程为例，其纵向过程包括：检验前过程(合同评审、抽样及样品处置)、检验过程(程序和方法、量值溯源、结果质量保证等)、检验后过程(结果报告、结果的更改和纠正等多个子过程)；而横向过程包括：管理过程(组织结构、文件控制、宣传、审核、管理评审等)和支持过程(资源配置、分包、外购、培训等)。

以过程为基础的质量管理体系模式包括四大过程，即管理职责、资源管理、产品实现、测量分析和改进。它们彼此相连，最后通过体系的持续改进而进入更高阶段(图3－3)。

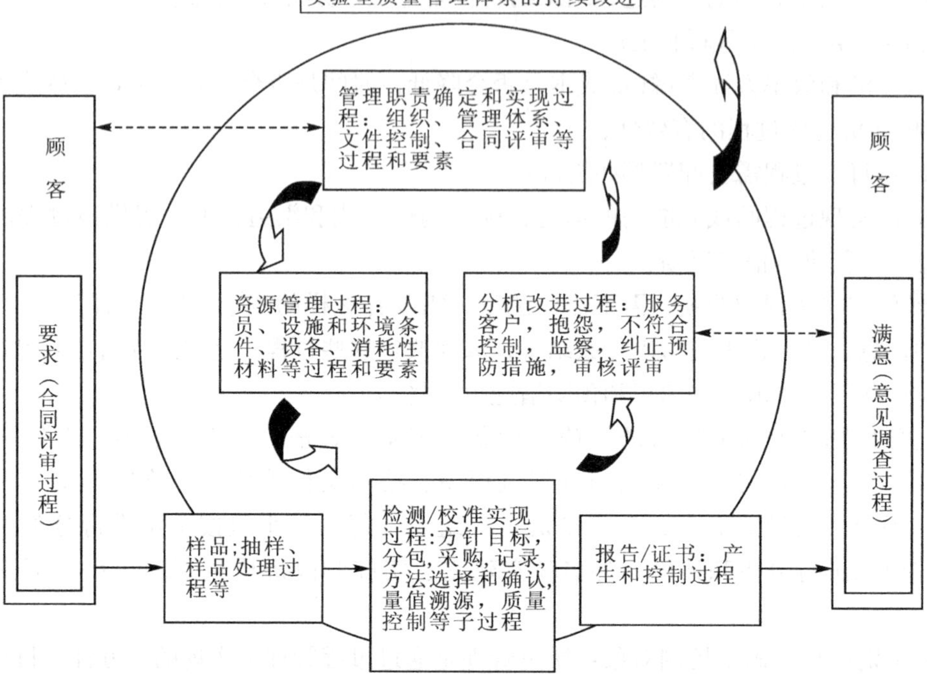

图3－3　以过程为基础的实验室质量管理体系模式

图3－3中实线箭头表示增值活动，虚线表示信息流。圆圈内的四个箭头分别代表了四大过程的内在联系，形成闭环，并表明质量管理体系的运行是不断循环、螺旋式上升的。从水平方向看，顾客的要求形成产品，实现过程的输入，通过产品实现过程的策划(plan)，实施生产(do)，输出最终的产品。产品交付给顾客后，顾客将对其满意程度的意见反馈给组织的“测量、分析(check)和改进”过程，作为体系持续改进(action)的一个依据，形成PDCA循环。在新的阶段，“管理职责”过程把新的决策反馈给顾客，后者可能据此而形成新的要求。利用这个模式图，组织可以明确主要过程进一步展开、细化，并对过程进行连续控制，从而改进体系的有效性。

确定要素和控制程序时要注意：是否符合有关质量体系的国际标准；是否适合本实验室检测/校准的特点；是否适合本实验室实施要素的能力；是否符合相关法规的规定。

3. 确定机构、分配职责、配备资源

(1) 确定机构。组织结构是“人员的职责、权限和相互关系的安排”，其合理与否在很大程度上决定了质量目标能否顺利实现，制约和影响到质量管理的效能。为了做好质量职责的落实工作，实验室应根据自身的实际情况，筹划设计组织机构的设置。各个实验室的性质、工作内容不同，组织结构的类型也不尽相同，主要有直线职能型结构、直线型结构、职能型结构、事业部结构、矩阵结构、多维立体结构等。机构确定有一个共同的原则，就是机构的设置必须有利于实验室检验工作的顺利开展，有利于实验室各环节与管理工作的衔接，有利于质量职能的发挥和管理。实验室在组织结构上通常采用职能型结构和直线型结构，下面就对这两种结构形式予以重点介绍。

① 直线型结构：这是最早使用、最简单的一种组织结构类型，如图 3 -4 所示。其特点是：组织中每一位主管人员都对其下属有直接管理权；组织中每一个人只有一位直接上司，只向其报告工作情况；主管人员在其管辖的范围内，有绝对的职权。直线型的优点是结构简单，每个人都明白谁是自己的直接上司，应该向谁汇报工作，责任和权利明确，容易和迅速地做出决定。直线结构适用于规模小、技术简单的实验室，或者是检测/校准项目比较单一的实验室，它要求管理者具备运作经营所需要的全部知识和经验。

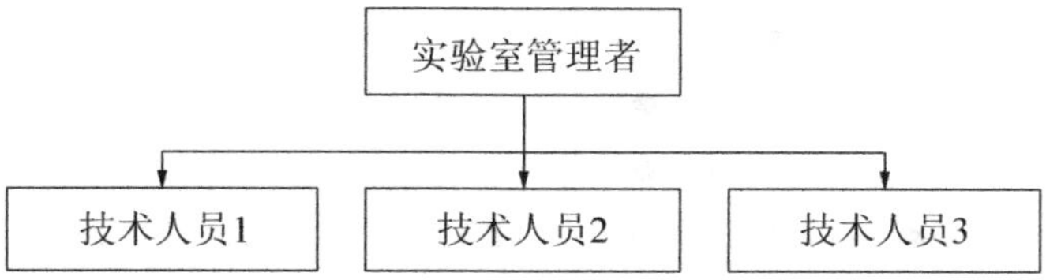

图 3 -4　直线型结构

② 职能型结构：实验室职能型结构的特点是采用专业分工的管理者，代替直线型组织中的全能管理者，设立一些其他的管理部门或专、兼职管理人员，如实验室中的质量负责人，他有权在职责范围内直接下达指令；下级主管（如专业科室的主任或组长）除了接受最高管理者的领导外，还必须同时接受质量负责人依据程序文件进行的监督和管理，见图3 -5 所示。

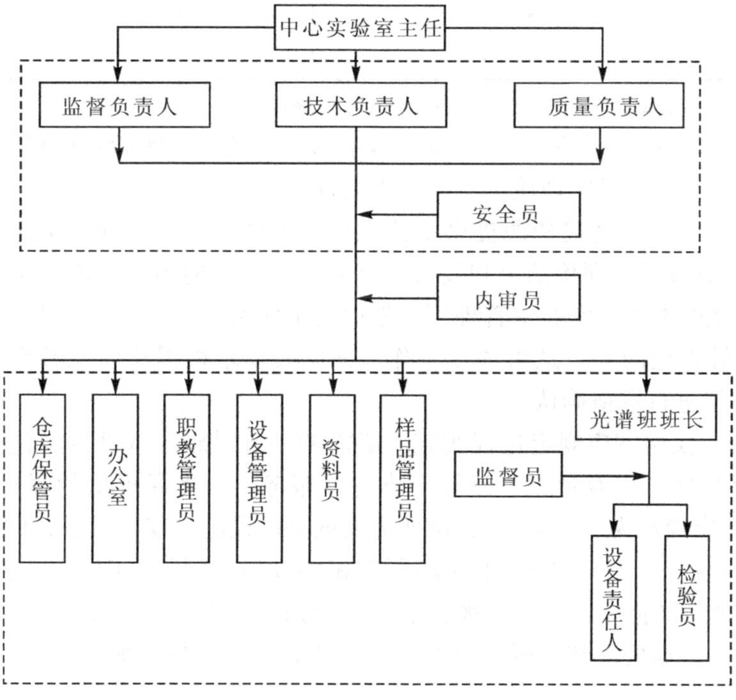

图 3 -5　职能型结构

（2）分配职责。将各个质量活动分配落实到有关部门，根据各部门承担的质量活动确定其质量职责和各个岗位的职责以及赋予相应权限，见表 3 -4。一个质量职能部门可以负责或参与多个质量活动，但不要让一项质量活动由多个职能部门来负责，避免出现职能重叠或职能空缺，造成无人管理的现象。

表 3－4　部门职能分配表(部分)

序号	部门要素	最高管理者	技术负责人	质量负责人	办公室	人事科	业务科	质控室	设备科	检测室	备注
1	质量方针、目标	●	○	○				○			
2	组织机构设定职责	●			○	※					
3	公正性措施	●			※	○	○				
4	监督人员选聘		●			※	○	○		○	
5	日常监督实施			●			※	△		○	
6	体系内审			●	○	○	○	※	○	○	
7	管理评审	●	○	○	○	○	○	※	○	○	
8	合同评审		●				※	△		○	
9	人员培训		●		○	※	○	△		○	
10	方法确认		●				※	△		○	
11	设备核准		●				○	△	※	○	
12	设备档案						○		※	○	
13	抽样			●			※			○	
14	样品管理						※	△	○	○	
15	比对和验证试验		●				※	△		○	
⋮	⋮										

注：●领导和决策责任；※执行责任；○配合协助责任；△监督责任。

(3) 资源配置。资源是实验室建立质量体系的必要条件，实验室应根据自身检测/校准的特点和规模，确定和提供实现质量目标必需的资源。

① 人力资源：人力资源是资源提供中首先要考虑的。实验室管理层应确保所有操作专门设备、从事检测/校准、评价结果和授权签字人等人员的能力。所谓员工的能力是经证实的应用知识和技能的本领。实验室管理层应根据质量体系各工作岗位、质量活动及规定的职责要求，选择能够胜任的人员从事该项工作。即应按要求根据相应原教育、培训、经验和(或)可证明的技能进行资格确认。

② 基础设施：实验室应规定过程实施所必需的基础设施。基础设施包括工作场所、过程、设备(硬件和软件)以及通讯、运输等支持性服务。为确保提供的报告/证书能满足标准/规范的要求，应确定为实现检测/校准所需要的基础设施、仪器设备，同时还要对它们给予维护和保养。包括：a. 建筑物、工作场所和相关设施，例如，固定设施、临时或可移动的设施及供应设施(如能源、照明、水、电、气)等；b. 检测/校准设备(软、硬件)，包括抽样、样品制备、数据处理和分析所要求的所有设备；c. 支持性服务设施，如采暖、通风、运输、通讯服务等。

③工作环境：管理者应关注工作环境对人员能动性和提高组织业绩的影响，营造一个适宜而良好的工作环境，既要考虑物的因素，也要考虑人的因素，或两种因素的组合。必要的工作环境是实验室实现检测/校准的支持条件，有关人的环境是指管理层应创造一个稳定、有安全感和积极向上的环境；而物的环境则包括温度、湿度、洁净度、无菌、电磁干扰、辐

射、噪声、震动等。实验室必须对所需工作环境加以确定，并对报告/证书质量有影响的环境实施监控管理。

④ 信息：信息是实验室的重要资源。信息可用来分析问题、传授知识、实现沟通、统一认识、促进实验室持续发展。信息对于实现以事实为基础的决策以及组织的质量方针和质量目标都是必不可少的资源。

此外，资源还包括财务资源、自然资源和供方及合作者提供的资源等。

4. 管理体系文件化

文件化的管理体系就是管理体系文件，是管理体系存在的基础和证据，是规范实验室工作和全体人员的行为，是达到质量目标的质量依据。因此，制定管理体系文件就是实验室的质量立法。实验室需要建立文件化的质量体系，而不只是编制质量体系文件。建立质量管理体系文件的作用是沟通意图、统一行动，有利于质量体系的实施、保持和改进。文件的形成有助于符合顾客要求和质量改进。提供适宜的培训有助于实验的可重复性和数据的可追溯性，有助于提供客观证据、评价质量管理体系的持续适宜性和有效性。编制质量管理体系文件不是目的而是手段，是质量管理体系的一种资源。因此，实验室质量管理体系文件的方式和程度必须结合实验室的类型、范围、规模，检测/校准的难易程度和员工的素质等方面综合考虑，不能找个模式照抄硬搬，也不必照抄认可准则的条款。

5. 管理体系运行

实验室质量管理体系文件编制完成后，管理体系即进入运行与监控阶段，包括培训和宣贯、试运行、内部审核和管理评审、正式运行及运行有效性的识别等。实验室质量管理体系的运行实际上是执行管理体系文件、贯彻质量方针、实现质量目标、保持管理体系持续有效和不断完善的过程。图 3－6 给出了质量体系建立与运行的基本框架。一个质量体系的建立和有效运行，通常经过八个环节，而报告/证书是运行的结果，是实验室的产品，即各环节的共同目的是保证高质量的报告/证书。

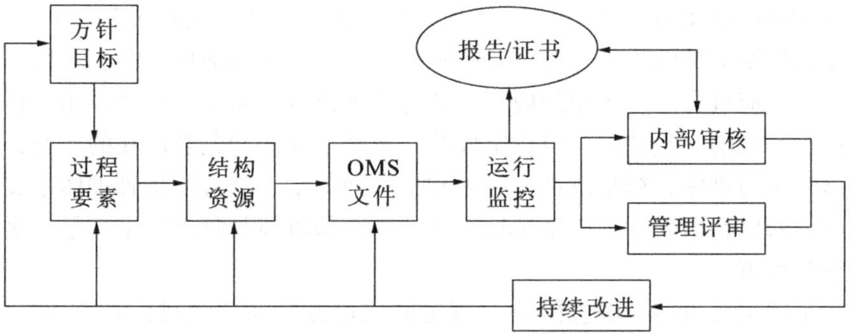

图 3－6　质量体系建立与运行框图

（1）运行的依据。实验室结合本单位的实际情况，根据有关标准/准则的要求，并将有关要求转化为确保检测/校准服务质量的程序，建立了质量管理体系。所以，质量管理体系文件/程序就是质量管理体系运行的主要依据。

质量管理体系文件包括实验室内部制定和来自外部的一系列文件，这些文件以不同的形式、不同的次层表达出来。质量管理体系文件既是质量体系存在的见证，又是质量体系运行的依据。

（2）运行的阶段。实验室质量管理体系的运行，一般要经过以下阶段。

① 培训和宣贯。质量管理体系文件化主要是便于贯彻执行，确保检测/校准服务的质量，使客户满意，实现实验室的质量目标。培训和宣贯主要包括：实验室质量管理体系文件介绍、运行时应注意的问题、运行记录、表格准备以及质量手册、程序文件、作业文件要点等。

体系文件应传达至有关人员，并被其理解、贯彻和执行。为此，实验室的管理层必须组织质量管理体系文件的宣贯。一般来讲，这种宣贯可根据实验室的具体情况分层次地进行。

质量手册的宣贯应针对全体人员。对于手册的主要精神、构成的基本要素，尤其是质量方针和目标，每个人都应清楚，以便贯彻执行。

程序文件的宣贯可根据质量管理体系要素的职能分配，针对有关部门和人员分别进行，因为程序文件是为进行某项活动或过程所规定的途径，只要涉及的部门和人员明确即可。

② 试运行。尽管实验室质量管理体系建立过程中已充分吸纳了过去的实践经验，但毕竟是一个新的管理模式，能否满足实际需要、是否能达到预期的效果，必须通过实践的考核、验证，这就是所谓的质量管理体系的试运行。根据实验室认可的实际情况，实验室质量管理体系试运行的期限为半年。通过试运行，考验质量管理体系文件的有效性和协调性，并对暴露出的问题采取改进和纠正措施，以达到进一步完善质量管理体系文件的目的。在经过一系列修改后，发布第二版质量手册、程序文件进行正式运行。

在质量管理体系试运行过程中，要重点做好以下工作：a. 有针对性地宣贯质量管理体系文件；b. 体系文件通过试运行必然会出现一些问题，全体职工应将从实践中出现的问题和改进意见如实反映给有关部门，以便采取纠正措施；c. 加强信息管理，这不仅是体系试运行本身的需要，也是保证试运行成功的关键。

实验室质量管理体系试运行时，首先应编制试运行计划，所有文件均要按文件控制程序的要求进行审批发放，并按上述要求进行培训。试运行期间，至少进行一次内部审核和管理评审，并注意保存内部审核和管理评审活动记录，以便认证检查。

③ 内部审核和管理评审。质量管理体系审核在体系建立的初始阶段往往更加重要。在这一阶段，质量体系审核的重点主要是验证和确认体系文件的适用性和有效性。质量管理体系试运行之后，就应进行一次集中的内部审核与管理评审，对质量管理体系的符合性、适应性和有效性作出客观的自我评价，以肯定成绩、发现存在的问题和潜在的问题，进而采取必要的纠正措施与预防措施，初步改进和完善质量管理体系、修订质量管理体系文件，为正式运行奠定基础。所以，质量管理体系试运行之后的内部审核与管理评审，是一次必要的、全面的附加审核与评审。

审核与评审的主要内容一般包括：a. 规定的质量方针和质量目标是否可行；b. 体系文件是否覆盖了所有主要质量活动，各文件之间的接口是否清楚；c. 组织结构能否满足质量体系运行的需要，各部门、各岗位的质量职责是否明确；d. 质量管理体系要素的选择是否合理；e. 规定的质量记录是否能起到见证作用；f. 所有员工是否养成了按体系文件操作或工作的习惯，执行情况如何。

④ 正式运行。经过上述各阶段之后，实验室的质量管理体系便可正式运行。如欲通过实验室认可，此时便可向中国合格评定国家认可委员会（China Nationaf Accreditation Service for Conformity Assessment，CNAS）正式提交申报材料，并在3个月内接受CNAS的现场评审。相关知识详见第八章。

质量管理体系的正式运行，是实验室质量管理和技术运作的新起点，进而在实践中持续改进和完善，以满足客户的需求以及法定管理机构、认可准则和认可机构的要求，实现实验室的质量目标。

第五节 实验室质量管理体系文件的编写

一、文件的含义和作用

1. 文件的含义

实验室的质量管理就是通过对实验室内各种过程进行管理来实现的，因而就需明确对过程管理的要求、管理的人员、管理人员的职责、实施管理的方法以及实施管理所需要的资源，把这些用文件形式表述出来，就形成了该实验室的管理体系文件。

2. 文件的作用

（1）规范性文件：给出了最好的、最实际的达到质量目标的方法；界定了职责和权限，处理好了接口，使管理体系成为职责分明、协调一致的有机整体；通过认真的执行达到预期目的。

（2）审核的依据：证明过程已经确定；证明程序已被认可，并已展开和实施；证明程序处于更改控制中。

（3）质量改进的保障：依据文件确定如何实施工作及如何评价业绩；增强了更改效果的测量结果的可比性和可信度；当把质量改进成果纳入文件，变成标准化程序时，成果可得到有效巩固。

（4）文件和培训：文件作为培训全体员工的教材；寻求文件内容与技能和培训内容之间的适宜平衡；保持被展开和实施的程序的协调性取决于文件与人员的技能和培训的有机结合。

实验室应依据质量管理体系策划的结果，确定体系文件的结构、编写方法、基本要求、注意事项及程序文件和作业性文件的数量，由推行工作小组拿出具体的意见经质量负责人同意后，制订具体的体系文件编写计划，编写计划应经推行工作领导小组讨论通过，经实验室最高管理者批准后执行。

二、文件的层次结构

文件的层次可根据实验室的具体情况和习惯进行划分，文件层次从上到下越来越具体详细，从下到上每一层都是上面一层的支持文件，上下层文件要相互衔接、前后呼应，内容要求一致，不能有矛盾。

图 3 -7 给出的通用的体系文件架构。质量手册是第一层次的文件，是一个将认可准则转化为本实验室具体要求的纲领性文件。因为认可准则是通用要求，要照顾到各行各业的需求，而各实验室有自己的业务领域和自身的特点，所以必须进行转化。手册的精髓就在于有自身的特点，它是为实验室管理层指挥和控制实验室用的。第二层次为程序性文件，是为实施质量管理和技术活动的文件，主要为相关部门使用。第三层次是作业指导书，属于技术性程序，它是指导开展检测/校准的更详细的文件，是为第一线业务人员使用的。而各类质量记录、表格、报告等则是质量体系有效运行的证实性文件。显然，不同层次文件的作用各不相同，要求上下层次间相互衔接、不能矛盾；上层次文件应附有下层次支持文件的目录，下

层次文件应比上层次文件更具体、更可操作。

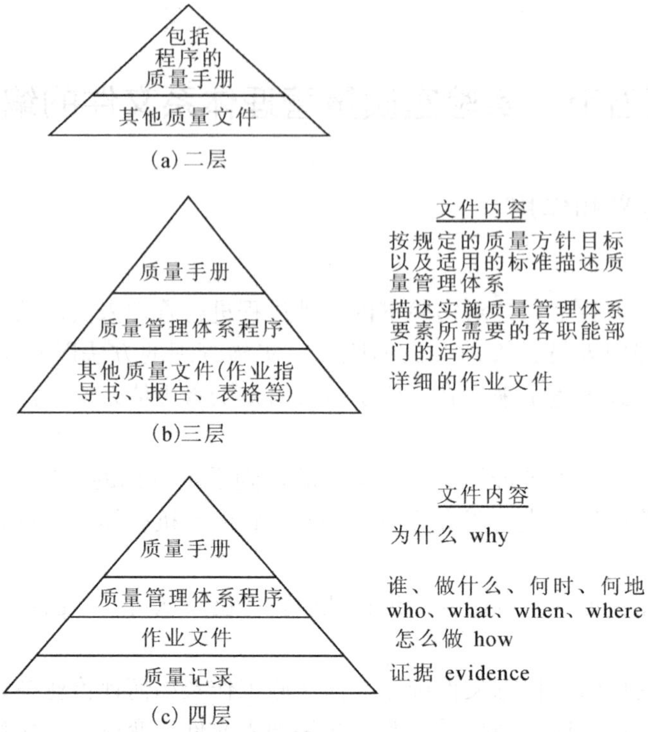

图3－7　质量管理体系文件的金字塔式结构图

三、文件的编写方法和基本要求

1. 方法

(1) 自上而下法：按照ISO/IEC17025:2005标准条款的要求，先手册后程序，再作业文件的方法，这种方法有利于文件的上下衔接。编写人员需熟悉ISO/IEC17025:2005标准，反复修改的可能性较大(手册的变化必然引起程序等的变化)。

(2) 自下而上法：先作业文件后程序，再手册的方法，这种方法用于基础管理较好的实验室。

(3) 扩展法：先程序，后手册，再作业性文件的方法，这种方法从分析质量管理体系的过程人手，易切入，大多数实验室通常采用这种方法。

2. 对体系文件的基本要求

(1) 系统性：实验室所采用的标准、要求和规定，编制成质量管理体系文件；所有的文件应按规定的方法编辑成册；各层文件应分布合理。

(2) 协调性：体系文件的所有规定应与实验室的其他管理规定相协调，体系文件之间应相互协调、互相补充；体系文件应与有关技术标准、规范相互协调；应认真处理好各种接口，避免不协调或职责不清。

(3) 惟一性：对一个实验室，其体系文件是惟一的，通过清楚、准确、全面、简单扼要的表达方式，实现惟一的理解；决不允许对同一事项的相互矛盾的文件同时使用，不同实验室的文件应具有不同的风格。

(4) 适用性：遵循“最简单，最易懂”和“谁使用，谁编写”的原则编写各类文件，便于操作；所有文件的规定都应保证在实际工作中能完全做到；追求“任何时候、任何单位都适用”的文件是荒谬的、不可能的；任何文件都应依据ISO/IEC17025：2005标准的要求和实验室的现实进行编写；发现了文件的不适合情况，应立即按规定程序进行修改。

四、文件的编写

1. 质量手册

质量手册是对实验室的质量管理系统扼要而又纲领性地阐述，能反映出实验室质量管理体系的总貌。为适应实验室规模和复杂程度，质量手册在其详略程度和编排格式等方面可以不同。

（1）质量手册编写原则：

① 基本要求：应符合认可准则及有关法律法规的要求。

② 有利于向客户、认证机构、相关方提供质量满足要求的证据。

③ 符合实验室的实际情况：质量手册是规定实验室质量管理体系的文件，应结合自身的特点画出本实验室的模式图。要把顾客的要求转化为对报告/证书的质量特性，确定自己的特色。编写要体现分析报告/证书质量形成过程的各个环节，如何运转及使其受控制的方法，包括为其提供支持的辅助性过程，以便达到质量目标的要求。对手册的结构形式没有统一的格式要求，实验室可按最适合自己的方式表达，既可以按有关标准/准则的条款顺序编写，也可按过程描述。有些过程还可以进一步细分以便操作，但过程(要素)能分解到什么程度，应取决于实验室的结构和运作方便，而不是准则的条款。

④ 内容全面、结构层次清楚、语言通俗易懂、名词术语标准规范。

对于一本内外兼用的、完整的质量手册来说，应具备指令性、系统性、协调性、可行性和规范性，且有利于本身的保管、查询、更改、换版等方面的管理与控制。

（2）质量手册的编写方法：

① 成立组织。一旦实验室最高管理者作出编写质量手册的决定后，一般应成立质量手册编写领导小组和质量手册编写办公室。

质量手册编写领导小组由本组织的最高管理者的代表、各有关业务部门主管领导、手册编写办公室负责人参加，负责确定质量手册编写的指导思想、质量方针和目标、手册整体框架的编写进度，以及手册编写中重大事项的确定和协调等。

质量手册编写办公室一般以质量管理部门为基础，吸收各有关职能部门的适当人员组成，负责手册的具体编写工作。

② 明确或制定质量方针。质量手册的一个基本任务就是阐述质量方针及其贯彻。所以，编制质量手册的前提就是明确(对于已有质量方针且经质量手册编写领导小组审议认为适合明确写入手册)或制定(原来没有质量方针、或虽有质量方针但经审议需重新制定)本组织的质量方针。

③ 充分学习、深入理解有关标准/准则条文。实验室管理者、质量手册编写领导小组、质量手册编写办公室的人员要深入学习，较系统、全面地掌握有关标准/准则。

④ 对实验室的现状作深入研究，识别过程，规定控制范围。可对照有关准则条款，并总结实验室自身的质量管理经验、结合具体情况进行，同时要注意让职工积极参与。

编制手册最重要的是要能够实施，而手册的实施是实验室内部职工的事情。所以在质量手册的编制过程中，应倾听实验室内部全体职工的意见，充分发挥其积极性和创造性。在实验室编制质量手册时，应充分吸取广大职工在长期实践活动中的宝贵经验和实践知识，这样可以保证所编制的质量手册具有很强的操作性。同时，编制质量手册的过程也是上下沟通、形成共识、建立共同奋斗目标的过程。这对实验室形成内部的凝聚力、增强竞争力大有好处。

⑤ 用通俗易懂的语言，描述质量体系要素。编制手册应在深刻理解有关标准的基础上，使用符合本国文化传统的语言，以有利于质量手册的贯彻实施。

⑥ 质量手册的编写与程序文件可有重复，但手册对过程的描述应简明扼要。可参考范本编写，但不可照搬照抄。

⑦ 质量手册的审定、批准。质量手册全部内容编写完成后，应经编写办公室人员内部校对并签字后，提交本组织质量手册编写领导小组审定，最后由本组织最高管理者批准。在质量手册的审定和批准时应着重考虑以下内容：质量手册对采用的国家标准和相应国际标准的符合程度；质量手册对有关政策法令的符合程度；质量手册对实现既定的质量方针、质量目标和顾客的质量要求的保证水平；质量手册的系统性、协调性、可行性及规范性。

⑧ 质量手册的颁发。质量手册的发布通常是采取由实验室最高管理者签署发布令的方式来实施。实验室的最高管理者签署质量手册的发布令，表示手册是整个实验室的法规性文件，全体人员应该严格遵照执行；另一方面也表明了实验室最高管理者对质量责任的承诺。

（3）质量手册的内容和基本格式：一个完整的质量手册一般包括以下内容：

① 前置部分：包括封面、授权书、批准页、修订页、母体法人公正性声明、实验室主任公正性声明、工作人员职业道德规范、引用文件及缩略语等。

② 主要内容：实验室概况、质量方针和质量目标、质量手册管理、管理要求、技术要求。

③ 附录：包括组织机构框图、人员一览表、授权签字人一览表、质量职责分配表、质量体系框图、检测项目一览表、实验室平面图、仪器设备一览表、检测工作流程图、程序文件目录、实验室行为准则。

质量手册的基本格式要求分章排序（页号）、活页装订、每页有页眉和页脚。

2. 程序文件

从活动（或过程）的内涵来看，大到检测/校准的全过程，小至一个具体的作业都可称为一项活动，而活动所规定的方法（或途径）都可称为程序。对质量体系来说，不管是管理性程序，还是技术性程序，都要求形成文件，即所谓程序文件。实验室质量管理体系应将其政策、制度、计划、程序和指导书制定成文件，并达到确保实验室检测/校准结果质量所需的程度。程序不仅仅是实施一项活动的步骤和顺序，还包括对活动产生影响的各种因素。内容包括活动（或过程）的目的、范围、由谁做、在什么时间和地点做，怎样做以及其他相关的物质条件保障等。一个程序文件对以上诸因素作出明确规定，也就是规定了活动（或过程）的方法。因此，在质量管理体系的建立和运行过程中，要通过程序文件的制定和实施，对质量体系的直接和间接质量活动进行连续恰当的控制，以此手段保证质量管理体系能持续有效地运行，最终达到实现实验室的质量方针和质量目标的目的。

程序文件是质量手册的技术性文件，是手册中原则性要求的展开和落实。因此，编写程序文件时，必须以手册为依据，要符合手册的规定与要求。程序文件应具有承上启下的功能，上承质量手册，下接作业文件，这样就能控制作业文件，并将手册纲领性的规定具体落实到作业文件中去，从而为实现对报告/证书质量的有效控制创造条件。

（1）实验室需要编写的程序文件类型：在质量体系文件中，程序文件是重要组成部分。根据 ISO/IEC 17025—2005 标准的要求，一般可包括下述内容：保密和保护所有权的程序；保证公正性和诚实性的程序；文件控制和维护程序；要求、标书与合同评审程序；分包管理程序；服务与供应品采购程序；申诉（报怨）处理程序；不符合项控制程序；纠正措施程序；预防措施程序；记录控制程序；内部审核程序；管理评审程序；人员培训和考核程序；安全与内务管理程序（必要时）；检测/校准程序；开展新方法（新工作）的评审程序（适用时）；测量不确定度评定与表示程序；检测/校准方法的确认程序；自动化检测的质量控制程序；设备维护管理程序；期间核查程序；量值溯源（包括参考标准和标准物质的使用）程序；抽样管理程序；被测物品的处置程序；结果质量的保证控制程序；现场检测/校准的质量控制程序；报告/证书管理程序。

上述所列 28 个程序也可根据实际情况加以删减，也可将几个程序合并，例如将纠正措施和预防措施程序合二为一等。只要覆盖了标准的要求，都是可以接受的。

（2）程序文件的编写原则：

① 符合评审准则要求以及行业管理要求；②保证实际能做到，既不要太简单也不要过于复杂，做到详略适当，在实施过程中逐步细化；③注意与质量手册以及其他文件的一致性；④写清职责权限；⑤程序文件应简明、易懂。

（3）程序文件的内容：

程序文件的结构和内容包括：①目的：为什么要开展这项活动（或过程）。②范围：开展此项活动（或过程）所涉及的范围和对象。③职责：由哪个部门或人员实施此项程序，明确其职责和权限。④工作流程（步骤和要求）：列出活动（或过程）顺序和细节，明确各环节的“输入－转换－输出”，即应明确活动（或过程）中资源、人员、信息和环节等方面应具备的条件，与其他活动（或过程）接口处的协调措施。明确每个环节的转换过程中各项因素由谁做，什么时间做，什么场合做，做什么，为什么做，怎样做，如何控制及所要达到的要求，所需形成的记录、报告及相应签发手续等。注明需要注意的任何例外或特殊情况，必要时辅以流程图。⑤引用文件和记录格式：开展此项活动（或过程）涉及的文件，引用标准/规程（规范）以及使用的表格等。程序文件的典型文头、页头、文尾见表 3－5、表 3－6 和表3－7。

表 3－5　质量管理体系文件文头示例

<table>
<tr><td rowspan="2">版　次：A
第×次修改</td><td>××××实验室
质量管理体系程序文件</td><td rowspan="2">编号：QMSP14
批准：××年××月××日
页码：共×页　第×页</td></tr>
<tr><td>内部审核程序</td></tr>
</table>

表 3－6　质量管理体系文件页头示例

<table>
<tr><td rowspan="2">版　次：A
第×次修改</td><td>××××实验室</td><td rowspan="2">编号：QMSP14
页码：共×页　第×页</td></tr>
<tr><td>内部审核程序</td></tr>
</table>

表 3－7　质量管理体系文件文尾示例

<table>
<tr><td rowspan="2">第×次修改</td><td>修改通知单号</td><td>拟稿</td><td>批准</td></tr>
<tr><td></td><td></td><td></td></tr>
</table>

3. 作业指导书

作业指导书是用以指导某个具体过程、事物所形成的技术性细节描述的可操作规程性文件。要求制定的指导书要合理、详细、明了、可操作。

（1）编写作业指导书的必要性：作业指导书是技术性文件，并不要求必须编写。如果国际的、区域的或国家的标准，或其他公认的规范已包含了如何进行检测/校准的管理和足够信息，并且这些标准是可以被实验室操作规程人员作为公开文件使用时，则不需再进行补充或改写为内部程序。如果缺少指导书，标准规定不详细、不充分、可操作性又不强，亦没有标准可参照、选用或制定非标方法时，实验室则应制定相应的作业指导书。

（2）实验室常用作业指导书主要有：①方法类：用以指导检测/校准的过程。例如，标准/规程(规范)的实施细则、化学试剂配制方法、比对试验方法等；②设备类：设备的使用、操作规范(如设备商提供的技术说明书等)、仪器设备自校方法、期间核查方法等；③样品类：包括样品的准备方法、样品处置和制备规则、消耗品验收方法等；④数据类：包括数据的有效位数、修约、异常数字的剔除以及结果测量不确定度的评定表征规范等。如数据处理方法、测量不确定度评定方法、修正值(曲线)、对照图表、常用参数、计算机软件等。

（3）作业指导书的内容：作业指导书的编写要注意符合标准规范、可操作性强，并尽可能详尽充分。一般包括以下几个方面的内容：①依据；②适用范围；③技术要求；④步骤和方法；⑤数据处理方法；⑥结果表示方法；⑦出现意外、差异、偏离时的处理方法；⑧相关文件和记录。

4. 记录

记录是文件的一种，它更多用于提供检测/校准是否符合要求和体系有效运行的证据。

（1）质量记录：如人员培训记录、承包方的质量记录、服务与供应的采购记录、纠正和预防措施记录、内部审核与管理评审记录等。

（2）技术记录：如环境控制记录，合作协议、使用参考标准的控制记录，设备使用维护记录，样品的抽取、接收、制备、传递、留样记录，原始观测记录，检测/校准的报告/证书、结果验证活动记录，客户反馈意见等。

总之，凡是有程序要求的都要有记录。记录既然是检测/校准符合程序和体系有效运行的证据，实验室全体员工就应养成凡是执行过的工作必须有记录的良好习惯。

阅读材料

六西格玛(Six Sigma)管理法

科学技术和社会生产力的发展，对产品质量提出了越来越高的要求，影响产品质量的因素也越来越多，既有物质的因素，又有人的因素；既有技术的因素，又有管理的因素；既有企业内部的因素，又有企业外部的因素。所有这些都促使人们使用多种多样的方法来解决当代的质量问题，既要广泛采用传统的质量管理方法，又要积极研究新的理论和方法。六西格玛管理方法是目前最新的质量管理方法之一。

1. 什么是六西格玛

σ是一个希腊字母，在统计学里用来描述正态数据的离散程度。目前，在质量管理领域，用来表示质量控制水平。若控制在3σ水平，表示产品合格率不低于99.73%；若控制在6σ水平，表示产品不合格率不超过0.002ppm，也就是每生产100万个产品，不合格品不超过0.002个，考虑1.5倍漂移，不合格率也只有3.4ppm，接近于零缺陷水平。

2. 6σ的由来

20世纪60年代，日本从美国引入了质量控制的思想，先后多次邀请美国著名质量管理大师戴明、朱兰等去日本传授质量管理思想，日本则组织认真学习，开创性的实施，使产品质量有了大幅度的提升。到了20世纪80年代初，日本产品凭借过硬的品质，从美国人手中抢占了大量的市场份额。美国的摩托罗拉公司在同日本组织的竞争中，先后失去了收音机、电视机、半导体等市场，到了1985年公司濒临倒闭。面对残酷的竞争和严峻的生存形势，摩托罗拉公司痛定思痛，得出了这样的结论："摩托罗拉失败的根本原因是其产品质量比日本组织同类产品的质量差很多"。公司高级领导层决定向日本组织学习，以全面提升产品品质。当时，根据休哈特的理论，质量水平达到三西格玛最为经济科学，包括日本组织在内的组织一般都把三西格玛水平作为追求的目标。为了减少质量波动，显著提高产品质量，摩托罗拉公司雄心勃勃地提出了产品质量要控制在6σ水平上。当时，摩托罗拉拿出年收入的5%~10%来纠正低劣的质量，并利用精确的评估标准预测可能发生问题的区域，通过预先关注质量而获得一种主动权，而不是被动地对质量问题做出反应。也就是说，六西格玛使公司领导人在质量问题上抢先一步，而不是被动地应付。这就是六西格玛管理方法的由来。

3. 六西格玛管理的科学内涵

目前所讲的六西格玛管理方法已进化为一种基于统计技术的过程和产品质量改进方法，进化为组织追求精细管理的理念。六西格玛管理的基本内涵是提高顾客满意度和降低组织的资源成本，强调从组织整个经营的角度出发，而不只是强调单一产品、服务或过程的质量，强调组织要站在顾客的立场上考虑质量问题，采用科学的方法，在经营的所有领域追求"无缺陷"的质量，以大大减少组织经营全领域的成本，提高组织的竞争力。组织实施它的目的是消除无附加值活动，缩短生产周期，增强顾客满意，从而增加利润。六西格玛管理将组织的注意力同时集中在顾客和组织两个方面，无疑会给组织带来诸如顾客满意度提高、市场占有率增加、缺陷率降低、成本降低、生产周期缩短、投资回报率提高等绩效。

4. 六西格玛管理的特点

(1) 以顾客为关注焦点的管理理念：

六西格玛是以顾客为中心，关注顾客的需求。它的出发点就是研究客户最需要的是什么？最关心的是什么？比如改进一辆载货车，可以让它的动力增大一倍，载重量增大一倍，这在技术上完全做得到，但这是不是顾客最需要的呢？因为这样做，成本就会增加，油耗就会增加，顾客就不一定想要，什么是顾客最需要的呢？这就需要去调查和分析。假如顾客买一辆摩托车要考虑30个因素，这就需要去分析这30个要素中哪一个最重要，通过一种计算，找到最佳组合。因此六西格玛是根据顾客的需求来确定管理项目，将重点放在顾客最关心、对组织影响最大的方面。

(2) 通过提高顾客满意度和降低资源成本促使组织的业绩提升：

六西格玛项目瞄准的目标有两个：一是提高顾客满意度，通过提高顾客满意度来占领市场、开拓市场，从而提高组织的效益；二是降低资源成本，通过降低资源成本，尤其是不良质量成本损失COPQ(cost of poor quality)从而增加组织的收入。劣质成本是指由于质量不良而造成的成本损失。据估计，对于3~4个西格玛水平的企业来说，COPQ可占到销售额的15%~25%，而六西格玛企业的COPQ仅占销售额的1.5%左右。根据GE公司的经验，该公司从3~4个西格玛水平提高到6个西格玛水平，其减少的COPQ每年可达(80~120)亿美元。因此，实施六西格玛管理方法能给一个组织带来显著的业绩提升，这也是它受到众多组织青睐的主要原因。

(3) 注重数据和事实，使管理成为一种真正意义上基于数字上的科学：

六西格玛管理方法是一种高度重视数据，依据数字、数据进行决策的管理方法，强调“用数据说话”。“依据数据进行决策”，“改进一个过程所需要的所有信息，都包含在数据中”。在六西格玛理念中常提到这几条谚语：We don't know until we measure(直到我们测量了我们才能了解)；We don't measure what we don't value(我们不测量我们认为没有价值的东西)；We don't value what we don't measure(我们不重视我们不测量的东西)。

另外，它通过定义“机会”与“缺陷”，通过计算 DPO(每个机会中的缺陷数)、DPMO(每百万机会中的缺陷数)，不但可以测量和评价产品质量，还可以把一些难以测量和评价的工作质量和过程质量，变得像产品质量一样可测量和用数据加以评价，从而有助于获得改进机会，达到消除或减少工作差错及产品缺陷的目的。因此，六西格玛管理广泛采用各种统计技术工具，使管理成为一种可测量、数字化的科学。

(4) 是一种以项目为驱动力的管理方法：

六西格玛管理方法的实施是以项目为基本单元，通过一个个项目的实施来实现。通常项目是以黑带为负责人，牵头组织项目团队。通过项目成功完成来实现产品或流程的突破性改进。

(5) 实现对产品和流程的突破性质量改进：

六西格玛项目的一个显著特点是项目的改进都是突破性的。通过这种改进能使产品质量得到显著提高或者使流程得到改造，从而使组织获得显著的经济利益。实现突破性改进是六西格玛的一大特点，也是组织业绩提升的源泉。

(6) 遵循 DMAIC 的改进方法：

图 3－8 DMAIC 改进方法

六西格玛有一套全面而系统地发现、分析、解决问题的方法和步骤，这就是 DMAIC 改进方法(图 3－8)。

① 定义(define)：定义阶段主要是明确问题、目标和流程，需要回答以下问题：应该重点关注哪些问题或机会？应该达到什么结果？何时达到这一结果？正在调查的是什么流程？它主要服务和影响哪些顾客？

② 评估(measure)：评估阶段主要是分析问题的焦点是什么，借助关键数据缩小问题的范围，找到导致问题产生的关键原因，明确问题的核心所在。

③ 分析(analysis)：通过采用逻辑分析法、观察法、访谈法等方法，对已评估出来的导致问题产生的原因进行进一步分析，确认它们之间是否存在因果关系。

④ 改善(improve)：拟订几个可供选择的改进方案，通过讨论并多方面征求意见，从中挑选出最理想的改进方案付诸实施。实施 6σ 改进，可以是对原有流程进行局部的改进；在原有流程问题较多或惰性较大的情况下，也可以重新进行流程再设计，推出新的业务流程。

⑤ 控制(control)：根据改进方案中预先确定的控制标准，在改进过程中，及时解决出现的各种问题，使改进过程不至于偏离预先确定的轨道，发生较大的失误。

六西格玛改进的方法 DMAIC 的每个步骤都有其活动的重点及经常使用的质量管理工具

和技术。表3-6给出的是DMAIC过程活动的重点及其采用的工具。

表3-6 DMAIC过程活动重点及其工具

阶段	活动要点	常用工具技术
D界定阶段	项目启动	头脑风暴法、亲和图、树图、流程图、SIPOC图(过程详细分析图)、因果图、劣质成本、项目管理
M测量阶段	确定基准	排列图、因果图、散布图、过程流程图、测量系统分析、过程能力指数、故障模式分析、PDCA分析、直方图、趋势图、检查表
A分析阶段	确定主要原因	头脑风暴法、因果图、水平对比法、5S法、劣质成本分析、试验设计、抽样检验、回归分析、方差分析、假设检验
I改进阶段	消除主要原因	试验设计、质量功能展开、正交试验、测量系统分析、过程改进
C控制阶段	维持成果	控制图、统计过程控制、防差错措施、过程能力指数分析、标准操作程序、过程文件控制

(7)强调骨干队伍的建设:

六西格玛组织(organization for six sigma, OFSS)是推进六西格玛管理的基础,而且六西格玛管理的一大特点是需要一支专业化的队伍,图3-9是六西格玛管理组织示意图。图中各层次人员的称呼都是来自摩托罗拉和通用电气公司,这些角色在六西格玛管理实践中发挥着重要的作用。

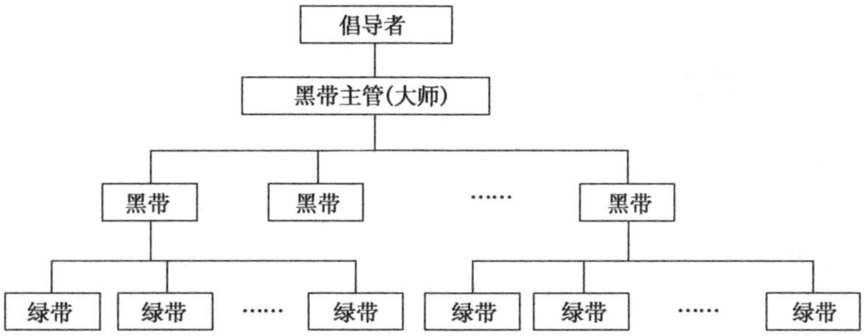

图3-9 六西格玛管理的组织结构

① 倡导者:倡导者(champion)一般是由企业高级管理人员,如行政执行总裁、总经理、副总经理组成,大多数为兼职,由一到两位副总经理全职负责六西格玛管理的组织和推行。其主要职责为:调动和提供企业内部和外部的各项资源,确认和支持六西格玛管理全面推行,决定"该做什么"。倡导者起承上启下的重要作用,而倡导者往往又是接受培训和准备工作做得相对较少的。因此,黑带应积极争取倡导者支持,协助黑带主管解决早期六西格玛管理推行过程中的薄弱环节。

② 黑带主管:黑带主管(master blackbelt)又称为黑带大师。黑带主管是六西格玛的全职管理人员,在绝大多数情况下,黑带主管是六西格玛专家,通常具有工科或理科背景,或者具有相当的管理高学位,是六西格玛管理工具的高手。黑带主管与倡导者一起协调六西格玛项目的选择和培训,其主要职责是:理顺关系,组织项目实施,执行和实现由倡导者提出的"该做什么"的工作。一般在企业刚开始推行六西格玛管理时,黑带主管来自专门的咨询或培训机构,有着丰富的六西格玛管理的背景和经验,也可以聘用具备有资格的专家作为企业的六西格玛黑带主管。经过较长的时间,有些黑带大师会从专业的黑带中产生,在他们所在

企业的质量管理部门获得最基本经验以及多个项目的成功体会。

黑带主管的工作是保证黑带及其团队保持在正确的轨道上，能够顺利地完成他们的工作，具体指导和协助黑带及其团队在六西格玛改进过程中完成每个步骤的关键任务。通常黑带主管为团队在收集数据、进行统计分析、设计试验、与关键管理人员沟通等方面提供建议和帮助。

③ 黑带：黑带(black belt)是企业推行六西格玛管理中最关键的力量。黑带在六西格玛的一些先驱企业中通常是全职的，他们专门从事六西格玛改进项目，同时肩负培训绿带的任务。为绿带和员工提供六西格玛管理工具和技术的培训，提供一对一的支持，也就是决定“该怎么做”。一般说来，黑带是六西格玛项目的领导者，负责带领六西格玛团队通过完整的 DMAIC，完成六西格玛项目，达到项目目标并为组织获得相应的收益。通常黑带的任期为两年左右，在任期内需完成一定数量的六西格玛项目。

如果没有一个具有实力且不怕辛苦的黑带，六西格玛项目通常是不会取得很大的成功的。作为一个黑带必须拥有多项技能，包括解决问题的能力、收集和分析数据的能力、领导和管理的能力，并且还要擅长项目管理，具备通过共同劳动，把事情按时做完的能力。因此，通常成为一名黑带需要4~5 个月内接受累计 20 多天的专业培训。

④ 绿带：绿带(green belt)是企业内部推行六西格玛管理众多底线收益项目的负责人，为兼职人员，通常为企业各基层部门的骨干或负责人。很多六西格玛的先驱企业，很大比例的员工都接受过绿带培训。绿带的作用是把六西格玛管理的新概念和工具带到企业日常活动中去。绿带是六西格玛活动中人数最多的，也是最基本的力量。

思考与练习

一、名词解释

1. 基于事实的决策方法
2. 体系
3. 实验室质量管理体系
4. 过程方法
5. 质量手册
6. 文件
7. 作业指导书
8. 程序文件

二、填空题

1. 程序文件的工作要求中控制和记录的“4M1E”分别是指__________、__________、__________、__________和__________。

2. 实验室质量管理体系的五个要素分别是__________、__________、__________、__________和__________。

3. 管理的系统方法包括__________、__________、__________三个环节。

4. 实验室建立质量管理体系的准备阶段包括________、__________和__________三个方面，实施阶段则包括______、________、__________、__________和________等五个方面。

5. 以过程为基础的质量管理体系模式包括四大过程：__________、__________、__________和________。

6. 实验室常用的组织机构类型有___________和__________两种。

7. __________是实验室质量管理体系运行的重要依据。

8. 实验室质量管理体系运行阶段主要包括___________、__________、__________和__________四个步骤。

9. 管理水平达到6西格玛时，其对应的缺陷率为__________（考虑1.5西格玛的偏移）。

10. 在六西格玛管理的方法论中，用于过程改进的DMAIC指的是__________、测量、__________、改进和__________这5个步骤。

三、单选题

1. 下列管理方法中，________是通过理论思维和对事物进行逻辑分析的管理方法。

A. 目标管理方法　　B. 决策管理方法　　C. 行为管理方法　　D. 数理管理方法

2. 在中国，关于实验室质量管理的国家标准是________。

A. GB/T 27025—2008　　B. ISO/IEC 17025—2005

C. ISO 14000　　D. ISO 9001—2008

3. 质量管理的核心是________。

A. 质量方针　　B. 质量保证　　C. 质量管理体系　　D. 质量目标

4. 质量管理的核心思想是________。

A. 以顾客为关注焦点　　B. 领导作用　　C. 全员参与　　D. 过程方法

5. 实验室质量管理体系试运行的期限一般是________。

A. 3个月　　B. 6个月　　C. 9个月　　D. 1年

6. 实验室的纲领性文件是________。

A. 质量手册　　B. 质量管理体系程序

C. 作业文件　　D. 质量记录

7. 质量方针是一个组织总的质量宗旨和方向，应由组织的________批准发布。

A. 上级机关　　B. 质量管理办公室主任

C. 最高管理者　　D. 总工程师

8. 质量管理体系对文件化的要求程度取决于________。

A. 产品要求　　B. GB/T 19001:2008标准中的要求

C. 技术要求　　D. 组织为确保其运行有效性控制的需求

9. 质量手册包括的内容________。

A. 质量方针和目标　　B. 程序或对其的引用

C. 质量管理体系范围　　D. A+B+C

10. 阐明要求的文件是________。

A. 质量手册　　B. 质量计划

C. 规范　　D. 形成文件的程序

11. 一组将输入转化为输出的相互关联或相互作用的活动是________。

A. 产品　　B. 过程　　C. 程序　　D. 质量

12. 过程控制________。

A. 是通过过程检验来实现的

B. 不包括对设备和设施进行控制

C. 是指对与过程有关的人、机、料、法、环进行有效控制

D. 可以不对重点过程进行重点控制

13. 质量管理的八项原则是ISO 9001:2008质量管理体系要求的________。

A. 附加条件　　B. 理论基础　　C. 中心思想　　D. 延伸

14. 质量管理体系可以________。

A. 帮助组织实现顾客满意的目标

B. 适用于所有行业和领域，向组织和顾客提供信任

C. 提供持续改进的框架，以增加顾客和其他相关方满意的可能性

D. A+B+C

15. 以下属于GB/T 19001—2008标准中八项质量管理原则内容的是________。

A. 持续改进、与供方互利关系、管理职责、基于事实的决策方法

B. 持续改进、过程方法、全员参与、领导作用

C. 以顾客为关注焦点、管理的系统方法、资源管理、全员参与

D. 以顾客为关注焦点、过程方法、统计技术、领导作用

16. 质量手册的主要作用是________。

A. 在内部开展质量管理　　B. 对外提供质量保证

C. 向上级机关汇报质量工作　　D. 作为与顾客签订合同的一个附件

17. 持续改进质量管理体系的目的是增强________。

A. 顾客满意的机会　　B. 组织的有效性和效率

C. 相关方满意的机会　　D. A+C

18. 质量目标应________。

A. 确保顾客的需求和期望得到确定　　B. 是量化的

C. 可测量的　　D. A+C

19. 供方的受益者可以是________。

A. 顾客、员工　　B. 所有者、分供方

C. 社会　　D. 所有上述各项

20. 质量管理体系是指________。

A. 组织结构和职责　　B. 程序和过程

C. 资源　　D. 所有上述各项

四、简答题

1. 简述管理的原则和基本方法。
2. 实验室管理的内容有哪些？
3. 实验室管理体系有何特性？其建立的基本要求有哪些？
4. 实验室如何实施改进？
5. 简述八项质量管理原则在实验室管理中的运用。
6. 阐述实验室质量管理体系建立和运行的步骤。
7. 制定实验室质量方针和质量目标时应注意哪些问题？
8. 实验室质量管理文件有哪些编写方法和基本要求？
9. 实验室质量手册如何编写？其编写原则是什么？

第四章　实验室质量保证与质量控制

☞ **教学目标：**

- 掌握分析结果、分析方法可靠性的表征参数；
- 了解分析前质量保证的基本要求和控制措施；
- 掌握实验室内、实验室间质量控制的概念、目的及控制方法；
- 掌握实验室内质量控制技术；
- 掌握质量控制图的作用、基本原理、检验与使用准则；
- 了解分析后质量保证的措施及质量控制的标准化操作程序。

☞ **教学重点：**

- 实验室内、实验室间质量控制的概念、目的及控制方法；
- 实验室内质量控制技术；
- 质量控制图的作用、基本原理、检验与使用准则。

☞ **教学难点：**

- 实验室内质量控制技术；
- 质量控制图的作用、基本原理、检验与使用准则。

【案例】扁鹊的医术

魏文王问名医扁鹊说："你们兄弟三人都精于医术，到底哪一位最好呢?"扁鹊说："长兄最好，二哥次之，我最差。"文王再问："那为什么你最出名呢?"扁鹊答："长兄治病，是治病于病情发作之前。由于一般人不明白他事前能铲除病因，所以他的名气无法传出去；二哥治病，是治病于病情初起时。一般人以为他只会治轻微的小病，所以他的名气只限于本乡里。而我治病于病情严重之时，一般人都看到我在经脉上穿针放血、在皮肤上敷药等大手术，所以以为我医术高明，名气因此响遍全国。"

从这个故事我们可以看出：事后控制不如事中控制，事中控制不如事先控制。也就是纠正重要，预防更重要。可惜大多数事业经营者并未能体会到这一点，等到错误的决策或做法造成了重大的损失才寻求弥补，而往往很多损失和影响是无法弥补的。前期不重视，到了最后，即使请来名气更大的神医，也是无法挽回了。实验室质量控制尤为如此。

第一节　质量保证与质量控制概述

分析实验室的任务是确定物质的化学组成、测定各组成的量及表征物质的化学结构，为评价材料和产品的质量、控制生产过程、指导研究和改进生产过程提供重要依据。从质量保证和质量控制的角度出发，要求分析数据有代表性、准确定、精密性、可比性和完整性，能够准确地反映实际情况。这些表达了分析结果的可靠性。

一、质量保证的主要内容

质量保证是指在影响数据有效性的各个方面采取一系列的有效措施，将误差控制在一定的允许范围内，是一个对整个分析过程的全面质量管理体系。它采用有效的质量控制措施，以统计学的原理和技术，预测检验过程中可能产生的误差，以便及时采取措施消除或控制误差，确保检测结果的准确性。总之，它包括了保证分析数据正确可靠的全部活动和措施。

1. 质量保证的工作内容

质量保证工作必须贯穿于实验过程的始终，包括样品的采集与储存、样品的预处理、分析方法的选择、样品的测定、实验数据的记录与处理、分析结果的表达等。具体而言，质量保证包括以下几点。

（1）制订分析计划。

（2）考虑经济成本和效益，确定对分析数据的质量要求。

（3）规定相适应的分析测试系统，诸如采样布点、采样方法、样品的采集和保存、实验室供应、仪器设备和器皿的选用、容器和量具的检定、试剂和标准物质的使用、分析测试方法、质量控制程序、技术培训等，都是质量保证的具体内容。

（4）质量保证不仅是实验室内分析的质量控制，还有采样质量控制、运输保存质量控制、报告数据的质量控制等各个分析过程的质量控制。如图 4－1 列举了环境监测质量保证系统。

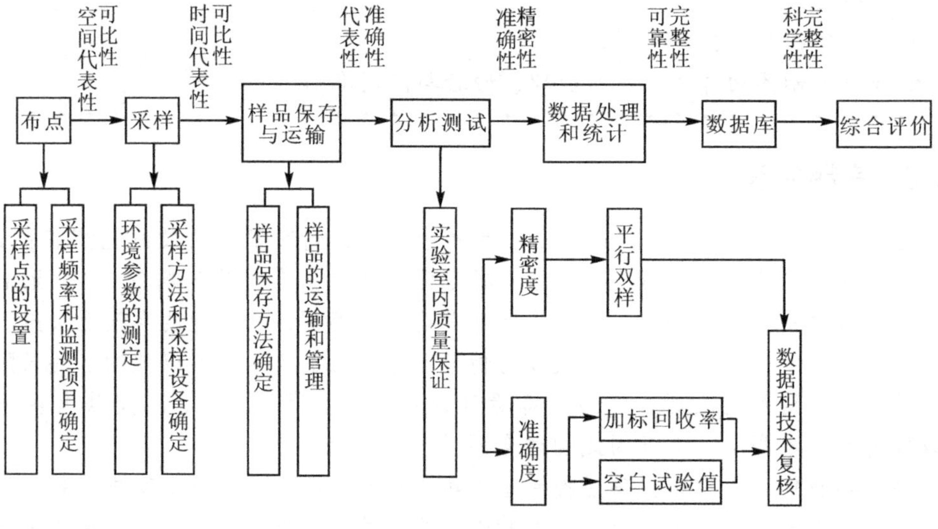

图 4－1　环境监测质量保证系统

2. 质量保证的实施

（1）建立质量保证管理体系。包括人员及分析方法的选定、布点采样方案和措施、室内质量控制、室间质量控制、数据处理和报告审核等措施和技术要求。

（2）提高人员素质，实行考核持证上岗。合格证考核内容有基本理论、基本操作和实际样品分析三部分。基本理论包括分析化学理论基础、实验室基础知识、数理统计基础知识、质量保证和质量控制基础知识、有关的分析方法原理及注意事项。基本操作包括现场采样技术、玻璃器皿正确使用、分析仪器操作规范性等。实际样品分析是按照规定的操作程序对考核样品进行测试，考查测定结果的准确度和精密度。

（3）保证高质量基础准备工作：主要包括标准溶液的配制和标定、空白试验、标准曲线的制备、分析仪器的校正、玻璃量器的校验；现场和实验室操作环境、器皿材质和洁度符合要求；水和试剂纯度、分析仪器设备精度及选择正确的分析方法。

二、分析结果的可靠性

1. 代表性

分析结果的代表性在很大程度上取决于试样的代表性。因此，要使分析结果有意义，就必须在整个取样过程中使获得的分析试样具有时间、地点和环境影响等因素的代表性。

2. 准确性

反应分析方法或测量系统存在的系统误差的综合指标，它决定着分析结果的可靠性，常用误差表示。

误差是指测量值与它的真值在数值上不完全一致。任何测量都具有误差，误差存在于一切测量工作的全过程。误差分为系统误差、随机误差和过失误差。

系统误差是指测量值的总体均值与真值之间的差别，又称可测误差、恒定误差、定向误差或偏倚。系统误差是由测量过程中某些恒定因素造成的。系统误差误差的大小和方向在多次重复测量中几乎相同，在一定的测量条件下，系统误差会重复地表现出来。系统误差来源是多方面的，可来自仪器（如砝码不准）和试剂（如试剂不纯），可来自操作不当（如过滤洗涤不当），可来自个人的主观因素（如观察滴定终点或读取刻度的习惯），也可来自方法本身的不完善。

随机误差是指由于各种因素偶然变动而引起的单次测定值对平均值的偏离，又称为不可测误差。随机误差是由能够影响测量结果的许多不可控制或未加控制的因素的微小波动引起的，如测量过程中环境温度的波动、电源电压的小幅度起伏、仪器的噪声、分析人员判断能力和操作技术的微小差异和前后不一致等。随机误差的特点是：它的值或大或小，符号有正有负，以不可预定方式变化，当测定次数足够多时，出现各种大小偏差的概率遵循着统计分布规律，如图 4－2 所示。

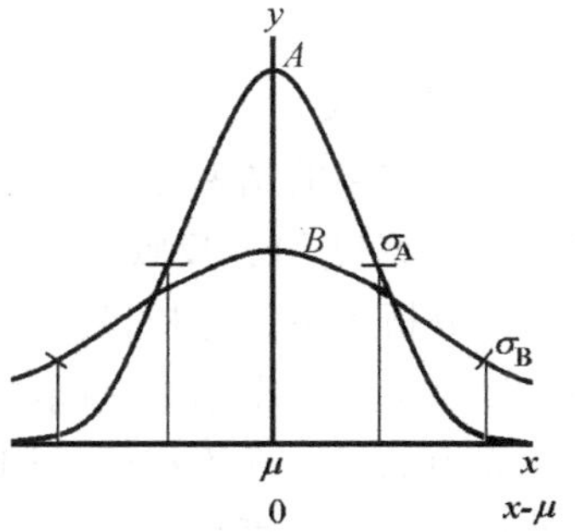

图 4－2　误差的正态分布曲线

过失误差是指超出在规定条件下预期的误差，是一种显然与事实不符的误差。主要由于分析人员的粗心或疏忽而造成，如器皿不清洁、加错试剂、错用样品、操作过程中试样大量损失，仪器出现异常而未被发现，读数错误，记录错误及计算错误等。过失误差没有一定规律可循，含有过失误差的测定值会明显地歪曲客观现象。含有过失误差的测量数据经常表现为离群数据，可以用离群数据的统计检验方法将其剔除。

误差的表示方法主要有：

绝对误差（E）：测定值 x_i 与真值 T 的差数。

$$E = x_i - T \tag{4-1}$$

相对误差（E_r）：绝对误差在真值中所占的百分率。

$$E_r = \frac{E}{T} \times 100\% = \frac{x_i - T}{T} \times 100\% \tag{4-2}$$

分析数据的准确性受到从试样的采集、保存、运输、实验室分析等环节的影响。评价准确性的方法有标准试样分析、回收率测定、不同方法比较。通过测定标准试样或以标准试样做回收率来评价分析方法和测定系统的准确度。当用不同分析方法对同一样品进行重复测定时，若所得结果一致，或经统计检验表明其不存在显著性差异时，则可认为这些方法都具有较好的准确度；若所得结果呈显著性差异时，则应以被公认的方法为准。

（1）标准物质的分析：通过分析测定标准物质相应组分含量，根据所得结果判断准确度。

标准物质的标准值范围为 $A \pm U$，对标准物质测定结果为 $\overline{X} \pm t_{\mathrm{a,f}} \frac{s}{\sqrt{n}}$。

如果 $|\overline{X} - A| \leqslant \left[\left(t_{\mathrm{a,f}} \frac{S}{\sqrt{n}}\right)^2 + U^2\right]^{\frac{1}{2}}$，则表明标准物质的测定结果与标准值是一致的。

（4－3）

式中 A——标准物质标准值；

U——标准物质标准值的不确定度；

$\overline{X}$——标准物质测定结果平均值；

S——标准物质测定结果的标准偏差；

$t_{\mathrm{a,f}}$——自由度为 f，置信概率为 $(1-\alpha)$ 的 t 值。

（2）回收率测定：如果以 P 代表回收率（%）；C 为加标后测得值（以浓度表示）；A 为原样品本底值或校正值（以浓度表示）；B 为加标量（以浓度表示），则：

$$P = \frac{C - A}{B} \times 100\% \tag{4-4}$$

3. 精密性

分析结果的精密度表示测定值有无良好的平行性、重复性（“室内精密度”）和再现性（“室间精密度”），反映了分析方法或测量系统存在的随机误差的大小。平行性是指同一实验室，分析人员、分析设备和分析时间都相同，用同一分析方法对同一样品进行双份或多份平行样测定，所得结果之间的符合程度。重复性则是同一实验室，分析人员、分析设备和分析时间中的任一项不相同，用同一分析方法对同一样品进行两次或两次以上独立测定结果之间的符合程度。再现性是指用相同的分析方法，对同一样品在不同条件（实验室、分析人员、设备、时间）下获得的单个结果之间的接近程度。

精密性通常用极差、平均偏差和相对平均偏差、标准偏差和相对标准偏差表示。

偏差（d）：又叫离差或变差，是指单次测量值与平均值 $\bar{x}$ 的差数。

$$\bar{x} = \frac{x_1 + x_2 + \cdots + x_n}{n} = \frac{1}{n}\sum_{i=1}^{n} x_i \tag{4-5}$$

$$d_i = x_i - \bar{x} \tag{4-6}$$

相对偏差（d_r）：绝对偏差在平均值中所占的百分率。

$$d_r = \frac{d_i}{\bar{x}} \times 100\% \tag{4-7}$$

平均偏差（$\bar{d}$）：绝对偏差的绝对值的和除以测定次数（n）。

$$\bar{d} = \frac{1}{n}\sum_{i=1}^{n} |d_i| = \frac{1}{n}\sum_{i=1}^{n} |x_i - \bar{x}| \tag{4-8}$$

相对平均偏差：$\overline{d_r} = \frac{\overline{d}}{\overline{x}} \times 100\%$　　(4-9)

标准偏差(s)：又称均方根偏差，是指一组测定值中，每一测定值与测量均值间的平均偏离程度。

$$s = \sqrt{\frac{\sum_{i=1}^{n}(x_i - \overline{x})^2}{n-1}} \tag{4-10}$$

式中　x_i——单次样品测定结果；

$\overline{x}$——样品测定结果平均值；

n——测定次数。

相对标准偏差(s_r)：又称变异系数(CV)，是指标准偏差在平均值中占的百分率。

$$SRD = \frac{s}{\overline{x}} \times 100\% \tag{4-11}$$

在考察分析方法精密度时，还应注意的几个问题：

(1) 分析结果的精密度与待测物质的浓度水平有关，应取两个或两个以上不同浓度水平的样品进行分析方法精密度的检查。

(2) 精密度会因测定实验条件的改变而变动，最好将样品分为若干批，分散在适当长的时期内进行分析，检查精密度。

(3) 要有足够的测定次数。

(4) 质量保证和质量控制中常以分析标准溶液的办法了解方法精密度，与分析实际样品的精密度存在一定的差异。

(5) 准确度高的数据必须具有高的精密度，精密度高的数据不一定准确度高。

4. 可比性

可比性是指用不同分析方法测定同一样品时，所得出结果的吻合程度。使用不同标准分析方法测定标准样品得出的数据应具有良好的可比性。可比性不仅要求各实验室之间对同一样品的分析结果应相互可比，还要求每个实验室对同一样品的分析结果应达到相关项目之间的数据可比。相同项目在没有特殊情况时，历年同期的数据也是可比的。在此基础上，还应通过标准物质的量值传递与溯源，以实现国际间、行业间的数据一致与可比，以及大的环境区域之间、不同时间之间分析数据的可比。

5. 完整性

完整性强调工作总体规划的切实完成，即保证按预期计划取得系统和连续的有效样品，无缺漏地获得这些样品的分析结果及有关信息。

分析结果的准确性、精密性在实验室内分析测试。分析结果代表性、完整性则突出在现场调查、设计布点和采样保存等过程。分析数据只有达到代表性、准确度、精密度、可比性和完整性才是正确可靠的，也才能在使用中具有权威性和法律性。

三、分析方法的可靠性

1. 灵敏度

灵敏度(sensitivity)是指某方法对单位浓度或单位量待测物质变化所产生的响应量的变化程度。它可以用仪器的响应量或其他指示量与对应的待测物质的浓度或量之比来描述。如分光光度法常以标准曲线的斜率度量灵敏度，在一定的实验条件下，灵敏度具有相对的稳定性。

通常校正曲线可以将仪器响应值与待测物质的浓度定量的联系起来，用下式表示它的直线部分：

$$s = kc + a \tag{4-12}$$

式中，s 为仪器响应值；k 为方法的灵敏度，即校准曲线的斜率；c 为待测物质的浓度；a 为校准曲线的截距。

2. 检出限

检出限(detection limit)指某特定分析方法在给定的置信度内可从样品中检出待测物质的最小浓度或最小量，其高于空白值。所谓“检出”是指定性检出，即判定试样中存在有浓度高于空白的待测物质。检出限除了与分析中所用试剂和水的空白有关外，还与仪器的稳定性及噪声水平有关。一些测定方法检测限的规定：分光光度法，以扣除空白值后的吸光度为0.01，相对应的浓度值为检出限；气相色谱法，检测器恰能产生与噪声相区别的响应信号时所需进入色谱柱的物质的最小量，通常认为恰能辨别的响应信号最小应为噪声的2倍；离子选择电极法，标准曲线直线部分外延的延长线与通过空白电位且平行于浓度轴的直线相交时，所对应的浓度值为离子选择电极的检测限。对于低于测定方法测定下限的测定结果，报告者应以小于所用分析方法的最低检测下限报告，如 <0.01mg/L 或 <0.1mg/L 等；或者报告未检出，同时标明检测下限。

检出限有仪器检出限和方法检出限两种。

仪器检出限：产生的信号比仪器信噪比大3倍时的待测物质的浓度，不同仪器检出限定义有所差别。

方法检出限：指当用一完整的方法在99%置信度内，产生的信号不同于空白中被测物质的浓度。

灵敏度和检出限是两个从不同角度表示检测器对测定物质敏感程度的指标，前者越高、后者越低，说明检测器性能越好。

3. 空白值

空白值(blank value)指除了不加试样外，按照试样分析的操作手续和条件进行实验得到的分析结果，它全面地反映了分析实验室和分析人员的水平。当试样中待测物质与空白值处于同一数量级时，空白值的大小及其波动性对试样中待测物质分析的准确度影响很大，直接关系到报出测定下限的可信程度。以引入杂质为主的空白值，其大小与波动无直接关系；而以污染为主的空白值，其大小与波动的关系密切。

4. 测定限

测定限为定量范围的两端，分别为测定上限与测定下限，随精密度要求不同而不同。

测定下限：在测定误差达到要求的前提下，能准确地定量测定待测物质的最小浓度或量，称为该方法的测定下限。测定下限反映出分析方法能准确地定量测定低浓度水平待测物质的极限可能性。在没有(或消除了)系统误差的前提下，它受精密度要求的限制。分析方法的精密度越高，测定下限高于检出限越多。

测定上限：在测定误差能满足预定要求的前提下，用特定方法能够准确地定量测量待测物质的最大浓度或量，称为该方法的测定上限。对没有(或消除了)系统误差的特定分析方法的精密度要求不同，测定上限也不同。

5. 最佳测定范围

亦称有效测定范围，指在测定误差能满足预定要求的前提下，特定方法的测定下限至测定上限之间的浓度范围。最佳测定范围小于方法的适用范围，对测量结果的精密度要求越高，相应最佳测定范围越小(如图4-3)。

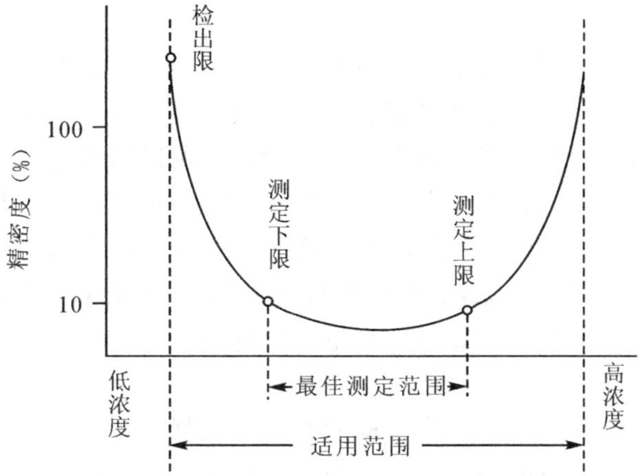

图4-3　分析方法特性关系图

6. 校准曲线

校准曲线(calibration curve)是描述待测物质浓度或量与相应的测量仪器响应或其他指示量之间的定量关系曲线，包括标准曲线和工作曲线。

标准曲线：用标准溶液系列直接测量，没有经过样品的预处理过程，这对于基体复杂的样品往往造成较大误差。

工作曲线：所使用的标准溶液经过了与样品相同的消解、净化、测量等全过程。

凡应用校准曲线的分析方法，都是在样品测得信号值后，从校准曲线上查得其含量(或浓度)。绘制准确的校准曲线，直接影响到样品分析结果的准确与否。此外，校准曲线也确定了方法的测定范围。

7. 加标回收率

加标回收率(recovery)指在测定试样的同时，在同一试样的子样中加入一定量的标准物质进行测定，并将其测定结果扣除试样的测定值，以此来计算回收率。它可以反映分析结果的准确度。当按照平行加标进行回收率测定时，所得结果既可以反映分析结果的准确性，也可以判断其精密度。

在实际测定时，有的将标准溶液加入到经过处理后的待测试样溶液中，这是不对的，它不能反映预处理过程中的沾污或损失情况，虽然回收率较好，但不能完全说明数据准确。

进行加标回收率实验时，还应注意以下几点：

(1) 加标物的形态应该和待测物的形态相同。

(2) 加标量应和样品中所含待测物的测量精密度控制在相同的范围内，通常作如下规定：

① 加标量应与待测物含量相等或相近，并应注意对样品容积、环境的影响；

② 当待测物含量接近方法检出限时，加标量应在校准曲线低浓度范围内；

③ 在任何情况下加标量均不得大于待测物含量的3倍；

④ 加标后的测定值不应超出方法的测量上限的90%；

⑤ 当试样中待测物浓度高于校准曲线中间浓度时，加标量应控制在待测物浓度的半量。

（3）由于加标样和样品的分析条件完全相同，其中干扰物质和不正确操作等因素所导致的效果相等。当以其测定结果的差计算回收率时，常不能准确反映样品测定结果的实际差错。

8. 不确定度

不确定度是指由于测量误差的存在而对被测量值不能肯定的程度，表征合理地赋予被测量值的分散性。不确定度是与测量结果相联系的参数，表示其分散程度。

测量不确定度由多个分量组成，其中一些分量可用测量结果的统计分布估算，可用实验标准偏差表征（常称为 A 类分量或 A 类不确定度）；另一些分量可用基于经验或其他信息的假定概率分布估算（常称为 B 类分量或 B 类不确定度）。将 A 类不确定度与 B 类不确定度组合起来得出“合成不确定度”，再乘以包含因子，将得出“展伸不确定度”即总不确定度。

不确定度越小，结果与真值越靠近，测量质量越高，结果的实用价值越大。

9. 干扰试验

针对实际样品中可能存在的共存物，检验其是否对测定有干扰，并了解共存物的最大允许浓度。干扰可能导致正或负的系统误差，与待测物浓度和共存物浓度大小有关。干扰试验应选择两个（或多个）待测物浓度值和不同水平的共存物浓度的溶液进行试验测定。

第二节　分析前的质量保证与质量控制

采样的质量保证包括采样、样品处理、样品运输和样品储存的质量控制。要确保采集的样品在空间、时间及环境条件上具有合理性和代表性，符合真实情况。采样过程质量保证最根本的是保证样品真实性，既满足时空要求，又保证样品在分析之前不发生物理化学性质的变化。

一、采样过程质量保证的基本要求

采样过程一般包括试样采集、试样处理、试样运输及试样储存等主要步骤，要求如下：

（1）应具有有关的样品采集的文件化程序和相应的统计技术。

（2）要切实加强采样技术管理，严格执行样品采集规范和统一的采样方法。

（3）应建立并保证切实贯彻执行的有关样品采集管理的规章制度，严格执行试样采集规范和统一的采样方法。

（4）采样人员切实掌握和熟练运用采样技术、样品保存、处理和储运等技术，保证采样质量。

（5）建立采样质量保证责任制度和措施，确保样品不变质、不损坏、不混淆，保证其真实、可靠、准确和有代表性。

二、采样过程质量保证的控制措施

采样过程中的质量保证一般采用现场空白、运输空白、现场平行样和现场加标样或质控样及设备、材料空白等方法对采样进行跟踪控制。现场采样质量保证作为质量保证的一部分，它与实验室分析和数据管理质量保证一起，共同确保分析数据具有一定的可信度。

现以环境水样品的采集为例，说明采样过程中的质量保证措施：

（1）现场空白：指在采样现场以纯水作试样，按照测定项目的采样方法和要求，与试样相同条件下装瓶、保存、运输，直至送交实验室分析。通过将现场空白与室内空白测定结果相对照，可以掌握采样过程中操作步骤和环境条件对试样质量影响的状况。

（2）运输空白：以纯水作试样，从实验室到采样现场又返回实验室，每批试样至少有一个运输空白样，可以用来测定试样运输、现场处理和储存期间或容器带来的总玷污。

（3）现场平行样：是指在控制采样操作和条件一致的情况下，采集平行双样送实验室分析测定结果可以反映采样与实验室测定的精密度。现场平行样的数量，一般控制在样品总量的10%左右，但每批样品不少于2个。

（4）现场加标样：取一组现场平行样，将实验室配制的一定浓度的被测物质的标准溶液，等量加入到其中一份已知体积的水样中，另一份不加标，然后按试样要求进行处理，送实验室分析。通过将测定结果与实验室加标样的结果进行对比，可以掌握测定对象在采样、运输过程中准确度的变化状况。

（5）现场质控样：将标样与试样基体组分接近的标准控制样带到采样现场，按试样要求处理后与试样一起送实验室分析。现场加标样或质控样的数量，一般控制在样品总量的10%左右，但每批样品不少于2个。

（6）采样设备、材料空白：用纯水浸泡采样设备及材料作为试样可以用来检验采样设备、材料的玷污状况。

（7）防污染措施：采样器、试样瓶等按规定的洗涤方法洗净；用于分装有机化合物的试样容器，洗涤后用 Teflon 或铝箔盖内衬；采样人员的手必须保持清洁，采样时不能用手或手套接触试样瓶的内壁和瓶盖；试样瓶须置于清洁环境中，以防尘、防污、防烟雾。

第三节　分析中的质量保证与质量控制

分析中的质量控制包括样品的前处理、分析过程、室内复核、登记及填发报告等。分析中的质量保证是质量保证的重要组成部分。

一、实验室质量保证

1. 人员的技术能力

随着现代分析仪器的应用，对人员的专业水平要求更高。因此，实验室应不断地对各类技术人员继续进行业务技术培训。要求分析测试人员对本专业有足够的技术知识，对承担的测试项目要做到理解原理，正确操作和严守规程；接受新项目前应在测试工作中完成规定的各种质量控制实验，达到要求才能进行新项目的测试；应懂得基本统计知识和技术，正确使用有效数字和统计方法，掌握分析测试结果的表达形式和统计推断的有关知识；对一个良好的分析人员来说，对所得到的每一个数据往往不放过任何可疑点，包括从采样开始到得到结果的每一个步骤，必须一清二楚。

2. 仪器设备管理与定期检查

根据分析测试任务需求，选择适当的仪器设备，并认真进行仪器设备检定、标识、校准，使仪器设备产生误差的因素处于控制之下，以确保得到合乎质量要求的分析数据。

3. 实验室应具备的基础条件

① 技术管理与质量管理制度：实验室应建立一套完整的技术管理与质量管理制度。

② 实验室环境：保持实验室整洁、安全的操作环境，通风良好，布局合理，相互干扰的分析项目不在同一实验室内操作。例如，分析天平室应该做到避光、防震、防尘、防腐蚀性气体和避免空气对流；化学试剂储藏室应该做到防潮、防火、防爆、防毒、避光和通风。

③ 实验用水：使用按有关规定检验合格的水，并且定期清洗盛水容器。

④ 实验器皿：根据实验需要，选用合适材质和容积的器皿，使用后及时清洗、晾干。

⑤ 化学试剂：采用符合分析方法所规定的等级的化学试剂，取用试剂遵循“量用为出，只出不进”原则，取用后及时密塞，并分类保存。经常检查试剂质量，发现变质、失效试剂应及时废弃。

⑥ 试液的配制和标准溶液的标定：根据使用情况适量配制试液，并在试剂瓶上写明试剂名称、浓度、配制日期和配制人。对于保存在冰箱内的试液，取用时应将其先置于室温下，待达到温度平衡后再量取。

⑦ 技术资料：实验室要妥善保存各类技术资料，包括测试分析方法汇编，原始数据记录本及数据处理，测试报告的复印件，实验室的各种规章制度，质量控制图，考核试样的分析结果报告，标准物质、盲样鉴定或审查报告、鉴定证书，质量保证手册、质量控制程序文件，实验室人员的技术业务档案。

二、实验室内质量控制

实验室内质量保证又称内部质量控制，是实验室分析人员对分析质量进行自我控制(自控)及内部质控人员对其实施质量控制(他控)技术管理的过程。这个过程的完成可以选用合适的标准样品，也可以使用标准溶液或质量控制样品。

实验室内质量控制的目的在于控制监测分析人员的实验误差，使之达到允许范围内，保证测量结果有一定的精密度和准确度，使分析数据在给定的置信水平内，有把握达到所要求的质量。实验室内质量控制功效的正确体现，首先注重分析人员的业务素质和技术水平，然后强调实验室的基础条件和所用方法的正确与否，最后才是合理地实施质量控制技术。这三方面的关系必须摆正，否则质量控制技术再好，也扭转不了人为因素决定性的失误。

1. *方法选定*

分析项目确定之后，首先应该对所用方法做出正确的选择。方法是分析测试的核心，每个分析方法各有其特性和适用范围，不适宜的方法所致的影响是严重的。选择分析方法的原则：

权威性——有标准分析方法时，优先选用标准方法。使用非标准方法时必须与委托方协商一致，制定详细有效的方法文件，并提供给委托方或其他接受单位。

灵敏性——方法的检出限至少小于要求标准值的1/3，并力求低于标准值的1/10，以准确判断是否超标。

稳定性——能够较好地保证分析结果的重复性、再现性，并对各种试样都能得到相近的准确度和精密度。

选择性——抗干扰能力要强。若存在干扰，可用适当的掩蔽剂或预分离的方法予以消除，以增强方法的适用性。

实用性——测试使用的试剂和仪器易得，操作方法尽量简便快捷，尽可能采用国内外的新技术和新方法。

2. 质量控制基础实验

质量控制基础实验包括全程序空白值测定、分析方法的检出限测定、校准曲线的绘制、分析方法的精密度测定、分析方法的准确度测定及干扰试验等实验，以了解和掌握分析方法的原理和条件，达到方法的各项特性要求。

（1）空白试验值的测定：

① 意义：在痕量分析中，由于样品测定值很小，常与空白试验值处于同一数量级，空白试验值的大小及其分散程度，对分析结果的精密度和分析方法的检测限都有很大影响。而且空白试验值的大小及其重复性如何，在相当大的程度上、较全面地反映了一个检测实验室的基本状况及其分析人员的技术水平。如实验用水和化学试剂的纯度、玻璃容器的洁净度、分析仪器的灵敏度及精密度和使用情况、实验室内的环境污染状况以及分析人员的水平和经验等，都会影响空白试验值。

② 测定方法：每天测定两个空白试验平行样，共测 5 天，根据所选用的公式计算标准偏差。对于空白试验值的控制，要求平行双样测定结果之间的相对误差不得大于 50%。

③ 合格要求：根据空白试验值的测定结果，按常用的规定方法计算检测限，该值如高于标准分析方法中的规定值，则应找出原因予以纠正，然后重新测定，直至合格为止。

（2）校准曲线的绘制和线性检验：

① 校准曲线的绘制：每种应用校准曲线法的分析方法在初次使用时，可通过绘制校准曲线以确定它的检测上限，并结合检测下限确定其检测范围。

绘制校准曲线应注意：校准曲线一般可根据 4 ~ 6 个浓度及其测量信号值绘制；测量信号值的最小分度应与纵坐标的最小分格相适应，如在光度分析法中，前者的 0.005 吸光度相当于纵坐标的一小格，以使二者的读数精度相当；浓度的整数值应落在横坐标的中格或大格的粗线上，以便于分小格查阅，并尽量使校准曲线的几何斜率接近于 1（与横轴约成 45°角），以使在两个轴上的读数误差相近；校准曲线的斜率常因温度、试剂批号等条件的变化而改变。在测定未知样品的同时测绘校准曲线是最理想的。否则，应在测定未知样品的同时，平行测定线性范围内中等浓度标准溶液和空白溶液各两份，取均值相减后，与以前绘制的校准曲线上相同点进行核对，二者的相对差值根据方法精度要求在 5% ~ 10%，否则应重新绘制校准曲线。

② 校准曲线的相关系数：绘制校准曲线所依据的两个变量的线性关系，决定着校准曲线的质量和样品测定结果的准确度。

影响校准曲线线性关系的因素有下列几点：分析方法本身的精密度；分析仪器的精密度，包括与分析仪器联用的电源稳压器、记录仪或积分仪以及仪器附件如比色皿等的质量；量取标准溶液所用量器的准确度，如 10mL 分度吸管的每毫升分度是否都经过检定；易挥发溶剂（如萃取反应显色物的有机溶剂）的挥发所造成的比色液体积的变动幅度；分析人员的操作水平等。

为了定量判断校准曲线的线性关系，可用“相关系数”进行考查。如对于用 4 ~ 6 个浓度的标准溶液及其测量信号值绘制的校准曲线，根据实践经验，应力求其相关系数的绝对值 $|r| \geq 0.999$。否则，可参照上述影响线性关系的诸因素，找出原因并尽可能加以纠正，重新测定和绘制新的校准曲线。

③ 校准曲线的回归：对于线性关系不好的一系列浓度 - 信号值，在没有消除其可以纠正的影响因素前，不要采用回归的办法来绘制校准曲线，以免引入较大的系统误差。

如采取了各种相应的措施以后，其相关系数仍达不到要求，则所存在的误差除方法本身的问题以外，常为一些分析中的随机误差。例如，分析仪器的性能不好、环境条件的变化等。此时即可应用最小二乘法计算直线回归方程式，再按其计算结果绘制出一条校准曲线。

对于成熟的分析方法和熟练的分析人员，如果能细心操作，使一条校准曲线的相关系数绝对值 $|r| \geq 0.999$ 是并不难做到的。在实验条件不变的情况下，校准曲线的斜率一般很稳定，其截距也非常接近于零（如原校准曲线的 $|r| \geq 0.999$，回归所得截距常为无效数字），从而在实际上常常没必要对校准曲线进行回归处理。

3. 实验分析质控程序

进入实验室的试样首先应核对采样单、容器编号、包装情况、保存条件和有效期等，符合要求的试样方可开展分析。每批试样分析时，空白试样对被测项目有响应的必须作一个实验室空白，当空白值明显偏高时应仔细检查原因，以消除空白值偏高的因素。

试样分析——用分光光度法校准曲线定量时，需检验校准曲线的相关系数和截距是否正常；对于原子吸收分光光度法、气相色谱法等仪器分析方法，校准曲线的制作与试样测定同时进行。

精密度控制——做平行双样分析。测定的平行双样允许差符合规定质控指标的试样，最终结果以双样分析结果的平均值报出。若结果超出允许偏差，则在试样允许保存期内，再加测一次，取相对偏差符合规定指标的两个测定值的平均值报出。

准确度控制——采用标准物质或质控试样作为控制手段，每批试样带一个已知浓度的质控试样。若实验室自行配制质控样，要注意与国家标准物质比对，但不得使用与绘制校准曲线相同的标准溶液，必须另行配制。质控试样分析结果应控制在 90% ~110% 范围；标准物质分析结果应控制在 95% ~105% 范围；痕量物质分析结果应控制在 60% ~140% 范围；对复杂基体试样，需做加标回收试验。

4. 常规质量控制技术

目前，在我国各部门、各实验室还没有统一的质量控制标准程序，通常使用的质量控制技术有平行样分析、加标回收率分析、密码样和密码加标样分析、标准物质（或质控样）对比分析、室内互检、室间外检、方法比较分析和实验允许差以及质量控制图等。这些控制技术各有其特点和适用范围。

(1) 平行样分析：平行样分析是指同一样品的两份或多份子样在完全相同的条件下进行同步分析，一般是做双份平行。对于某些要求严格的测试，例如标定标准溶液、检校仪器等，也有同时做 3 ~5 份平行测定的。平行样分析反映的是分析结果的精密度，可以检查同批测试结果的稳定情况。

在日常工作中，可按照样品的复杂程度、所用方法和仪器的精度以及分析操作的技术水平等安排平行样的数量。条件允许时应全部做平行双样分析。否则，至少应按同批测试的样品数，随机抽取 10% ~20% 的样品进行平行双样测定。一批样品的数量较少时，应增加平行样的测定率，保证每批样品测试中至少测定一份平行双样。平行测定所得的相对误差不得大于分析方法规定的相对标准偏差的 2 倍或不得大于表 4 – 1 中所列相对偏差最大允许值。

表 4-1 平行样测定相对偏差

测定结果大约浓度/(mg/L 或 mg/kg)	100	10	1	0.1	0.01	0.001
相对偏差最大允许值/%	1	2.5	5	10	20	30

$$\text{平行样品的相对偏差} = \frac{2|a-b|}{a+b} \tag{4-13}$$

式中，a 为平行样第一次测定结果；b 为平行样第二次测定结果。进行全部平行样测定时，测定中的不合格者应重新作平行样测定；部分进行平行样测定时，如测定合格率<90%，除对不合格者重新作平行样测定外，应增加测定10%～20%的平行样，直至总合格率>90%为止。

也可以按下述原则进行数据舍取：

样品平行样的相对偏差不大于6%；密码平行样的相对偏差不大于10%；每批试样平行样合格率在90%以上时，分析结果有效，超差的取平行双样均值报出；平行双样合格率在70%～90%时，随机抽取30%的试样进行复查，复查结果与原结果总合格率达90%以上时，分析结果有效；平行双样合格率在50%～70%时，复查50%的试样，累积合格率达90%时，分析结果有效；平行双样合格率小于50%时，分析结果无效，需重新采样。

(2) 加标回收率分析：在测定样品的同时，于同一样品的子样中加入一定量的标准物质进行测定，将其测定结果扣除样品的测定值以计算回收率。加标回收率的测定可以和平行样的测定率相同，按随机抽取10%～20%的试样量做加标回收率分析，所得结果可按方法规定的水平进行判断，或在质量控制图中检验。两者都无依据时，可按95%～105%的域限做判断。它能够反映分析结果的准确度。

(3) 密码样和密码加标样分析：这种质量控制技术适于设有质量控制的专设机构或专职人员的单位使用。由于设有专职人员，就可以将一定数量的已知样品(标准样或质控样)和常规样品同时安排给分析人员进行测定，这些已知样品对分析者本人都是未知样(密码样)，测试结果经专职人员核对无误，即表示数据的质量是可以接受的。

密码加标样由专职人员在随机抽取的常规样品中加入适量标准物质(或标准溶液)，与样品同时交付分析人员进行分析，测定结果由专职人员计算加标回收率，以控制分析测试的质量——测试结果的精密度和准确度。

这是一种他控方式的质量控制技术，测定率可以和平行加标率相同。

(4) 标准物质(或质控样)对比分析：在进行试样分析的同时，平行对权威部门制备和分发的标准物质或标准合成试样进行分析，并将此分析结果与已知浓度进行对照，以控制分析结果的准确度；或者将平行样或加标样的一部分或全部用来做密码样分析，以检查分析质量。从而推断是否存在系统误差或出现异常情况。

(5) 室内互检：互检要在同一实验室内的不同分析人员之间进行，可以是自控，也可以是他控方式的质量控制技术。由于分析人员不同，实验条件也不完全相同，因而可以避免仪器、试剂以至习惯性操作等因素带来的影响。当不同分析人员分别测定的结果相一致时，即可认为工作质量是可以接受的，否则应各自查找原因，并重新分析原样品。

(6) 室间外检：外检是将同一样品的不同子样分别交付不同的实验室进行分析。因为不同实验室的各种条件都不尽相同，而且所用方法也不强求一致。所以当其测定结果相符时，即可判断测试结果是可以接受的。如若相互之间的结果不符，则应各自查找原因，并重新分析原样品。

室内互检和室间外检这两种质量控制技术主要是以他控方式进行。由于需要同一样品的多份子样，当样品分装、保存和传输等条件不便实施时，这种技术的应用将受到限制。

（7）方法比较分析：方法比较分析是对同一样品使用具有可比性的不同方法进行测定，并将测试结果进行比较。由于不同方法对样品的反应不同，所用试剂、仪器也多有差别，如果不同方法所得结果一致，则表示分析工作的质量可靠，结果正确。但是，正由于不同方法所需手段、试剂等条件不同，手续相对繁琐，一般常规检测中不便使用，多用于重大的仲裁性检测或对标准物质进行定值等工作中。

5. 质量控制图

质量控制图(graphy of quality control)是测量系统性能的系统记录图表，以保证分析质量的有效措施之一。

（1）质控图的作用：质控图有三个作用：证实测量系统是否处于统计控制状态之中；直观地描述数据质量的变化情况，监视分析过程，及时发现分析误差的异常变化或变化趋势，判断分析结果的质量是否异常，从而采取必要的措施加以纠正；累积大量数据，从而得到比较可靠的置信限。

（2）质控图的基本原理：质控图建立在实验数据分布接近于正态分布的基础上，把分析数据用图表形式表现出来。在理想条件下，一组连续测试结果，从概率意义上来说，有99.7%的概率落在 $\bar{x} \pm 3s$(即上、下控制限——UCL、LCL)内，95.4%落在 $\bar{x} \pm 2s$(即上、下警告限——UWL、LWL)内，68.3%落在 $\bar{x} \pm s$(即上、下辅助线——UAL、LAL)内。以测定结果为纵坐标，预期值为中心线，$\pm 3s$ 为控制限(表示测定结果的可接受范围)，$\pm 2s$ 为警告限(表示测定结果的目标值区域)，$\pm s$ 为检查测定结果质量的辅助指标所在区间。质控图的基本组成如图 4－4 所示。

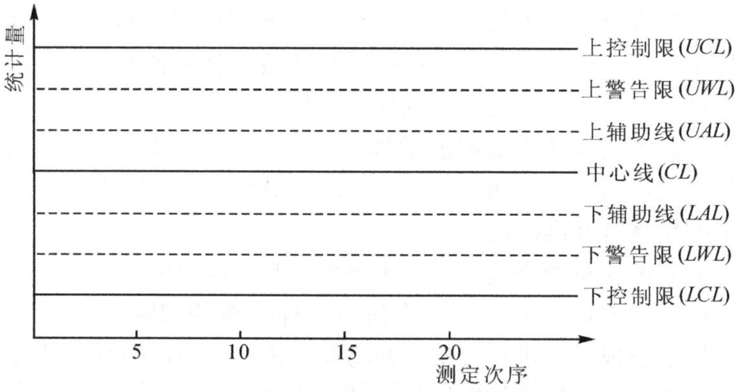

图 4－4　质控图的基本组成

（3）质控图的绘制：建立质控图应首先分析质控样，按照所选质控图的要求积累数据，经过统计处理，求得各项统计量，绘制出质控图。质控样必须与被分析的试样相近，浓度水平相当，有足够的一致性和稳定性，每次测定变异较小；质控样所用方法及操作步骤必须与试样的分析完全一致；当质控样含量很低时，要先配制较高浓度的溶液，临用时按方法规定的要求稀释；质控图是用以连续地反映分析工作质量的，因而积累的数据应尽可能覆盖不同条件下数据的变化情况。

① 数据的积累：在短期日常测定工作中，对标准物质或质量控制样品多次重复测定至少 20 次，每次测定的工作质量应达到规定的精密度和准确度；

② 对积累数据进行统计处理，计算平均值 $\bar{x}$、标准偏差 s、$\bar{x} \pm 2s$ 和 $\bar{x} \pm 3s$；

③ 在坐标纸上，以测定序号为横轴，测定值为纵轴，将中心线($\bar{x}$)、上下警告限($\bar{x} \pm 2s$)、上下控制限($\bar{x} \pm 3s$)绘制在图中。

(4) 质控图的检验与使用：平均值控制图可以直观显示分析工作的质量水平(如空白试验、准确度、精密度等)。在以后分析工作中，测定样品的同时对该标准物质或质量控制样品也进行 2～3 个平行测定，并将测定结果标在质量控制图上的相应位置，从而对分析工作的质量进行评价。一般认为，如果此点位于中心线附近，上、下警告限之间的区域内，则测定过程处于控制状态；如果此点超出上述区域，但仍在上、下控制限之间的区域内，则提示分析质量开始变劣，可能存在"失控"倾向，应进行初步检查，并采取相应的校正措施；如果此点落在上、下控制限之外，则表示测定过程失去控制，应立即检查原因予以纠正，并重新测定该批全部样品。

根据小概率事件原理，还可以从下列一些现象判断测量是否处于控制状态：

① 在点子基本上随机排列的情况下，符合下列各条可认为分析过程处于控制状态。

a. 连续 25 点全部都在界限之内；

b. 连续 35 点，在界限外的点不超过 1 点；

c. 连续 100 点，在界限外的点不超过 2 点；当然，对于界外点也需求找出异常原因。

② 判异准则：常规控制图的国家标准为 GB/T 4091—2001，该标准引用了西方电气公司统计质量控制手册[Western Electric(1956), Statistical Quality Control Handbook, American Telephone and Telegraph Company, Chicago, Ⅲ.]，其中 8 种判异准则如图 4－5～图 4－12 所示。实际上有些物理意义不够明显的准则，不易为参与质量管理的广大企业所理解和记忆。反之，图 4－5 的准则 1"一点落在 A 区以外(点出界就判异)"是休哈特亲自提出来的，称为准则 1(criterion 1)，由于其物理意义非常明显，故应用最为广泛。

准则 1：一点落在 A 区以外，如图 4－5 所示。此准则由休哈特在 1931 年提出，在许多应用中，它甚至是惟一的判异准则。准则 1 还可对过程中的单个失控做出反应，如计算错误、测量误差、原材料不合格、设备故障等。

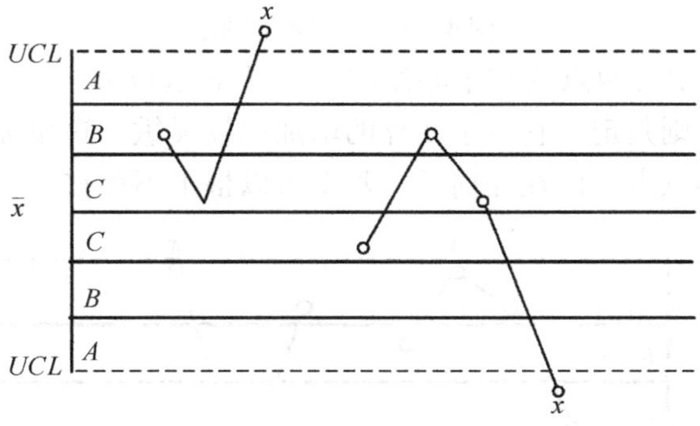

图 4－5　准则 1 的图示

准则 2：连续 9 点落在中心线同一侧，如图 4－6 所示。此准则通常是为了补充准则 1 而设计的，以便改进控制图的灵敏度。

准则 3：连续 6 点递增或递减，如图 4－7 所示。此准则是针对过程平均值的趋势进行设计的，它判定过程平均值的较小趋势要比准则 2 更为灵敏。

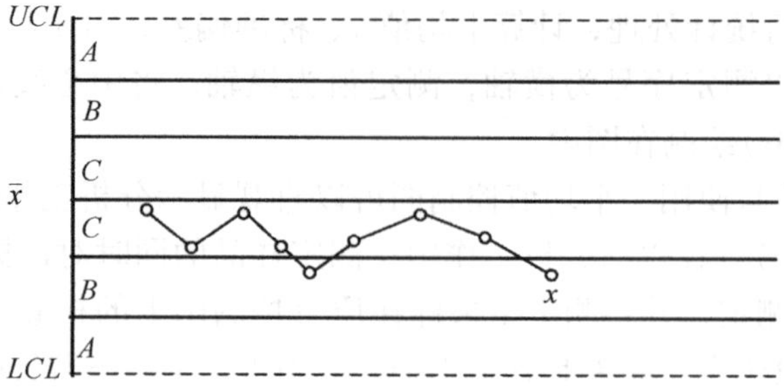

图 4－6　准则 2 的图示

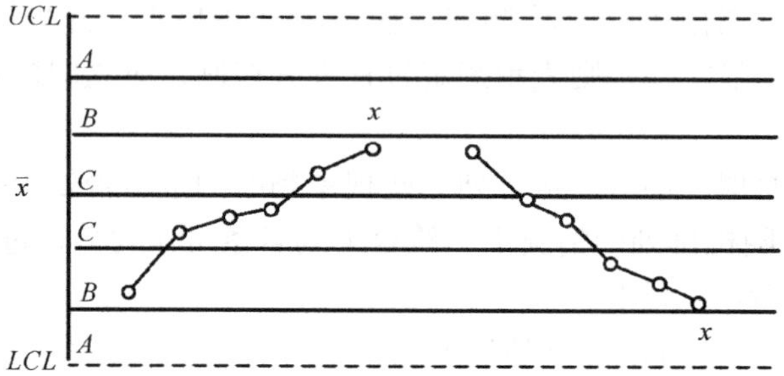

图 4－7　准则 3 的图示

准则 4：连续 14 点中相邻点上下交替，如图 4－8 所示。出现本准则的现象是由于轮流使用两台设备或由两位操作人员轮流进行操作而引起的系统效应。

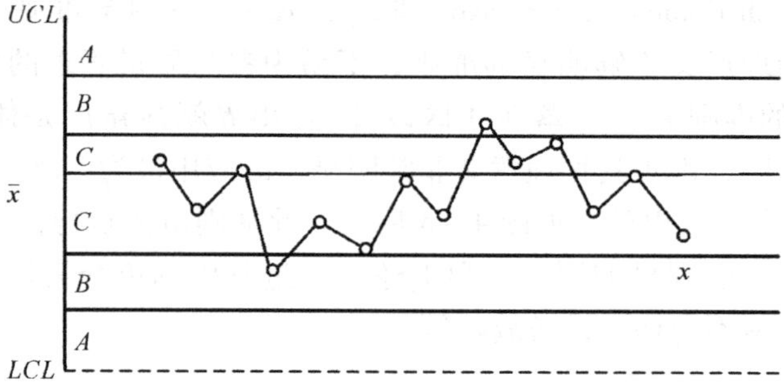

图 4－8　准则 4 的图示

准则 5：连续 3 点中有两点落在中心线同一侧的 B 区以外，如图 4－9 所示。过程平均值的变化通常可由本准则判定，它对于变异的增加也较灵敏。这里需要说明：3 点中的两点可以是任何两点，这第三点可以在任何处，甚至可以根本不存在。

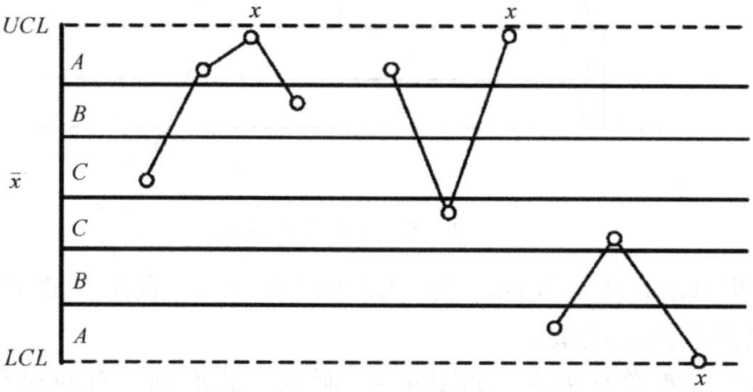

图 4－9　准则 5 的图示

准则6：连续5点中有4点落在中心线同一侧的C区以外，如图4－10所示。与准则5类似，这第5点可在任何处。本准则对于过程平均值的偏移也是较灵敏的。

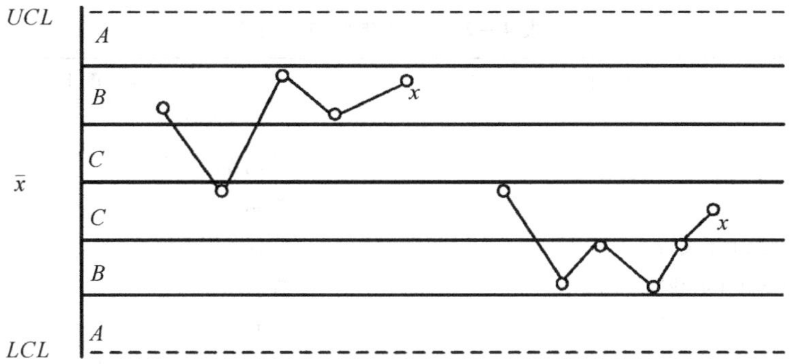

图4－10　准则6的图示

准则7：连续15点在C区中心线上下，如图4－11所示。不要被本准则的良好"外貌"所迷惑，而应该注意到它的非随机性。造成本准则现象的原因可能有：数据虚假或数据分层不够等。

注意：碰到这种情况不要高兴的过早，首先需要检查下列两种可能性：一是否应用了假数据，弄虚作假；二是否数据分层不够。

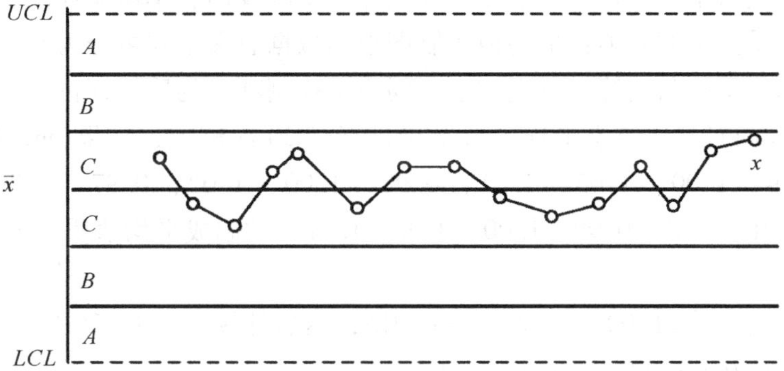

图4－11　准则7的图示

准则8：连续8点在中心线两侧但无一在C区中，如图4－12所示。造成本准则现象的主要原因是数据分层不够。本准则就是为此而设计的。

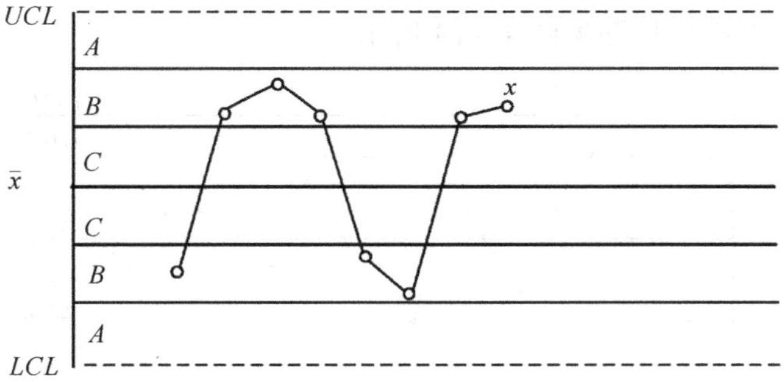

图4－12　准则8的图示

判异准则的小结表见表4－2。判异准则1、2、3、5、6、7的控制范围已经覆盖了整个控制图，而判异准则4、8则用以判断数据分层问题。由于数据分层问题决不止表4－2中所提到的这几种，故表4-2中的8种判异准则不可能用以判别常规控制图所有可能发生的异常情形。当然，出现判别不了情形的可能性是相当小的。

表4-2 判异准则的小结表

判异准则	控制图上的控制范围
1：点出界	控制界限以外
2：链长≥9	控制界限内全部
3：连续6点倾向	控制界限内全部
4：连续14点中相邻点上下交替	数据分层不够
5：连续3点中两点落在中心线同一侧 *B* 区外	控制图 *A* 区
6：连续5点中4点落在中心线同一侧 *C* 区外	控制图 *B* 区
7：连续15点落在中心线两侧的 *C* 区内	控制 *C* 区或数据分层不够
8：连续8点落在中心线两侧且无一在 *C* 区内	数据分层不够

总之，利用质量控制图可以对常规分析工作的质量进行监视和评价，及时发现问题予以纠正，并可根据点的分布趋势，对分析工作的质量可能发生的问题进行初步估计和判断，对找出影响分析工作质量的原因有一定的参考价值。

（5）质控图的应用范围：分析中可对标准物质、质控试样、平行试样、仪器工作特性、操作者、工作曲线斜率、校正点、空白、关键操作步骤及回收率做质控图。

（6）平均值质控图的分类：平均值控制图根据数据意义不同可分为空白控制图、浓度值控制图和加标回收率控制图等，分别用于不同质量控制项目的质量评价。

【例题】10天内对某质控水平样中含氟量进行了20次测定，结果(mg/L)按次序排列如下：1.00、0.99、1.00、1.03、1.01、0.98、1.00、1.02、0.97、0.99、1.00、1.02、0.99、1.00、1.01、1.01、0.99、1.00、0.98、1.01，试制成平均值质控图。

解：

首先算出其均值 $\bar{x}=1.00$，标准差 $s=0.015$，然后计算上、下警告限及上、下控制限。

上警告限 $UML=1.00+2\times0.015=1.03$

下警告限 $LML=1.00-2\times0.015=0.97$

上控制限 $UCL=1.00+3\times0.015=1.045$

下控制限 $CLC=1.00-3\times0.015=0.955$

水中氟化物分析数据质控图见图4-13所示。

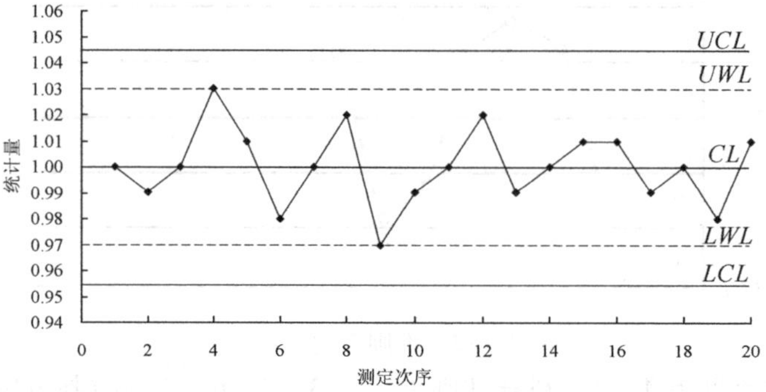

图4-13 水中氟化物分析数据质控图

在绘制控制图时，落在 $\bar{x} \pm s$ 范围内的点数应约占总点数的68%。若少于50%则分布不合适，说明图4-13不可靠。

6. 各类质量控制技术的比较

各类质量控制技术具有一定的特点和局限性，共存的问题在于试样的基体和待测物浓度的未知性。针对此类问题，应根据不同的目的选用不同的质控技术，使分析过程始终处于受控状态，提高分析的质量，使分析数据准确可靠。质控技术特性的比较见表4-3。

表4-3 质控技术特性及相互比较

序号	质控技术	质控方式	技术及特性	技术局限性
1	平行样	自控	反映批内结果精密度	不能反映结果的准确度
2	空白试验	自控	有助于发现异常值	空白结果的偏高或异变，不意味着测定结果准确度受到影响
3	加标回收	自控	检查准确度，可显示系统误差的某些来源，消除相同样品基体效应的影响	只能对相同样品测定结果的精密度和准确度做出弧立点统计，当加标物形态与待测物不同时，常掩盖误差而造成判断失误
4	方法对照分析	自控	能有效地反映测试结果的精密度与准确度	只能对测试质量做出孤立点统计，几种方法同时使用有困难
5	密码样测定	他控	检查准确度，可显示系统误差的某些来源，可消除相同样品基体效应的影响	只能对相同样品测定结果的精密度和准确度做出孤立点统计，当加标物形态与待测不同时，常掩盖误差而造成判断失误
6	标准物比对分析	自控及他控	当标准物质的组成及形态与样品相同时能反映同批样品测定结果的准确度	对同批测定结果的质量仅能给出孤立点的统计，如标准物质的组成和形态与样品不同时，难以确切地反映测试质量
7	质控图	自控及他控	可发现分析过程中异常现象，对每天工作方法准确度和精密度进行评价，说明测试数据是有效、可疑，还是无效	只能当分析结果符合正态分布时，质控图才有效

三、实验室间质量控制

实验室间质量保证又称外部质量控制，是指由外部的第三者（如上级监测机构）对实验室及其分析人员的分析质量，定期或不定期实行考察的过程。它一般是采用密码标准样品来进行考查，以确定实验室报出可接收的分析结果的能力，并协助判断是否存在系统误差，检查实验室间数据的可比性。

实验室间质量控制目的是检查各实验室间是否存在系统误差，以确定各实验室进行同项分析测定结果是否有可比性，提高各实验室分析检测水平；在与协作工作的实验室之间能在保证基础数据质量的前提下，提供准确可靠并一致可比的实验结果；亦即在控制分析测试的随机误差达到最小的情况下，进一步控制系统误差，使之最低。

实验室间质量控制常在上级实验室或主管实验室指导下进行，或为特定目的按照预定程序组织一定数量的实验室进行合作研究。将性能良好、均匀、稳定的盲样（预先不告诉参评实验室标准物质或质控样品的含量）分发给各参评实验室，按照统一要求和项目进行分析测定，考核和评价各实验室检测的质量水平。实验室间质量控制必须在切实实施实验室内质量控制的基础上进行。

1. 制订实验室间质量控制实施方案

实验室间质量控制实施方案一般包括：质量考核测定项目、分析方法、参加单位、统一的考核程序、考核结果评定等。

2. 实验室间质量控制常用方法和内容

内容：分析标准样品或统一样品，测定加标样，测定平行样，核查检测下限，测定标准系列，检查相关系数和回归方程，进行剩余标准差检验等。

（1）分析方法：为减小各实验室的系统误差，使得到的数据有可比性，应使用统一的方法，并规定方法的检出限、精密度和准确度。

（2）制定允许误差：允许误差包括室内允许误差、室间允许误差和标准物质测定允许误差。分析误差的大小直接影响分析工作的质量，对于实验室间的协作，应合理确定分析误差的大小，并由此确定误差的允许范围。

（3）实验室误差测定：定期对各有关实验室进行误差测定，以便检查实验室间是否存在系统误差，它的大小、方向以及对分析结果的可比性是否有显著性影响。发现问题应及时采取必要的措施加以纠正。

（4）双样品法：在无标准物质的情况下，双样品法可用于实验室间的质量评价。将两个类似的均匀样品(基体及待测物质相同，仅浓度相差不大)A 和 B 分发给各实验室进行单次测定，并在规定日期内将测定结果 X_i和 Y_i上报中心实验室。根据各实验室的测定结果进行数据处理和分析。

3. 实验室间质量控制的误差分析

将两个类似的均匀样品 A 和 B 分发给各实验室进行多次测定，对各实验室测定结果列表并进行必要的计算，见表 4－4。表中 T_i为各实验室对样品 A、B 测定结果之和，D_i为各实验室对样品 A、B 测定结果之差，由于 A、B 两样品中待测物质的浓度相差不大，可以认为测定时的系统误差是相同的，D_i中无系统误差，但有测定随机误差。

表 4－4　双样品法测定数据

实验室序号	1	2	3	4	n	和	平均值
A 测定值	X_1	X_2	X_3	X_4	X_n	$\sum X_i$	$\overline{X}$
B 测定值	Y_1	Y_2	Y_3	Y_4	Y_n	$\sum Y_i$	$\overline{Y}$
$D_i(X_i - Y_i)$	D_1	D_2	D_3	D_4	D_n	$\sum D_i$	$\overline{D}$
$T_i(X_i + Y_i)$	T_1	T_2	T_3	T_4	T_n	$\sum T_i$	$\overline{T}$

由式(4－14)计算各实验室数据分布的总标准偏差：

$$S_d = \left[\frac{\sum (T_i - \overline{T})^2}{2(n-1)}\right]^{\frac{1}{2}} \tag{4-14}$$

由式(4－15)计算各实验室数据分布的随机标准偏差：

$$S_w = \left[\frac{\sum (D_i - \overline{D})^2}{2(n-1)}\right]^{\frac{1}{2}} \tag{4-15}$$

用 F 检验判断，上面两式计算出 S_w 和 S_d 之间的差异有无显著性，若 S_w 和 S_d 之间的差异无显著性，则判断各实验室间不存在明显的系统误差；若 $S_w < S_d$，且两者间差异有显著性，则说明各实验室间存在明显的系统误差，影响分析结果的可比性，应及时找出原因，采取措施加以改正。

4. 双样品图

在坐标系中，分别以各实验室对样品 A、B 测定结果 X、Y 为横坐标和纵坐标，绘出 $\overline{X}$ 和 $\overline{Y}$ 的水平线。将各实验室测定结果 (X, Y) 标在双样品图中。$\overline{X}$ 垂直线和 $\overline{Y}$ 水平线将坐标系分成四个象限，即 ++、−−、+− 和 −+ 象限。若各实验室间不存在系统误差，代表各实验室测定值的点应随机分布在四个象限中，且大致落在以代表两均值直线交点中心的圆形范围内；若各实验室间存在系统误差，则两样品的测定值会出现偏高，或者偏低，各实验室测定值将主要分布在 ++ 或 −− 象限内，大致落在与纵轴约成 45°倾斜的椭圆形范围内，根据此椭圆形的长轴和短轴之差及其位置，可估计实验室间系统误差的大小程度和正负方向。还可以根据双样品图中各点的分散程度估计实验室间的精密度和准确度。

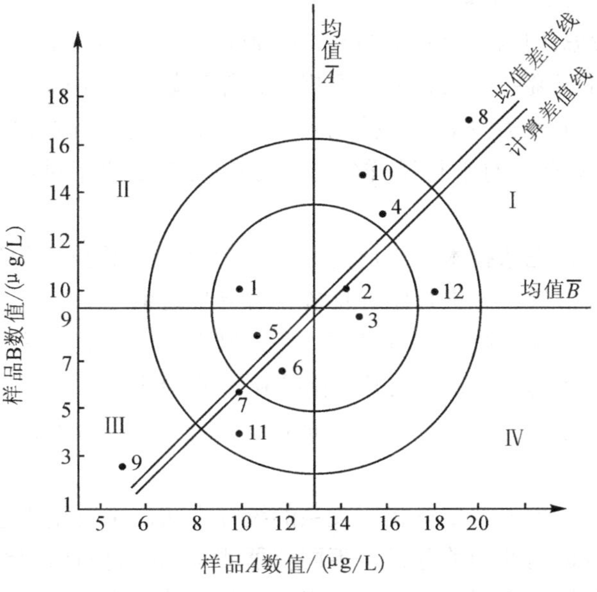

图 4－14　双样品图

5. 异常值检验

剔除离群数据会使测定结果更客观；若仅从良好愿望出发，任意删去一些表观差异较大并非离群数据，虽由此得到认为满意的数据，但并不符合客观实际。因此，对可疑数据的取舍，必须参照下述原则处理：

仔细回顾和复查产生可疑值的试验过程，如果是过失误差则舍弃；如果未发现过失，则要按统计程序检验，决定是否舍弃。

异常值的判别准则：计算的统计量不大于显著性水平 $\alpha = 0.05$ 的临界值，则可疑数据为正常数据应保留；计算的统计量大于 $\alpha = 0.05$ 的临界值但又不大于 $\alpha = 0.01$ 的临界值，此可疑数据为偏离数据可以保留，取中位数代替平均数值；计算的统计量大于

$\alpha=0.01$的临界值，此可疑值为异常值应予剔除，并对剩余数据继续检验，直到数据中无异常值为止。

第四节　分析后的质量保证与质量控制

一、数据处理的质量保证

试样测定过程中误差总是存在的，在实际分析中并不能得到准确无误的真值。所以定量分析的结果都必然带有不确定度，需要对实验所得数据进行处理，判断其最可能值及其可靠性。

1. 分析数据处理的基本要求

（1）遵守计算规则，减少计算误差，保护重要参数；

（2）谨慎对待异常值的取舍；

（3）建立严格的数据审核制度。

2. 分析数据处理的主要内容

（1）记录整理：考虑计量器具的精密度、准确度及测试人员的读数误差，保证原始数据的正确记录；运算时注意遵照有效数字运算规则，保证数据的正确运算。

（2）有效性检查：按照实验室质量控制要求，全面检查分析数据；根据“离群数据的统计检验”规定剔除失控数据；对平行试样的分析数据按规定的相对误差容许范围进行检查，舍弃不平行的数据。

（3）离群值检验：首先从技术上弄清楚原因，舍弃因实验技术的失误引起的离群数据；对于弄不清楚原因的离群值，应进行统计检验，舍弃异常值。

（4）统计检验：运用数理统计的程序与方法，判别两组数据间的差异是否显著，从而更合理地使用数据和做出确切的结论，常用 t 检验和 F 检验法。

（5）方差分析：通过分析数据，弄清与研究对象有关的各个因素对该对象是否存在影响以及影响程度和性质。

（6）回归分析：研究各因素变量相互关系的统计方法。主要用于建立校准曲线，进行同一试样不同分析项目数据间的相关分析，不同仪器测定同一物质所得结果的相关分析，不同时期物质浓度的相关分析，不同测定方法所得结果的相关分析。

二、综合评价质量保证

综合分析评价直接影响到分析成果及分析效益的发挥。从分析过程看，它是五大基本过程（布点、采样、分析、数据处理和综合分析评价）的最终环节，它以综合技术为手段，完成分析数据质量定性的转变。综合分析评价技术是高层次的信息加工、分析、利用技术，在一定程度上体现了一个分析机构的水平。主要包含以下几个方面的内容：

（1）分析数据的表述：为便于对原始数据进行分析和解释，通常使用图表来表示分析数据。对分析数据图表的要求是：用最少的图表数量来获取最丰富的质量信息，在每一种具体图表中，尽可能反映多种信息；图表格式统一，以利于不同层次的信息交流；图表种类应满足数据分析和解释的工作需要。

（2）分析数据的概括：运用科学的方法，从大量的原始分析数据中，尽量抽取能够反映规律特征的数据，并对其作进一步的分析和解释，从而完成质量的认识过程。主要有频数分布概括法、中心趋势法、分散度法和空间概括法等。

（3）分析数据的分析：运用数学的方法和系统分析方法对分析数据进行完整性、规律性、周期性和趋势性分析，揭示分析对象宏观情况。

（4）分析数据的解释：分析数据的解释就是在数据分析的基础上，结合不同分析目的，对分析结果表明的意义进行解释和说明。

（5）分析结果综合评价：分析结果综合评价就是在对各种分析数据资料归纳、分析和解释的基础上，对分析成果的一个更高层次的宏观概括，反映各种分析数据、资料所提供的信息与分析对象整体的关系。主要有图形叠置法、列表清单法、矩阵法、指数法和网络法等。

三、检测结果的报告

实验室应准确、清晰、明确和客观地报告检测结果，并符合检测方法规定的要求。检测报告应包括客户需要的、说明检测结果所必需的和所有方法要求的全部信息。

1. 检测报告涵盖的内容

（1）标题（例如“检测报告”）。

（2）实验室的名称和地址，进行检测的地点（如果与实验室的地址不同）。

（3）检测报告的惟一标识（如：系列号）和每页上的标识，以确保能够识别该页是属于检测报告的一部分，以及表明检测报告结束的清晰标识。

（4）客户的名称和地址。

（5）所用方法的标识。

（6）检测样品的描述、状态和明确的标识。

（7）对结果的有效性和应用至关重要的检测物品的接收日期和进行检测的日期。

（8）如与结果的有效性或应用相关时，实验室应出具所用的抽样计划和程序的说明。

（9）检测的结果。

（10）检测报告授权人的签名、日期以及检测单位印章。

（11）若通过认证、认可的检验机构，需加盖认证、认可章。

2. 检测报告的解释内容

当需要对检测结果做出解释时，除“检测报告涵盖的内容”中所列举的要求之外，有特殊要求时，检测报告中还应包括对检测方法的偏离、增添或删减，以及特定检测条件的信息。如：环境条件；符合（或不符合）要求和（或）规范的声明；评定测量不确定度的声明，当不确定度影响到对规范限度的符合性时，检测报告中还需要包括有关不确定度的信息。当检测报告包含了由分包方所出具的检测结果时，这些结果应予以清晰标明。分包方应以书面或电子方式报告结果。常用的检测报告结论评价用语的模式如下：

（1）所检项目全部合格：

模式：该样品所检项目符合 GB×××标准。

举例：该样品所检项目符合 GB 2717—1996 酱油卫生标准。

（2）所检项目全部不合格：

模式：该样品所检项目不符合 GB×××标准。

举例：该样品所检项目不符合 GB 2717—1996 酱油卫生标准。

（3）所检项目少数不合格：

模式：该样品所检项目中×××不符合 GB×××标准，其余项目合格。

举例：该样品所检项目中氨基酸态氮不符合 GB 2717—1996 酱油卫生标准，其余项目合格。

（4）所检项目少数合格：

模式：该样品所检项目中×××符合 GB×××标准，其余项目不合格。

举例：该样品所检项目中砷符合 GB 2717—1996 酱油卫生标准，其余项目不合格。

（5）参照标准评价：

模式：参照 GB×××标准，该样品所检项目……，即先加入“参照 GB×××标准”，其后与上述相同。

举例：参照 GB 2726—1996 酱卤肉卫生标准，该样品所检项目中菌落总数不合格，其余项目合格。

3. 检测报告遵循的准则

检验工作者的工作准则是为客户提供准确、公正、科学客观的全面表达检测结果和检测方法全面信息内容的检测报告，保证样品不间断地溯源链和检测结果的可溯源性。

（1）检测报告不包括主观的意见和观点。

（2）对已发布的报告作修改时，采取再发新文件或补充声明或等效文字叙述的方式，报告由技术负责人审核，发现错误和不当之处，应由原编写人员重新编写，不得自行理解。

（3）检测报告是实验室的最终产品，因此应清晰、干净，避免含有严重错误并易于理解。

（4）检测有误或因设备问题导致报告准确性出现问题时，办公室应及时书面通知客户。

（5）当委托方要求用电话、图文传真或电子邮件传递结果时，实验室工作人员应遵守文件化程序。

（6）检验报告采用统一的格式，填写完整。然后由校核人负责检查结果与报告。在检查中不仅要检查记录是否规范、完整，还要检查报告书的封面、说明、结论、评价标准等各个方面，力争使报告书写严谨、科学，防止计算、书写、输入的错误以及矛盾的结果。检验报告的存档件要求检验人、复核人、负责人和授权人的审查和签字。

（7）所有原始记录、导出数据、报告副本均归档保存。档案安全保管，为委托人保密。

第五节　实验室质量保证体系

一、质量控制的标准化操作程序

分析过程包括采样、分析、数据处理和综合评价等几个环节，要求对从采样到获得分析数据的整个过程进行全面质量管理。分析工作要按照统一的技术规范、操作要求，进行科学的组织与技术上的规范化管理。质量保证与质量控制应包括从管理到技术，凡是影响分析数据质量的全部内容、数据记录和资料整编等。质量保证中，尤其是对于分析方法体系的深入了解，现场空白样的处理和测量，操作空白的取得，数据质量的判断等是目前常常被人们所忽视的。表4－5是分析检测中质量控制的标准化操作程序规定的内容。

表4－5　标准化操作程序规定的内容(QA/QC)

分　类	规定内容
各种试剂、标准样品等	① 领取采样用试剂 检查生产厂家、纯度、规格、有效期等 纯化、溶液配制、保存及处理方法 ② 领取分析用试剂及标准样品 标准储备液及使用液的准备(检查制造厂家、浓度、制作方法等) 制备标准溶液的保存及处理方法
采样及预处理	① 组装采样装置，流量等校正，熟知操作方法 采样方法及性能的确认 采样设备及容器的使用情况、清洗方法及操作空白检查确认 ② 预处理方法及使用设备、器皿的性能确认方法(回收率、待测物质稳定性或分解率等) 确认操作空白
仪器分析	① 分析仪器的定期检定、清扫、维护保养、使用情况及标准方法 确定、调整分析仪器的测定条件、校正方法(灵敏度、检测限等) ② 确定进样操作方法 ③ 记录方式及取得数据、储存及检索 操作空白值、现场空白值、确认空白飘移情况
数据处理及记录等	① 数据处理、保存及检索 ② 利用仪器的微机系统处理 ③ 测定操作的全程序记录及保存

二、实验室质量保证体系

质量保证体系包括硬件和软件两个部分，两者缺一不可。首先，对于一个实验室必须具备相应的检测条件，包括必要的、复核要求的仪器设备、试验场地及办公设施、合格的检测人员等资源，然后通过与其相适应的组织机构，分析确定各检测工作的过程，分配协调各检测工作的职责和接口，指定检测工作的工作程序及检测依据方法，使各项检测工作能有效、协调地进行，成为一个有机的整体。并通过采用管理评审，内外部的审核，实验室间的验证、对比等方式，不断使质量体系完善和健全，以保证实验室有信心、有能力为社会出具准确、可靠的检测报告。实验室质量保证体系的各个方面如图4－15所示。

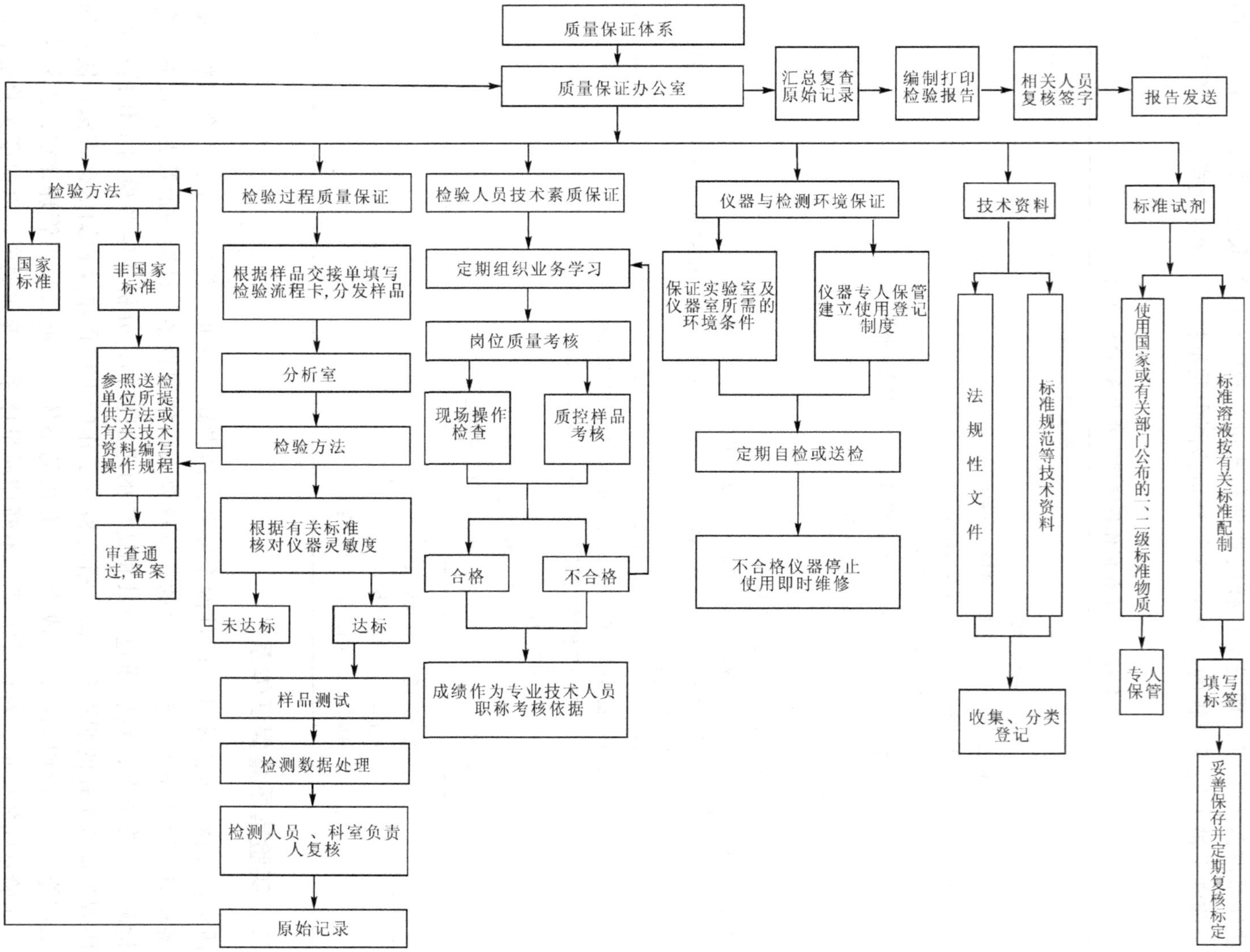

图 4－15　实验室质量保证体系示意图

阅读材料

测量数据的统计检验方法

1. 可疑值的取舍

分析工作者获得了一系列数据后，需要对这些数据进行处理，譬如有个别偏离较大的数据(称为可疑值)是保留还是该弃去，测得的平均值与真值或标准值的差异是否合理，相同方法测得的两组数据或两种不同方法对同一试样测得的两组数据间的差异是否在允许的范围内，都应该用统计检验的方法做出判断，不能随意舍去。统计学中对可疑值的取舍常用的方法有 Q 值检验法及格鲁布斯(Grubbs)法。

(1) Q 值检验法，又叫做舍弃商法(rejection quotient)，是迪克森(W. J. Dixon)在 1951 年专为分析化学中少量观测次数($n<10$)提出的一种简易判据式。

按以下步骤来确定可疑值的取舍：

① 将各数据按递增顺数排列：x_1，x_2，x_3，…，x_{n-1}，x_n。

② 求出最大值与最小值的差值(极差)$x_{max}-x_{min}$。

③ 求出可疑值与其最相邻数据之间的差值的绝对值 x_n-x_{n-1} 或 x_2-x_1。

④ 求出 Q，$Q=\dfrac{x_n-x_{n-1}}{x_n-x_1}$ 或 $Q=\dfrac{x_2-x_1}{x_n-x_1}$。

⑤ 根据测定次数 n 和要求的置信水平(如 90%)查表 4-6 得到值。

⑥ 判断：若计算 $Q>Q_{表}$，则舍去可疑值(过失误差造成)，否则应予保留(偶然误差所致)。

表 4-6 测定次数与 Q 值

测定次数 n	Q(90%)	Q(95%)	Q(99%)
3	0.90	0.97	0..99
4	0.76	0.84	0.93
5	0.64	0.73	0.82
6	0.56	0.64	0.74
7	0.51	0.59	0.68
8	0.47	0.54	0.63
9	0.44	0.51	0.60
10	0.41	0.49	0.57

(2) 格鲁布斯(Grubbs)检验法：

基本步骤：

① 排序：x_1，x_2，x_3，x_4…。

② 求 x 平均值和标准偏差 s。

③ 计算 G 值：$G_{计算}=\frac{x_n-\bar{x}}{s}$ 或 $G_{计算}=\frac{\bar{x}-x_1}{s}$。

④ 由测定次数和要求的置信度，查表 4－7 得 $G_{表}$。

⑤ 比较：若 $G_{计算}>G_{表}$，弃去可疑值，反之保留。

由于格鲁布斯(Grubbs)检验法引入了标准偏差和平均值，故准确性比 Q 检验法高。

表 4－7　不同置信度的 G 值表

n	置信度		
	95%	97.5%	99%
3	1.15	1.15	1.15
4	1.46	1.48	1.49
5	1.67	1.71	1.75
6	1.82	1.89	1.94
7	1.94	2.02	2.10
8	2.03	2.13	2.22
9	2.11	2.21	2.32
10	2.18	2.29	2.41
11	2.23	2.36	2.48
12	2.29	2.41	2.55
13	2.33	2.46	2.61
14	2.37	2.51	2.66
15	2.41	2.55	2.71
20	2.56	2.71	2.88

2. 显著性检验——分析方法的准确性检验

利用统计学的方法，检验被处理的问题是否存在统计上的显著性差异，其是系统误差与偶然误差的判断。常用的检验方法有 t 检验法和 F 检验法。

(1) t 检验法：用于检验分析方法是否可靠，是否有足够的准确度，常用已知含量的标准试样进行比较，即将测定的平均值与标样的已知值比较。

基本步骤：

① 计算 t 值：$t=\frac{|\bar{x}-\mu|}{s}\sqrt{n}$。

② 由要求的置信度和测定次数，查表 4－8 得 $t_{a,f}$。

表 4－8　$t_{a,f}$ 值表

f	置信度(显著性水平)		
	$P=0.90(\alpha=0.10)$	$P=0.95(\alpha=0.05)$	$P=0.99(\alpha=0.01)$
1	6.31	12.71	63.66
2	2.92	4.30	9.92
3	2.35	3.18	5.84
4	2.13	2.78	4.60
5	2.02	2.57	4.03
6	1.94	2.45	3.71

续表

f	置信度(显著性水平)		
	$P=0.90(\alpha=0.10)$	$P=0.95(\alpha=0.05)$	$P=0.99(\alpha=0.01)$
7	1.90	2.36	3.50
8	1.86	2.31	3.36
9	1.83	2.26	3.25
10	1.81	2.23	3.17
20	1.72	2.09	2.84
∞	1.64	1.96	2.58

③ 比较：$t>t_{a,f}$：表示有显著性差异，存在系统误差，被检验方法需要改进；

$t<t_{a,f}$：表示无显著性差异，被检验方法可以采用。

(2) F 检验法(方差检验法)：F 检验法是在判断比较两组数据是否有显著性差异时，首先考察它们的精密度是否有显著性差异，即数据的分散性。

基本步骤：

① 计算 F 值：$F_{计算}=\frac{s_{大}^2}{s_{小}^2}$。

② 查表(F 表，见表4-9)，比较：$F\geqslant F_{a,f_1,f_2}$，表示精密度有显著性差异；$F<F_{a,f_1,f_2}$，表示精密度无显著性差异。

表4-9　置信度95%时的 F 值

$f_{小}$ \ $f_{大}$	2	3	4	5	6	7	8	9	10	∞
2	19.00	19.16	19.25	19.30	19.33	19.36	19.37	19.38	19.39	19.50
3	9.55	9.28	9.12	9.01	8.94	8.88	8.84	8.81	8.78	8.53
4	6.94	6.59	6.39	6.26	6.16	6.09	6.04	6.00	5.96	5.63
5	5.79	5.41	5.19	5.05	4.95	4.88	4.82	4.78	4.74	4.36
6	5.14	4.76	4.53	4.39	4.28	4.21	4.15	4.10	4.06	3.67
7	4.74	4.35	4.12	3.97	3.87	3.79	3.73	3.68	3.63	3.23
8	4.46	4.07	3.84	3.69	3.58	3.50	3.44	3.39	3.34	2.93
9	4.26	3.86	3.63	3.48	3.37	3.29	3.23	3.18	3.13	2.71
10	4.10	3.71	3.48	3.33	3.22	3.14	3.07	3.02	2.97	2.54
∞	3.00	2.60	2.37	2.21	2.10	2.01	1.94	1.88	1.83	1.00

$f_{大}$：大方差数据的自由度；$f_{小}$：小方差数据的自由度。

思考与练习

一、名词解释

1. 误差
2. 系统误差
3. 随机误差
4. 过失误差
5. 加标回收率

6. 偏差
7. 标准差
8. 灵敏度
9. 检出限
10. 空白值
11. 测定限
12. 不确定度
13. 方法适用范围
14. 最佳测定范围
15. 校准曲线
16. 质量控制图
17. 实验室间质量保证
18. 实验室内质量保证

二、填空题

1. 质量保证的目的是保证测定数据具有________、________、________、________和________。

2. 分析方法的可靠性常从________、________、________、测定限、________、最佳测定范围、________、校准曲线、________、不确定度和干扰试验等9个方面考虑。

3. 实验室质量控制的外控技术有__________、________、__________。

4. 空白实验是指用_______代替样品，其他所加试剂和操作步骤与样品测定_______。

5. 在分光光度法中常将________与________之间的________关系用______________式表示，即____________。

6. 误差按其产生的原因和性质可分为________、________和________。

7. 控制图中，上控制界限用符号________表示；中心线用符号________表示；下控制界限用符号________表示。

8. 在均值控制图中，判断异常的8条检验准则有：________个点落在A区以外；连续________点落在中心线同一侧；连续________点递增或递减；连续________点中相邻点交替上下；连续3点中有________点落在中心线同一侧的B区以外；连续5点中有________点落在中心线同一侧的C区以外；连续________点落在中心线两侧的C区内；连续________点落在中心线两侧且无一在C区内。

9. 实验室质量控制包括__________和__________两部分。

10. 分光光度法分析中校准曲线的一元线性回归方程为________，其中以为回归直线和纵轴的交点，即________，b为方法的________，校准曲线的线性相关系数为________。

11. 常用于实验室内质量控制的自控技术有________分析、________分析、__________值测定、__________比对分析、分析方法__________实验和__________图的应用等。

12. 在实验室内质量控制技术中，平行样分析只能反映数据的__________，不能表示数据的__________，加标回收率指示数据的__________。

三、单选题

1. 质量控制图的横坐标一般表示________。

A. 项目　　B. 质量特性值　　C. 自变量　　D. 时间或样本号

2. 质量控制图中连续________点递增或递减，应判为异常。

A. 6　　B. 7　　C. 8　　D. 9

3. 质量控制图中连续________点落在中心线同一侧判为异常。

A. 5　　B. 6　　C. 9　　D. 14

4. 质量控制图中连续________点落在中心线两侧的C区内判为异常。

A. 15　　B. 14　　C. 9　　D. 6

5. 控制图的主要用途是________。

A. 评价工序的质量特性　　B. 发现不合格

C. 及时反映和区分正常波动和异常波动　　D. 显示质量波动分布的状态

6. 衡量实验室内测试数据的主要质量指标是：________。

A. 准确度、精密度　　B. 灵敏度、准确度

C. 精密度、偏倚　　D. 灵敏度、系统误差

7. 准确度、精密度指标常用________表示。

A. 偏倚、灵敏度、系统误差

B. 随机误差、均值标准偏差(标准误)、系统误差

C. 标准偏差、相对标准偏差、加标回收率

D. 加标回收率、随机误差、偏倚

8. 校准曲线的特征指标是________。

A. 回归方程、精密度、斜率(灵敏度)(b)线性相关

B. 截距(a)、斜率(灵敏度)(b)、剩余标准差(SE)、线性相关系数(r)

C. 精密度、线性相关、斜率(灵敏度)(b)、剩余标准差(SE)

D. 截距(a)、斜率(灵敏度)(b)、回归方程、精密度

9. 在质量控制图中，当测定值落在控制线以上时，表示这个数据是________的。

A. 正常　　B. 有问题　　C. 失控　　D. 可校正

10. 测定值中连续七个点递升，表示分析质量的________。

A. 失控趋势　　B. 质量好　　C. 接受　　D. 可疑

11. 实验室间质量控制的目的在于________，它应由有经验的质量保证机构和上级监测机构主持实施。

A. 判断工作中的失误、考核分析人员的操作技术

B. 检查各参加实验室是否存在系统误差、提高数据的可比性

C. 考核分析人员的操作技术、提高数据的可比性

D. 判断工作中的失误、检查各参加实验室是否存在系统误差

四、简答题

1. 什么叫准确度？准确度常用的评价方法是什么？准确度用什么表示？

2. 什么叫精密度？它反映的是哪种误差？精密度用什么表示？

3. 方法检出限和测定下限的主要区别是什么？

4. 什么叫空白试验？什么叫空白实验值？为什么每次实验都应做空白试验？

5. 实验室质量控制的目的是什么？搞好实验室内质量控制必须进行哪三方面的工作？

6. 室内质量控制的基本程序是什么？常用的质量控制方法都有哪些？使用最广泛的是哪种方法？它能反映数据的哪些质量问题？

7. 在样品分析过程中如何检验校准曲线？衡量校准曲线的质量指标有哪几项？

8. 实验室内常用的质控技术有哪几种？

9. 实施质量保证的目的何在？在分析测试中对检测结果的质量有什么要求？

10. 请写出实验室内质量控制和实验室间质量控制的不同点。

五、计算分析题

1. 有一氟化物的标准水样浓度为100mg/L，经测量7次，其值为103mg/L、107mg/L、104mg/L、105mg/L、103mg/L、102mg/L、108mg/L。求算术均数、绝对误差、相对误差、绝对偏差、平均偏差、极差、标准偏差和变异系数。

2. 现有一水样欲测定其 Pb^{2+} 的浓度。采用原子吸收法进行测定，在测定时需知方法的加标回收率。在已知25mL水样中，加50μL浓度为1mg/mL的 Pb^{2+} 标准溶液，然后用蒸馏水稀释所取水样至50mL，Pb^{2+} 标准溶液的吸光度为0.250。试求此测定方法的加标回收率，并计算水样的 Pb^{2+} 浓度。

3. 用某标准分析方法分析还原糖质量浓度为0.250mg/L的标准物质溶液，得到下列20个分析结果(mg/L)：0.251、0.250、0.250、0.263、0.235、0.240、0.260、0.290、0.262、0.234、0.229、0.250、0.283、0.300、0.262、0.270、0.225、0.250、0.256、0.250。试绘制分析数据的质控图，并利用判异准则判断此图是否处于受控状态。

4. 请观察下图，回答下列问题：(1)这是什么图？(2)什么用途？(3)工序处于什么状态？(4)判断的依据是什么？

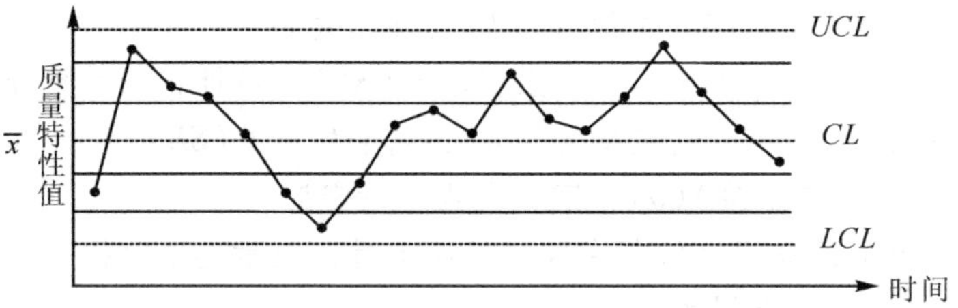

5. 请观察下图，回答下列问题：(1)这是什么图？(2)什么用途？(3)工序处于什么状态？(4)判断的依据是什么？

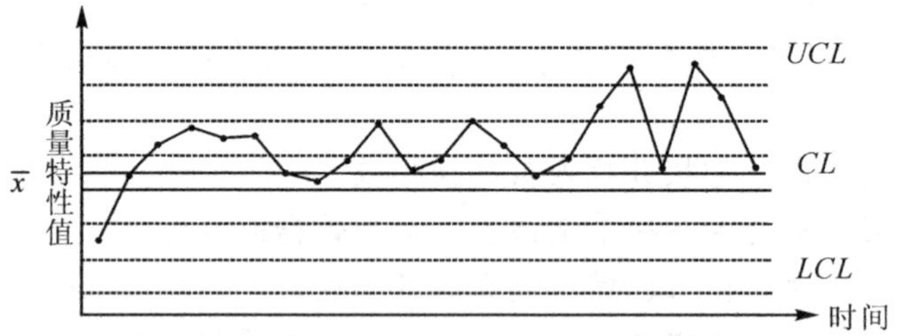

第五章　实验室试剂与设备管理

☞ **教学目标：**

- 掌握分析实验室用水的分级、各级水的技术要求及适用对象；
- 了解实验室用水的制备方法；
- 掌握化学试剂的分级、规格及化学试剂的管理；
- 掌握实验室仪器设备管理的任务；
- 掌握实验室仪器设备的技术管理和日常管理的内容；
- 了解大型仪器设备资源共享平台。

☞ **教学重点：**

- 化学试剂的分级、规格及化学试剂的管理；
- 实验室仪器设备管理的任务；
- 实验室仪器设备的技术管理和日常管理的内容。

☞ **教学难点：**

- 化学试剂的分级及管理；
- 实验室仪器设备的技术管理和日常管理的内容。

【案例】试剂安全使用事故

2007年8月9日晚8时许，某高校实验室李某在准备处理一瓶四氢呋喃时，没有仔细核对，误将一瓶硝基甲烷当作四氢呋喃投到氢氧化钠中。约过了一分钟，试剂瓶中冒出了白烟。李某立即将通风橱玻璃门拉下，此时瓶口的烟变成黑色泡沫状液体。李某叫来同实验室的一名博士后请教解决方法，随即发生了爆炸，玻璃碎片将二人的手臂割伤。事故原因：该事故是由于当事人在投料时粗心大意，没有仔细核对所要使用的化学试剂而造成的。实验台药品杂乱无序、药品过多也是造成本次事故的主要原因。事实告诉我们，大部分安全事故都是科研人员的疏忽造成的，实验室安全意识非常重要。从事这方面工作的人，要有刻苦的学习精神、严谨的科学态度、求是的工作作风和良好的操作习惯，严格遵守实验室的各项管理制度，方能保护自己、保护环境、保护社会，从而杜绝事故的发生。

第一节　实验室用水管理

实验用水主要用于溶解、稀释和配制溶液等。不同类型实验室对水的质量要求不同，水的质量直接影响到实验结果和仪器的使用期限。天然水和自来水中存在很多杂质，不能直接使用。必须将水经过纯化后才能使用。分析任务和实验要求不同，对水的纯度要求也不同，因此应根据实验要求合理地选用适当规格的实验用水。

一、实验室用水的质量要求

1. 分析实验室用水规格

根据 GB 6682—92《分析实验室用水规格和试验方法的国家标准》规定，分析实验室用水分为三个等级：一级水、二级水和三级水。

一级水：基本上不含有溶解或胶态离子杂质及有机物，用于有严格要求的分析试验，包括对悬浮颗粒有要求的实验，如高效液相色谱分析用水。一级水可用二级水经过石英设备蒸馏或离子交换混合床处理后，再经过 0.2μm 微孔滤膜过滤来制取。

二级水：用于无机痕量分析等试验，如原子吸收光谱分析、电化学分析实验等。二级水可用多次蒸馏或离子交换等方法制取。

三级水：用于一般化学分析试验，可用蒸馏或离子交换等方法制取。

分析实验室用水应符合表 5－1 所列规格。

表 5－1　分析实验室用水的技术要求

名　　称		一　　级	二　　级	三　　级
pH 值的范围(25℃)		①	①	5.0～7.5
电导率(25℃)/(mS/m)	≤	0.01②	0.10②	0.50
可氧化物质[以(O)计]/(mg/L)	<	③	0.08	0.4
吸光度(254nm，1cm 光程)	≤	0.001	0.01	—
蒸发残渣(105±2℃)/(mg/L)	≤	③	1.0	2.0
可溶性硅[以(SiO_2)计]/(mg/L)	<	0.01	0.02	—

注：①由于在一级水、二级水的纯度下，难以测定其真实的 pH 值，因此对一级水、二级水的 pH 值范围不做规定；②一级水、二级水的电导率须用新制备的水“在线”测定；③由于在一级水的纯度下，难以测定可氧化物质和蒸发残渣，对其限量也不做规定，可用其他条件和制备方法来保证一级水的质量。

2. 影响纯水质量的因素

影响纯水质量的主要因素有三个：空气、容器、管路。

在实验室中制取纯水，不难达到纯度指标。一经放置特别是接触空气，其电导率会迅速下降。例如，用钼酸铵法测磷及纳氏试剂法测氨，无论用蒸馏水或离子交换水只要是新制取的纯水都适用。一旦放置空白值便显著升高，主要来自空气和容器的污染。

玻璃容器盛放纯水可溶出某些金属及硅酸盐，有机物较少。聚乙烯容器所溶出的无机物较少，但有机物比玻璃容器略多。

纯水导出管在瓶内部可用玻璃管，瓶外导管可用聚乙烯管，在最下端接一段乳胶管，以便配用弹簧夹。

3. 分析实验室用水的容器与储存

各级用水均使用密闭、专用聚乙烯容器。三级水也可以使用密闭的、专用玻璃仪器。新容器在使用前需用 20% HCl 溶液浸泡 2～3d，再用化验用水反复冲洗数次。

各级用水在储存期间，其沾污的主要来源是容器可溶性成分的溶解、空气中 CO_2 和其他杂质。因此，一级水不可储存，临用前制备。二级水、三级水可适量制备，分别储存于预先经同级水清洗过的相应容器中。

4. 实验室用水中残留的金属离子量

表 5－2 为各种方法制备的化验用水残留金属离子的含量。

表 5－2　各种方法制备的化验用水残留金属离子的含量　　μg/L

残留元素	制备方法					
	自来水用金属制蒸馏器2次蒸馏	自来水用石英制蒸馏器2次蒸馏	蒸馏水用石英制蒸馏器2次蒸馏	自来水通过混床式离子交换柱	蒸馏水通过混床式离子交换柱	将反渗透水通过活性炭混床式离子柱，膜滤器
Ag	1	①	0.002		①	0.01
Al	10	0.5			0.1	0.1
B	0.01	①			①	3
Ba			0.01	<0.006		
Ca	50	0.07	0.08	0.02	0.03	1
Cd			0.005			<0.1
Co				<0.002		<0.1
Cr	①	①	0.02	0.02	①	0.1
Cu	50	①	0.01		①	0.2
Fe	0.1	①	0.05	0.02	①	0.2
K			0.09			
Mg	8	0.05	0.09	<0.02	0.01	0.5
Mn	0.01	①		<0.02	①	0.05
Mo				<0.02		<0.1
Na	1		0.06			1
Ni	1	①	0.02	0.002	①	<0.1
Pb	50	①	0.008	0.02	①	0.1
Si	50	5			1	0.5
Sn	5	①	0.02			<0.1
Sr			0.02	<0.06	①	
Te			0.004			
Ti	②	①			①	<0.1
Tl			0.01			
Zn	10	①	0.04	0.06	①	<0.1

注：①未检出；②检出未定量。

二、实验室用水的质量检验

用于质量检验的各级水样量不得少于2L。水样应注满于清洁、密闭的聚乙烯容器内，取样时应避免沾污。各项实验必须在洁净的环境中进行，并应采取适当措施避免沾污。没有注明其他要求时，均使用分析纯和相应纯度的水。

1. pH值检验

取水样10mL，加甲基红pH指示剂（变色范围为pH 4.2～6.2）2滴，以不显红色为合格；另取水10mL，加溴百里酚蓝（变色范围pH 6.0～7.6）5滴，不显蓝色为合格，也可以用精密pH试纸检查或用pH计测定其pH值。

2. 电导率的测定

用于一、二级水测定的电导仪，配备电极常数为0.01～0.1cm^{-1}的“在线”电导池，并具有温度自动补偿功能，若电导仪不具温度补偿功能，可装“在线”热交换器，使测量时水温控制在（25±1）℃。或记录水温度，按换算公式进行换算。

用于三级水测定的电导仪，配备电极常数为0.01～1cm^{-1}的电导池，并具有温度自动补偿功能。若电导仪不具温度补偿功能，可装恒温水浴槽，使待测水样温度控制在（25±1）℃，或记录水温度，按换算公式进行换算。

当实测的各级水不是25℃时，其电导率可按下式进行换算：

$$K_{25} = k_t(K_t - K_{p,t}) + 0.00548 \quad (5-1)$$

式中 K_{25}——25℃时水样的电导率，mS/m；

K_t——t℃时水样的电导率，mS/m；

$K_{p,t}$——t℃时理论纯水的电导率，mS/m；

k_t——换算系数；

0.00548——25℃时理论纯水的电导率，mS/m。

$K_{p,t}$和k_t可从表5-3中查出。

表5-3 理论纯水的电导率和换算系数

t/℃	k_t	$K_{p,t}$/(mS/m)	t/℃	k_t	$K_{p,t}$/(mS/m)	t/℃	k_t	$K_{p,t}$/(mS/m)
0	1.7975	0.00116	17	1.1954	0.00349	34	0.8475	0.00861
1	1.7550	0.00123	18	1.1679	0.00370	35	0.8350	0.00907
2	1.7135	0.00132	19	1.1412	0.00391	36	0.8233	0.00950
3	1.6728	0.00143	20	1.1155	0.00418	37	0.8126	0.00994
4	1.6329	0.00154	21	1.0906	0.00441	38	0.8027	0.01044
5	1.5940	0.00165	22	1.0667	0.00466	39	0.7936	0.01088
6	1.5559	0.00178	23	1.0436	0.00490	40	0.7855	0.01136
7	1.5188	0.00190	24	1.0213	0.00519	41	0.7782	0.01189
8	1.4825	0.00201	25	1.0000	0.00548	42	0.7719	0.01240
9	1.4470	0.00216	26	0.9795	0.00578	43	0.7664	0.01298
10	1.4125	0.00230	27	0.9600	0.00607	44	0.7617	0.01351
11	1.3788	0.00245	28	0.9413	0.00640	45	0.7580	0.01410
12	1.3461	0.00280	29	0.9234	0.00674	46	0.7511	0.01464
13	1.3142	0.00276	30	0.9065	0.00712	47	0.7532	0.01521
14	1.2831	0.00292	31	0.8904	0.00749	48	0.7521	0.01582
15	1.2530	0.00312	32	0.8753	0.00784	49	0.7518	0.01650
16	1.2237	0.00330	33	0.8610	0.00822	50	0.7525	0.01728

一、二级水的电导测量是将电导池装在水处理装置流动出水口处，调节水的流速，赶净管道及电导池内的气泡即可进行测量。

三级水的电导测量是取400mL水样于锥形瓶中，插入电导池后即可进行测量。

3. 可氧化物质限量试验

量取1000mL二级水，注入烧杯中，加入5.0mL 20%硫酸溶液，混匀。

量取200mL三级水，注入烧杯中，加入1.0mL 20%硫酸溶液，混匀。

在上述已酸化的试液中，分别加入1.00mL 0.01mol/L($\frac{1}{5}KMnO_4$)标准溶液，混匀，盖上表面皿，加热至沸并保持5min，溶液的粉红色不得完全消失。

4. 吸光度的测定

将水样分别注入厚度为1cm和2cm石英吸收池中，在紫外可见分光光度计上，于波长254mm处，以1cm吸收池中水样为参比，测定2cm吸收池中水样的吸光度。

如仪器的灵敏度不够时，可适当增加测量吸收池的厚度。

5. 蒸发残渣的测定

量取1000mL二级水(三级水取500mL)。将水样分几次加入旋转蒸发器的500mL蒸馏瓶中，于水浴上减压蒸发(避免蒸干)。待水样最后蒸至约50mL时停止加热。

将上述预浓集的水样转移至一个已于(105±2)℃恒重的玻璃蒸发皿中，并用5~10mL水样分2~3次冲洗蒸馏瓶，将洗液与预浓集水样合并，于水浴上蒸干，并在(105±2)℃的电烘箱中干燥至恒重。残渣质量不得大于1.0mg。

6. 可溶性硅的限量试验

量取520mL一级水(二级水取270mL)注入铂皿中。在防尘条件下，亚沸蒸发至约20mL时停止加热。冷至室温加入1.0mL 50g/L钼酸铵溶液摇匀。放置5min以后，加1.0mL 50g/L草酸溶液中稀释至刻度摇匀。放置1min后加1.0mL 2g/L对甲氨基酚硫酸盐溶液摇匀。转至25mL比色管中，稀释至刻度摇匀，与60℃水浴中保温10min。目视比色，试液的蓝色不得深于标准。

标准是取0.50mL二氧化硅标准溶液(0.01mg/mL)加入20mL水样后，从加1.0mL钼酸铵液起与样品试液同时同样处理。

50g/L钼酸铵溶液：称取5.0g钼酸铵[$(NH_4)_6Mo_7O_{24} \cdot 4H_2O$]加水溶解，加入20.0mL 20%硫酸溶液，稀释至100mL，摇匀储于聚乙烯瓶中，发现有沉淀时应弃去。

2g/L对甲氨基酚硫酸盐(米吐尔)溶液：称取0.20g对甲氨基酚硫酸盐溶于水，加20.0g焦亚硫酸钠溶液并稀释至100mL摇匀，储于聚乙烯瓶中，避光保存，有效期两周。

50g/L草酸溶液：称取5.0g草酸溶于水并稀释至100mL，储于聚乙烯瓶中。

三、特殊要求的实验室用水的制备

1. 无氯水

加入亚硫酸钠等还原剂将自来水中的余氯还原为氯原子，以N-二乙基对苯二胺(DPD)检查不显色。用附有缓冲的全玻璃蒸馏器(以下各项中的蒸馏均同此)进行蒸馏制取。

取实验用水10mL于试管中，加2~3滴(1+1)硝酸、2~3滴0.1mol/L硝酸银溶液混匀，不得有白色浑浊出现。

2. 无氨水

向水中加入硫酸至其pH值小于2，使水中各种形态的氨或胺最终都变成不挥发的盐类，用全玻蒸馏器进行蒸馏，即可制得无氨纯水(注意避免实验室空气中含氨的重新污染，应在无氨气的实验室中进行蒸馏)。

3. 无二氧化碳水

煮沸法：将蒸馏水或去离子水煮沸至少10min(水多时)，或使水量蒸发10%以上(水少时)，加盖放冷即可制得无二氧化碳纯水。

曝气法：将惰性气体或纯氮通入蒸馏水或去离子水至饱和，即得无二氧化碳水。

制得的无二氧化碳水应储存于一个附有碱石灰管的橡皮塞盖严的瓶中。

4. 无砷水

一般蒸馏水或去离子水多能达到基本无砷的要求，应注意避免使用软质玻璃(钠钙玻璃)制成的蒸馏器、树脂管和储水瓶。

5. 无铅(无重金属)水

用氢型强酸性阳离子交换树脂柱处理原水，即可制得无铅(无重金属)的纯水。储水器应预先进行无铅处理，用6mol/L硝酸溶液浸泡过夜后以无铅水洗净。

6. 无酚水

（1）加碱蒸馏法：加入氢氧化钠至水的pH值>11（可同时加入少量高锰酸钾溶液使水呈紫红色），使水中酚生成不挥发的酚钠后进行蒸馏制得。

（2）活性炭吸附法：将粒状活性炭加热至150～170℃烘烤2h以上进行活化，放入干燥器内冷却至室温后，装入预先盛有少量水（避免炭粒存留气泡）的层析柱中，使蒸馏水或去离子水缓慢通过柱床，按柱容量大小调节其流速，一般以每分钟不超过100mL为宜。开始流出的水（略多于装柱时预先加入的水量）须再次返回柱中，然后正式收集。此柱所能净化的水量，一般约为所用炭粒表观容积的1000倍。

7. 不含有机物的蒸馏水

加入少量的高锰酸钾的碱性溶液于水中，使呈红紫色，再以全玻璃蒸馏器进行蒸馏即得。在整个蒸馏过程中，应始终保持水呈红紫色，否则应随时补加高锰酸钾。

8. pH≈7的高纯水

在第一次蒸馏时加入NaOH和$KMnO_4$，第二次蒸馏加入磷酸（除NH_3），第三次用石英蒸馏器蒸馏（除去痕量碱金属杂质）。在整个蒸馏过程中，要避免水与大气直接接触。

四、实验室用水的制备方法

化验用水又称纯水。化验中水是不可缺少的、必须用的物质。天然水和自来水存在很多杂质，如Na^+、K^+、Ca^{2+}、Mg^{2+}、Fe^{3+}等阳离子，$CO_3{}^{2-}$、$SO_4{}^{2-}$、Cl^-等阴离子和某些有机物质，以及泥沙、细菌、微生物等，不能直接用于化验工作。必须根据化验的要求将水纯化后才能使用。

纯水的制备是将原水中可溶性和非可溶性杂质全部除去的水处理方法。制备纯水的方法很多，通常多用蒸馏法、离子交换法、亚沸蒸馏法和电渗析法，下面分别做一简单介绍。

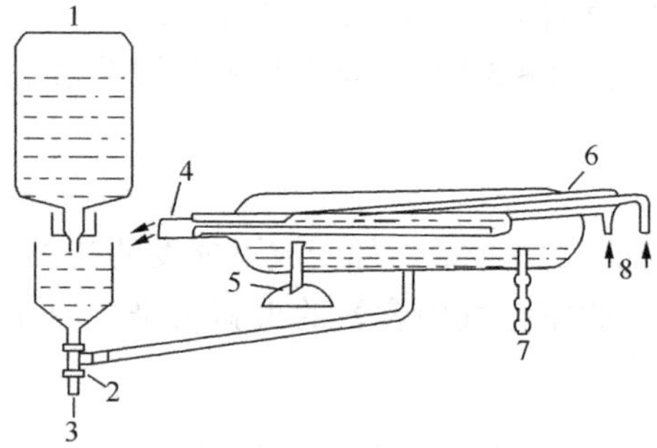

图5－1　透明石英亚沸蒸馏器

1—加料瓶；2—三通活塞；3—排水管；4—红外线加热器；5—蒸馏液出口处；6—冷凝器；7—溢出口；8—冷却水

1. 蒸馏法

普通分析用工业提供的一次蒸馏水即可。实验室中制取蒸馏水多用内阻加热蒸馏设备或硬质玻璃蒸馏器。制取高纯水则需用银质、金质、石英或聚四氟乙烯蒸馏器。近年来常用的是新型石英亚沸蒸馏器（图5－1），特别适合于制备高纯水。其特点是在液面上方加热，使液面始终处于亚沸状态，可将水蒸气带出的杂质减至最低。该装置还适用于制备高纯酸（如HCl、HNO_3等）和氨水。

制备蒸馏水时，最初蒸馏出的约200mL水弃去，蒸至剩下$\frac{1}{4}$原体积的水时停止蒸馏，只收集中间的馏分。蒸馏一次的水为普通蒸馏水，用来洗涤一般的玻璃仪器和配制普通实验溶液。蒸馏两次或三次的称为二次或三次蒸馏水，用于要求较高的实验。但是，实践表明太多次地重复蒸馏无助于水质的进一提高。这是因为水质会受到低沸点杂质、空气中的二氧化碳、器皿的溶解性等诸多因素的影响。

事实上绝对纯的水是不存在的。水的价格也随水质的提高成倍的增长，不应盲目地追求水的纯度。在实验工作中，往往根据实际工作的需要，制备一些特殊要求纯水。例如，在进行二次蒸馏时，加入适当的试剂可抑制某些杂质的挥发。加入甘露醇可抑制硼的挥发，加入碱性高锰酸钾可破坏有机物和抑制二氧化碳逸出。

2. 离子交换法

用离子交换法制备的纯水称为去离子水。它是利用阴、阳离子交换树脂上的 OH^- 和 H^+ 可分别与溶液中其他阴、阳离子交换的能力制备高纯水。其交换反应如下：

通过强酸性阳离子交换树脂时：

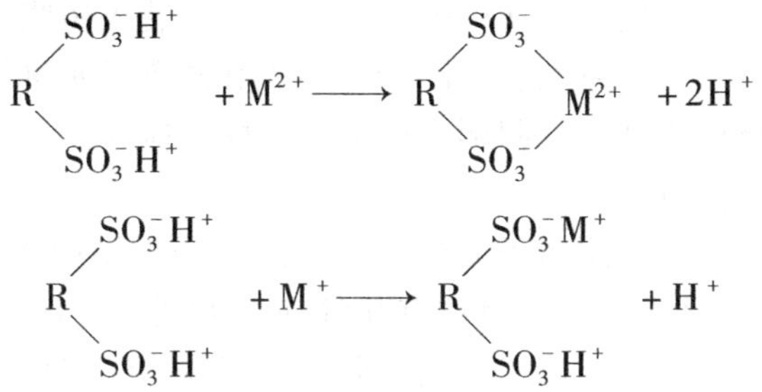

通过强碱性阴离子交换树脂时：

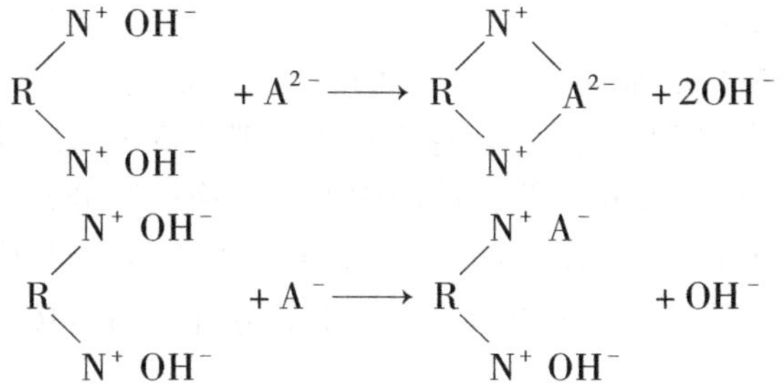

两次交换生成的等当量的 H^+ 和 OH^- 结合成水：

$$H^+ + OH^- \longrightarrow H_2O$$

就这样把水中的杂质离子交换掉，达到纯化水的目的。用这个方法能制取高纯度的水。

采用此法的优点在于制备的水量大、成本低、除去离子的能力强；缺点在于设备及操作较复杂，不能除去非电解质(如有机物)杂质，而且尚有微量树脂溶在水中。目前在实验室、工厂都广泛应用此法。在市场上有小型的“离子交换纯水器”出售，可供实验室使用。现将其方法简介如下。

(1) 树脂的选择及装柱。用离子交换法制取纯水，有两种离子交换树脂：一种是阳离子交换树脂，一般采用强酸性阳离子交换树脂，如上海树脂厂的 732 型；另一种是阴离子交换树脂，一般采用强碱性阴离子交换树脂，如上海树脂厂的 717 型、711 型。树脂的粒度在 16～50 目均可。

如果市售的阳离子交换树脂是氢型，阴离子交换树脂是氢氧型，那么树脂经反复漂洗，除去其中的色素、水溶性杂质、灰尘等后装入交换柱即可使用。如果分别为钠型和氯型，应处理转化为氢型和氢氧型后才能使用。

处理方法：

① 漂洗：将新树脂放入盆中，用自来水(或普通水)反复漂洗，除去其中的色素、水溶性杂质、灰尘等，直至洗出液不混浊为止，并用蒸馏水浸泡 24h。

② 醇浸泡：当蒸馏水中无明显混悬物时，将水排尽，加入 95% 乙醇浸没树脂层，搅拌

摇匀浸泡24h，以除去醇溶性杂质。将乙醇排尽，再用自来水洗至无色、无醇味为止。

③ 酸碱反复处理：阳离子交换树脂，加入7%盐酸没过树脂，放置2～3h将盐酸排尽，用水洗至pH为3～4止。再用8%氢氧化钠按上法操作，用水洗至pH为9～10止。再用7%盐酸浸泡4h，不时搅拌，浸泡完之后将盐酸排尽，用蒸馏水反复洗至pH约为4止。阴离子交换树脂，加入8%氢氧化钠，操作方法同阳离子交换树脂，洗至pH为9～10止。再用7%盐酸，同上法操作，洗至pH为3～4。再用8%氢氧化钠浸泡4h，不时搅拌，浸泡完之后将氢氧化钠排尽，用蒸馏水洗至pH约为8止。

经过处理的新树脂就可以装入交换柱内。但交换柱在装入树脂之前，必须用铬酸洗涤液泡4h，以除去杂质和油污，然后用自来水冲洗，再用去离子水冲洗干净，即可装入树脂。交换柱中先注水半柱，将树脂和水一起倒入柱中。装柱时应注意，注中水不能漏干，否则树脂间形成空气泡，影响交换量和流速。

树脂用量按体积计算，一般阴离子交换树脂为阳离子交换树脂的1.5～2倍。树脂装柱高度相当于柱直径的4～5倍为宜。交换柱有几种连接方式，一般的连接方式是：强酸性阳离子交换树脂柱→强碱性阴离子交换树脂柱→混合树脂柱。装好后即可产生去离子水。

（2）树脂的再生(转型)。树脂的再生与处理方法基本相同。再生方法有两种：即动态再生和静态再生。它们大体分四个过程：逆洗→再生→洗涤→运行。

① 逆洗。即水从交换柱底部进入，从上面排出，其目的是将被压紧的树脂层抖松，排除树脂碎粒及其他杂质等，以利于再生。逆流时间一般为30min，以洗出水不浑浊、清澈透明为合格。逆洗混合柱的时间要长一些，使阴阳离子交换树脂分开。如果分不开，可将混合树脂倒入20%的氯化钠溶液中，利用阴阳离子交换树脂相对密度不同将它们分开。阴离子交换树脂浮在溶液上面，阳离子交换树脂沉在底部。分开以后再按处理阴阳离子交换树脂柱同样过程处理。

② 再生。对于逆洗后的阳离子交换树脂柱，用5%～7%的盐酸溶液从柱的顶部注入，缓缓流经阴离子交换树脂(流速约50～60mL/min)，直到检查流出液中酸的浓度与加进去的酸的浓度差不多时为止(约1h)。对于逆洗后的阴离子交换树脂柱，用6%～8%的氢氧化钠溶液，从柱的顶部注入，缓缓流经阴离子交换树脂(流速约50～60mL/min)，直到检查流出液中碱的浓度与加进去的碱的浓度差不多时为止(约1.5h)。

③ 洗涤。交换柱经再生之后，须将柱中多余的再生剂淋洗干净。阳离子交换柱的淋洗用去离子水，开始时的流速同再生流速，待柱中大部分酸被替换处理后，流速可加快至80～100mL/min。淋洗终点可用pH试纸检查，洗至pH=3～4为终点(或用水质纯度仪，测得比较恒定的比电阻为终点)，也可用其他方法控制终点。阴离子交换柱用去离子水(或用通过阳离子交换树脂的水)淋洗，待柱中大部分碱液被替换出后，洗速可加速至80～100mL/min。淋洗终点可用pH试纸检查，洗至pH=8～9为止，或用酚酞指示液显微红色为止。也可用水质纯度仪，当测得比较恒定的比电阻时即为终点。

④ 运行生产去离子水：淋洗好的交换柱按阳离子交换柱→阴离子交换柱→混合交换柱串联起来，接通水源，水从每个交换柱的顶部注入，进行生产去离子水。

如果是用小型柱制备去离子水，可参照上述步骤以静态再生，然后装柱再按动态步骤淋洗到合格的去离子水为止。

（3）注意事项：

① 离子交换树脂一般可反复再生使用数年仍有效，但在使用时树脂的温度不得超过

50℃，也不宜长时间与高浓度的强氧化剂接触，否则会加速树脂的破坏，缩短离子交换树脂使用时间。

② 在处理离子交换树脂时，每一步骤都必须严格按照所规定的条件进行，特别要注意控制其流速及各个步骤的pH值，流速不能太快。常用pH试纸误差较大，在受潮后更不准确。因此要用干燥的pH试纸检查，也可用酸度计进行复查。

③ 树脂长期使用后部分受到污染或中毒等情况，可用20%氯化钠溶液浸泡12h，并按新树脂处理步骤：醇浸泡、酸碱反复处理1～2次，然后转型即可消除污染等情况。如果树脂中含有铁、钙会使出水期不合格。为此，在用酸处理到用0.1mol/L硫氰酸铵检查铁不显红色及无钙反应为止。

④ 要制备高质量的去离子水，对水源的选择是极为重要的。一般来说，水中无机物杂质含量：盐碱地水＞井水(或泉水)＞自来水＞河水＞塘水＞雨水。有机物杂质含量：塘水＞河水＞井水(或泉水)＞自来水。如果水源浑浊可加0.002%明矾或少许聚合氯化铝使水澄清，最好经砂滤后再进入交换柱。

3. 电渗析法

电渗析法是在离子交换技术的基础上发展起来的一种方法。它是在外电场的作用下，利用阴、阳离子交换膜对溶液中离子的选择性透过而使溶液和溶质分离，从而达到净化水的目的。

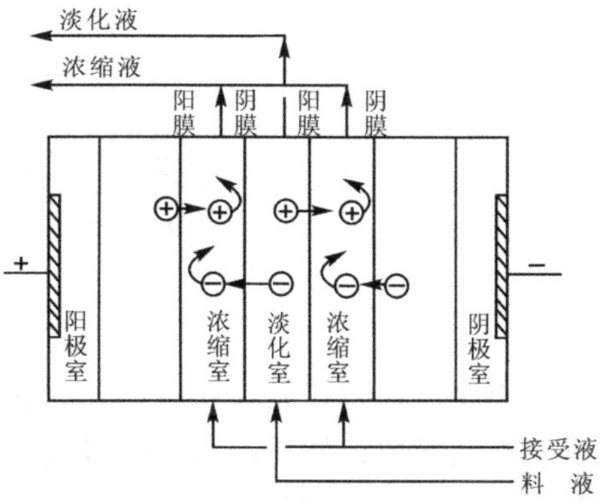

图5－2 电渗析原理图

电渗析法与离子交换法相比具有设备和管理简单，不需用酸、碱再生的优点，有较大实用价值。其缺点是在水的纯度提高后，水的导电率就逐渐降低，如继续增高电压，就会迫使水分子电离为H^+和OH^-离子，使得大量的电耗在水的电离上，水质却提高的很少。因此，目前也有将电渗析法与离子交换法结合起来制备纯水，即先用电渗析法把水中大量离子除去后，再用离子交换法除去少量离子，这样制得的纯水(已达$5\times10^6\sim10\times10^6\Omega\cdot cm$)，不仅纯度高，而且有如下优点：①不需用酸碱再生；②易于设备化，易于搬迁，灵活性大，可以置于生产用水设备旁边，就地取纯水使用；③系统简单，操作方便。

电渗析法原理：由于水分子是极性较大的分子，它本身就能形成氢键，形成水合氢离子(H_3O、$2H_2O$、$H_3{}^+O+OH^-$)，同时也能与其他负电性大的电解质(如酸、碱、盐)分子形成氢键发生水合作用。在水分子极性作用下与电解质分子相互作用，使电解质分解成正、负离子，如：

$$NaCl = Na^+ + Cl^-$$
$$CaSO_4 = Ca^{2+} + SO_4^{2-}$$

当水中溶解有以上这些电解质后，水就变成能导电的溶液，且这些离子浓度愈高，溶液的导电性就愈强(即溶液的电阻率愈小)，电渗析过程正是利用这一原理来制备纯水。

当原水进入电渗析器时，将电渗析器的电极接上电源，水溶液即发生导电，水中离子由于电场作用发生迁移，阳离子向负极运动，阴离子向正极运动。由于电渗析器两极间设置了多组交替排列的阴、阳离子交换膜，阳离子交换膜(属于苯乙烯强酸型$R—SO_3^-$)显示了强烈的负电场，溶液中的阴离子受排斥，而阳离子被膜吸附。在外电场作用下向负极方向传递交换并透过阳离子交换膜。阴离子交换膜(属于苯乙烯季铵型 R—$CH_2(CH_3)_3N^+$)显示了强烈的正电场，溶液中的阳离子受排斥，而阴离子被膜吸附。在外电场作用下向正极方向传递交换并透过阴离子交换膜，这样就形成了称为淡水室的去离子区间和称为浓水室的浓聚离子区(在电极区域则称为极水室)。在电渗析器内，淡水室和浓水室多组交替地排列，水经过电渗析器的淡水室并从其中流出，即得纯水(除盐水)。

4. *反渗透法*(Reverse Osmosis，简称 R. O)

通过加压使水渗透过极微小的渗透膜，使 95% ~99% 的其他溶解或非溶解物质均无法通过渗透膜。其原理如图 5 -3 所示。

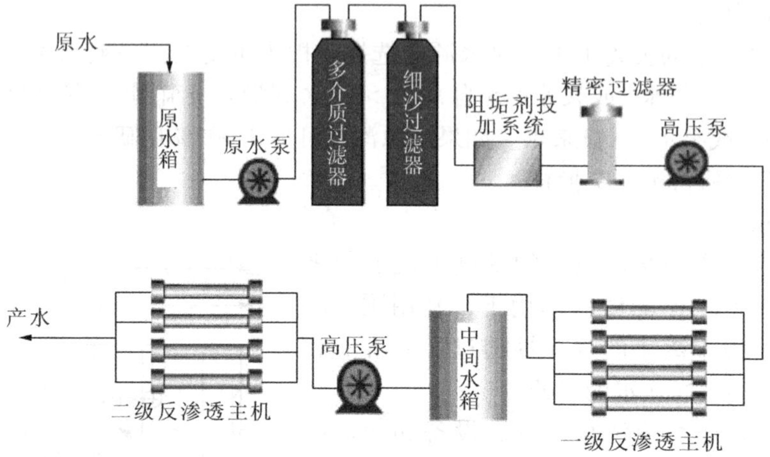

图 5 -3　反渗透原理图

逆渗透膜的孔径仅 0.0001μm 左右(细菌 0.4 ~1.0μm，病毒 0.02 ~0.4 μm)，能除去大量的不纯物质，如无机离子和多数有机化合物、微生物和病毒等，但仍有少量残留，一些更微小的离子(如硝酸根及溶解氯)还是不能有效地除掉。

目前，国内外厂商已先后推出了多种纯水、超纯水设备，可供选用。这些设备整合了离子交换、反渗透、超滤和超纯去离子等技术，能达到实验室对水纯度的要求，具有操作简便、设备简单、出水量大等优点，可广泛应用于不同要求的分析工作。

第二节　实验室化学试剂管理

化学试剂是化验中不可缺少的物质。试剂选择与用量是否恰当，将直接影响化验结果的好坏。对于化验工作者来说，了解试剂的性质、分类、规格及使用常识是非常必要的。

一、化学试剂的分级和规格

化学试剂的种类很多，世界各国对化学试剂的分类和分级标准不尽相同，国际标准化组织(ISO)和国际纯粹化学与应用化学联合会(IUPAC)也都有很多相应的标准和规定。IUPAC 对化学标准物质的分级有 A 级、B 级、C 级、D 级和 E 级(表 5 -4)，C 级和 D 级为滴定分析标准试剂，E 级为一般试剂。我国化学试剂的产品标准有国家标准(GB)和专业行业标准(ZB)及企业标准(QB)三级。对于试剂质量，我国有国家标准或部颁标准，规定了各级化学试剂的纯度及杂质含量，并规定了标准分析法。我国生产的试剂质量分为四级，表 5 -5 列出了我国化学试剂的分级。

表 5-4　IUPAC 对化学标准物质的分级

级　别	规　定
A	相对原子质量标准
B	与 A 级最接近的基准物质
C	含量为(100 ±0.02)%的标准试剂
D	含量为(100 ±0.05)%的标准试剂
E	与 C、D 级试剂为标准进行对比测定所得到的纯度或相当于这种试剂的纯度，比 D 级的纯度低

表 5-5　化学试剂的分级

级　别	习惯等级	名　称	英文名称	代　号	标签颜色	适用范围
一级	保证试剂	优级纯	Guranteed Reagent	GR	绿色	纯度提高，适用于精确分析和研究工作，有的可作为基础物质
二级	分析试剂	分析纯	Analytical Reagent	AR	红色	纯度提高，适用于一般分析及科研用
三级	化学试剂	化学纯	Chemical Pure	CP	蓝色	适用于工业分析与化学试验
四级	实验试剂		Laboratorial Reagent	LR	棕色	只适用于一般化学实验用

现以化学试剂重铬酸钾的国家标准(GB 642—86)为例加以说明。优级纯、分析纯的 $K_2Cr_2O_7$ 含量不少于 99.8%，化学纯含量不少于 99.5%；杂质最高含量(以百分含量计)见表 5-6。

表 5-6　重铬酸钾试剂中杂质最高含量　　%

名　称	GR	AR	CP	名　称	GR	AR	CP	名　称	GR	AR	CP
水不溶物	0.003	0.005	0.01	硫酸盐	0.005	0.01	0.02	铁	0.001	0.002	0.005
干燥失重	0.05	0.05	—	钠	0.02	0.05	0.1	铜	0.001	—	—
氯化物	0.001	0.002	0.005	钙	0.002	0.002	0.001	铅	0.005	—	—

除上述把化学试剂分为四级外，尚有其他特殊规格的试剂。这些试剂虽尚未经有关部门明确规定和正式发布，但多年来为广大的化学试剂厂生产、销售和使用者所熟悉与沿用，见表 5-7 中所列的特殊规格化学试剂。

表 5-7　特殊规格的化学试剂

规　格	代　号	用　途	备　注
高纯物质	EP	配制标准溶液	包括超纯、特纯、高纯、光谱纯
基准试剂		标定标准溶液	已有国家标准
pH 基准缓冲物质		配制 pH 标准缓冲溶液	已有国家标准
色谱纯试剂	GC	气相色谱分析专用	
	LC	液相色谱分析专用	
实验试剂	LR	配制普通溶液或化学合成用	瓶签为棕色的四级试剂
指示剂	Ind.	配制指示剂溶液	
生化试剂	BR	配制生物化学检验试液	标签为咖啡色
生物染色剂	BS	配制微生物标本染色液	标签为玫瑰红色
光谱纯试剂	SP	用于光谱分析	
特殊专用试剂		用于特定监测项目，如无砷锌	锌粒含砷不得超过 4×10^{-5}%

注：EP——Extra Pure；GC——Gas Chromatography；LR——Laboratory Reagent；Ind.——Indicntors；BR——Biochemical Reagent；BS——Biological Stains；LC——Liquid Chromatography；SP——Spectral Pure.

国外试剂规格有的与我国相同，有的不一致，可根据标签上所列杂质的含量对照加以判断。如常用的ACS(American Chemical Society)为美国化学协会分析试剂规格。“Spacpure”为英国Johnson Malthey出品的超纯试剂。德国的E. Merck生产有Suprapur(超纯试剂)。美国G. T. Baker有Ultex等。

二、化学试剂的包装

化学试剂的包装单位是指每个包装容器内盛装化学试剂的净重(固体)或体积(液体)。包装单位的大小是根据化学试剂的性质、用途和经济价值决定的。

我国化学试剂规定以下五类包装单位包装：

第一类：0.1g、0.25g、0.5g、1g、5g或0.5mL、1mL；

第二类：5g、10g、25g或5mL、10mL、25mL；

第三类：25g、50g、100g或20mL、25mL、50mL、100mL；

第四类：100g、250g、500g或100mL、250mL、500mL；

第五类：500g、1000g至5000g(每500g为一间隔)或500mL、1L、2.5L、5L。

根据实际工作中对某种试剂的需要量决定采购化学试剂的量。如一般无机盐类以500g，有机溶剂以500mL包装的较多。而指示剂、有机试剂多购买小包装，如5g、10g、25g等。高纯试剂、贵金属、稀有元素等多采用小包装。

三、化学试剂的选用与使用注意事项

化学试剂的选用应以分析要求，包括分析任务、分析方法、对结果准确度等为依据，来选用不同等级的试剂。如痕量分析要选用高纯度或优级纯试剂，以降低空白值和避免杂质干扰。在以大量酸碱进行样品处理时，其酸碱液应选择优级纯试剂。同时，对于所用的纯水的制取方法和玻璃仪器的洗涤方法也应有特殊要求。作仲裁分析也常选用优级纯、分析纯试剂。一般车间控制分析，选用分析纯、化学纯试剂。某些制备实验、冷却浴或加热浴的药品，可选用工业品。

不同分析方法对试剂有不同的要求。如络合滴定，最好用分析纯试剂和去离子水，否则因试剂或水中的杂质金属离子封闭指示剂，使滴定终点难以观察。

不同等级的试剂价格往往相差甚远，纯度越高价格越贵。若试剂等级选择不当，将会造成资金浪费或影响化验结果。

另外必须指出的是虽然化学试剂必须按照国家标准进行检验合格后才能出厂销售，但不同厂家、不同原料和工艺生产的试剂在性能上有时有显著差异。甚至同一厂家，不同批号的同一类试剂，其性质也很难完全一致。因此，在某些要求较高的分析中，不仅要考虑试剂的等级，还应注意生产厂家、产品批号等，必要时应作专项检验和对照试验。

有些试剂由于包装不良，或放置时间太长，可能变质，使用前应作检查。为了保障化验人员的人身安全，遵循化学试剂的使用守则，严格要求有关人员共同遵守。化验室工作人员应熟悉常用化学试剂的性质，如市售酸碱的浓度，试剂在水中的溶解度，有机溶剂的沸点、燃点，试剂的腐蚀性、毒性、爆炸性等。所有试剂、溶液以及样品的包装瓶上必须有标签。标签要完整、清晰，表明试剂的名称、规格、质量。溶液除了标明品名外，还应标明浓度、配制日期等。万一标签脱落，应照原样贴牢。绝对不允许在容器内装入与标签不相符的物品。无标签的试剂必须取小样鉴定后才可使用。不能使用的化学试剂要慎重处理，不能随意乱倒。

为了保证试剂不受污染，应当用清洁的牛角勺或不锈钢小勺从试剂瓶中取出试剂，绝对不可用手抓取。若试剂结块，可用清净的玻璃棒或瓷药铲将其捣碎后取出。液体试剂可用洗干净的量筒倒取，不要用吸管伸入原试剂中吸取液体。从试剂瓶内取出的、没有用完的剩余试剂，不可倒回原瓶。打开易挥发的试剂瓶塞时，不可把瓶口对准自己脸部或对准别人。不可用鼻子对准试剂瓶口猛吸气。如果需嗅试剂的气味，可把瓶口远离鼻子，用手在试剂瓶上方扇动，使空气流吹向自己而闻出其味。化学试剂绝不可用舌头品尝，化学试剂一般不能作为药用或食用。医药用药品和食品的化学添加剂都有安全卫生的特殊要求，由专门厂家生产。

四、化学试剂的管理与安全存放条件

化学试剂大多数具有一定的毒性及危险性，对化学试剂加强管理，不仅是保证分析结果质量的需要，也是确保人民生命财产安全的需要。

化学试剂的管理应根据试剂的毒性、易燃性、腐蚀性和潮解性等不同的特点，以不同的方式妥善管理。

化验室内只宜存放少量短期内需用的药品，易燃易爆试剂应放在铁柜中，柜的顶部要有通风口。严禁在化验室内存放总量超过20L的瓶装易燃液体。大量试剂应放在试剂库内。对于一般试剂，如无机盐应存放有序地放在试剂柜内，可按元素周期系类族，或按酸、碱、盐、氧化物等分类存放。存放试剂时，要注意化学试剂的存放期限，某些试剂在存放过程中会逐渐变质，甚至形成危害物。如醚类、四氢呋喃、二氧六环、烯烃、液体石蜡等，在见光条件下，若接触空气可形成过氧化物，放置时间越久越危险。某些具有还原性的试剂，如苯三酚、$TiCl_3$、四氢硼纳、$FeSO_4$、维生素C、维生素E以及金属铁丝、铝、镁、锌粉等易被空气中氧所氧化变质。

化学试剂必须分类隔离存放，不能混放在一起，通常把试剂分成下面几类分别存放。

（1）易燃类：易燃类液体极易挥发成气体，遇明火即燃烧，通常把闪点在25℃以下的液体均列入易燃类。闪点在－4℃以下者有石油醚、氯乙烷、乙醚、汽油、二硫化碳、缩醛、丙酮、苯、乙酸乙酯、乙酸甲酯等。闪点在25℃以下的有丁酮、甲苯、甲醇、乙醇、异丙醇、二甲苯、乙酸丁酯、乙酸戊酯、三聚甲醛、吡啶等。

这类试剂要求单独存放于阴凉通风处，理想存放温度为－4～4℃。闪点在25℃以下的试剂，存放最高室温不得超过30℃，特别要注意远离火源。

（2）剧毒类：专指由消化道侵入极少量即能引起中毒致死的试剂。生物试验半致死量在50mg/kg以下者称为剧毒物品，如氰化钾、氰化钠以及其他剧毒氰化物，三氧化二砷及其他剧毒砷化物，二氯化汞及其他剧毒汞盐，硫酸二甲酯，某些生物碱和毒苷等。

这类试剂要置于阴凉干燥处，与酸类试剂隔离。应锁在专门的毒品柜中，建立双人登记签字领用制度。建立使用、消耗、废物处理等制度。皮肤有伤口时，禁止操作这类物质。

（3）强腐蚀类：指对人体皮肤、黏膜、眼、呼吸道和物品等有极强腐蚀性的液体和固体（包括蒸汽），如发烟硫酸、硫酸、发烟硝酸、盐酸、氢氟酸、氢溴酸、氯磺酸、氯化砜、一氯乙酸、甲酸、乙酸酐、氯化氧磷、五氧化二磷、无水三氯化铝、溴、氢氧化钠、氢氧化钾、硫化钠、苯酚、无水肼、水合肼等。

存放处要求阴凉通风，并与其他药品隔离放置。应选用抗腐蚀性的材料，如耐酸水泥或耐酸陶瓷制成架子来放置这类药品。料架不宜过高，也不要放在高架上，最好放在地面靠墙处，以保证存放安全。

(4) 燃爆类：这类试剂中，遇水反应十分猛烈发生燃烧爆炸的有钾、钠、锂、钙、氢化锂铝、电石等。钾和钠应保存在煤油中。试剂本身就是炸药或极易爆炸的有硝酸纤维、苦味酸、三硝基甲苯、三硝基苯、叠氮或重氮化合物、雷酸盐等，要轻拿轻放。与空气接触能发生强烈的氧化作用而引起燃烧的物质如黄磷，应保存在水中，切割时也应在水中进行。引火点低、受热、冲击、摩擦或与氧化剂接触能急剧燃烧甚至爆炸的物质，有硫化磷、赤磷、镁粉、锌粉、铝粉、萘、樟脑等。

此类试剂要求存放室内温度不超过 30℃，与易燃物、氧化剂均须隔离存放。料架用砖和水泥砌成，有槽，槽内铺消防砂。试剂置于砂中，加盖，万一出事不致扩大事态。

(5) 强氧化剂类：这类试剂是过氧化物或含氧酸及其盐，在适当条件下会发生爆炸，并可与有机物、镁、铝、锌粉、硫等易燃固体形成爆炸混合物。这类物质中有的能与水起剧烈反应，如过氧化物遇水有发生爆炸的危险。属于此类的有硝酸铵、硝酸钾、硝酸钠、高氯酸钾、高氯酸钠、高氯酸镁或钡、铬酸酐、重铬酸钾及其他铬酸盐、高锰酸钾及其他高锰酸盐、氯酸钾或钠、氯酸钡、过硫酸铵及其他过硫酸盐、过氧化钠、过氧化钾、过氧化钡、过氧化二苯甲酰、过乙酸等。存放处要求阴凉通风，最高温度不得超过 30℃。要与酸类及木屑、炭粉、硫化物、糖类等易燃物、可燃物或易被氧化物(即还原性物质)等隔离，堆垛不宜过高过大，注意散热。

(6) 放射性类：一般化验室不可能有放射性物质。化验操作这类物质需要特殊防护设备和知识，以保护人身安全，并防止放射性物质的污染与扩散。

以上 6 类均属于危险品。

(7) 低温存放类：此类试剂需要低温存放才不致于聚合变质或发生其他事故。属于此类的有甲基丙烯酸甲酯、苯乙烯、丙烯腈、乙烯基乙炔及其他可聚合的单体、过氧化氢、氢氧化铵等。存放于温度 10℃以下。

(8) 贵重类：单价贵的特殊试剂、超纯试剂和稀有元素及其化合物均属于此类，这类试剂大部分为小包装。这类试剂应与一般试剂分开存放，加强管理，建立领用制度。常见的有钯黑、氯化钯、氯化铂、铂、铱、铂石棉、氯化金、金粉、稀土元素等。

(9) 指示剂与有机试剂类：指示剂可按酸碱指示剂、氧化还原指示剂、络合滴定指示剂及荧光吸附指示剂分类排列。有机试剂可按分子中碳原子数目多少排列。

(10) 一般试剂：一般试剂分类存放于阴凉通风、温度低于 30℃的柜内即可。

第三节　实验室仪器设备管理

一、实验室仪器设备管理的方式和内容

仪器设备是实验室检验系统的要素之一，是实验室必需的“硬件”，也是各级各类实验室开展工作的重要物质条件，对保证工作质量和技术水平起着重要作用。仪器设备的优劣是反映检验系统分析检验能力高低的重要因素，同时也直接关系到能否实现检验系统的任务和目标。

实验室仪器设备管理是指在实验室环境下，根据一定的程序、方法和原则，对实验室仪

器设备在整个寿命周期中加以计划、指导、维护、控制和监督，使之安全、有效、高质量、高效益地为实验室工作服务。常用的管理方式有两种：其一是技术管理方式，管理的对象是仪器设备的物质变化过程，其目的是掌握仪器设备物质的运动规律，使仪器设备处于良好的技术性能状态，保证工作质量和技术水平。其二是经济管理方式，管理对象是仪器设备从购置、运行一直到报废的各项费用，其目的是掌握仪器设备价值运动规律，包括购置、运行、维护修理、更新等各项经费，以期花最小的投资，求得最大的经济效益。仪器设备管理应该是这两种方式的动态管理过程，是技术与经济管理的统一体。我们在以往的仪器设备管理工作中，常常注重仪器设备的物质变化过程，而忽视了仪器设备的经济价值变化过程。

实验室仪器设备的管理内容和层次可以概括为如图 5－4 所示，实验室仪器设备的管理流程图如图 5－5 所示。

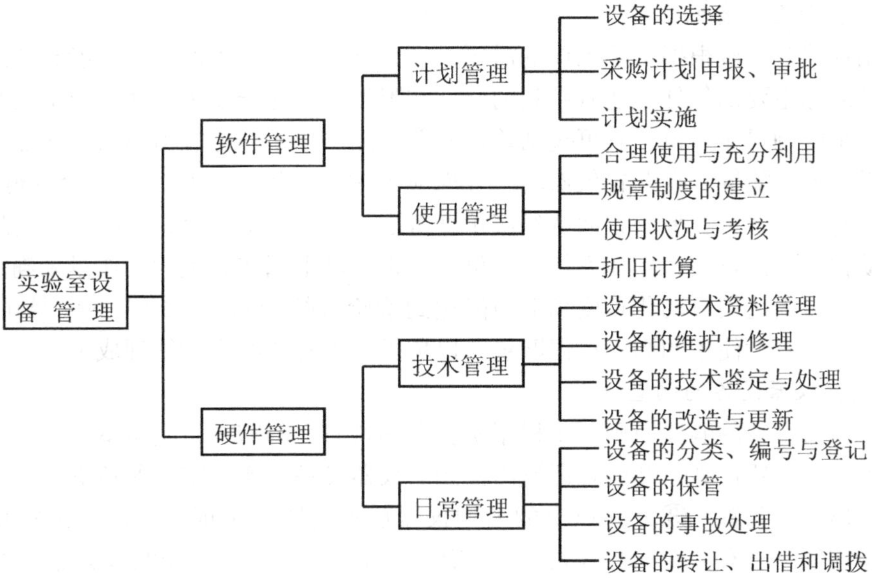

图 5－4　实验室仪器设备管理的内容

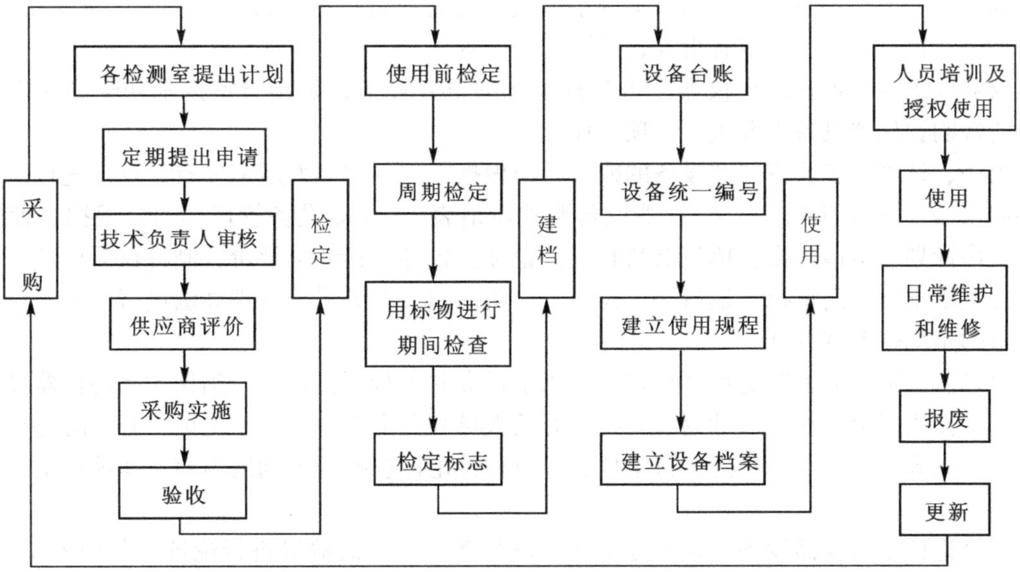

图 5－5　实验室仪器设备管理的流程

利用有效的管理措施使仪器设备以良好的技术状态为生产及科研服务，最大限度地发挥其投资效益，是仪器设备管理的中心任务。除此之外仪器设备管理的任务还包括：①建立健全的仪器设备管理制度；②正确选择及购置仪器设备(既要达到技术先进又要经济合理)；③购进仪器设备应尽快投入使用，并按计划进行定期保养、维修，使设备提供最大限度的可用时间；④充分而合理地利用仪器设备的技术性能，提高仪器设备的使用效能；⑤有目的地进行技术开发；⑥控制仪器设备运行费用。

二、实验室仪器设备的计划管理

实验室仪器设备的计划管理即仪器设备的配备与购置管理，包括仪器设备的配备标准、购置计划、购置论证、采购和验收等方面的管理。

1. 实验室仪器设备的配备

在选用仪器时，应根据实际工作的需要，在充分了解其同类产品的性能和特点后加以选定；有的产品除主要部件外，还有系列的配件和附件，以充分发挥其功能或扩展其功能。如一台功能齐全的倒置显微镜，它可包括普通光源功能、相差功能、恒温培养功能、显微拍照功能和显微摄像功能等。在购置仪器时一方面应考虑有足够的配件，否则会降低仪器性能。如离心机应有足够转头；另一方面从经济角度考虑不应盲目地求全，而应有目的地选择。有的仪器自动化程度比较高，操作方便，但价格昂贵，可根据实验室的工作量来确定。若工作量不饱和，应适当选用自动化程度稍低但能达到检验目的产品。有的大型仪器利用率很低，而在社会上可以有偿使用的则不提倡购置，以免投入不必要的维护管理成本。

2. 实验室仪器设备的购置

实验室仪器设备的购置原则：①根据实验室学科研究的需求、实验室发展计划和经费能力制订仪器设备购置计划。②购置课题内使用的仪器设备由实验室课题负责人自行选型、调研、论证、招标及购置。③万元以上的大型仪器购置要履行论证、答辩、招标和报批等过程。由实验室领导、有关专家和人员组成“论证小组”，对大型仪器购置方案的必要性、合理性、可行性进行论证，并筹资购置。④批准购置的仪器设备，由实验室技术负责人与具体管理人员配合组织实施。⑤万元以下的小型仪器设备购置，亦应根据实验室需求提出申请，搞好调研，报实验室主任审查批准，筹资实施购置。

仪器设备的购置管理是仪器设备管理工作的重要环节，是实验室技术和经济保障的源头。通常购置仪器设备需要做好三项工作：

第一、计划。实验室仪器设备的购置，应根据工作内容和发展需要有计划地进行。实验室要向仪器设备管理部门提交“仪器设备购置申请表”。仪器设备管理部门要根据各使用部门的工作计划、申请理由、单位财政状况及论证报告等进行综合评价，制订仪器设备采购计划，报上级主管部门审批，最后由仪器设备采购部门按有关采购管理办法进行采购。计划审批的目的是加强宏观管理。

第二、论证。为了避免重复购置、低水平投资和运行不良，同时确保购置的仪器设备质量可靠、使用安全，在生成计划前要组织有关人员和专家进行可行性论证，必要时进行实地考察，为正确选择仪器设备提供科学依据。可行性论证包括两方面的内容，即项目论证和技术评估。

项目论证是对仪器设备购置的必要性、可行性、经济效益等进行论证，其内容主要有：投资必要性论证、经济效益预测、技术力量配备的论证、安装条件的论证、运行费及维护资金来源的论证等方面。项目论证是配置和购买仪器设备的重要环节，必须在技术评估前就要做好项目论证，否则，再好的技术评估都将前功尽弃。

技术评估是指对拟购仪器设备同类型号、性能、配置和技术指标等进行调研，收集各种同类产品的技术资料，然后进行分析和比较。技术评估的内容应包括：技术先进性、仪器设备可靠性、可维护性、安全性、节能性、配套性、环保性等方面。购置选择仪器设备是一项综合技术，必须认真做好调查并对诸多方面因素进行全面的综合分析。当本单位缺少适当的专业人员时，应通过专业机构的专家进行咨询，力求获得尽可能准确可靠的信息，以免作出错误的判断。购置仪器设备往往投资费用大，对实验室技术和经济保障影响大，可引入投资风险问责制，分清责任，加强论证管理、购置仪器设备的部门负责人必须对《论证报告》的可靠性负责；设备管理部门必须对采购、运输及合同执行情况负责；申购单位、申请人必须对仪器设备的运行管理及使用效益负责。

第三、采购。目前，我国各级各类国家企、事业单位和社会团体实验室，购买仪器设备的资金大多是国家财政拨款或需要由国家财政偿还的公共借贷款。因此，其采购方式为政府采购(也称公共采购)。政府采购通常采用以下方式：公开招标、邀请招标、竞争性谈判招标、单一来源采购、询价采购及国务院政府采购监督管理部门认定的其他采购方式等，其中公开招标是政府采购的主要采购方式。仪器设备采购要按有关政府采购的法规，根据不同的采购规模、采购对象及采购时间要求等，采用不同的采购方式和采购程序，每项活动都要规范运作，体现“公开、公平、公正”的原则，接受社会监督。

3. 实验室仪器设备的验收

仪器设备的验收是保证仪器设备质量和正常运行的关键环节之一，是购置过程的结束，常规管理的开始；是一项技术性很强的工作，必须有一套完善的验收程序。要成立专门验收小组，由熟悉该类仪器的专家负责，组织学习说明书等资料，拟定验收、安装的计划，并认真实施。验收人员应当具备高度的工作责任心和一定的专业技术水平，熟悉验收工作流程。验收工作应及时地严格按照有关要求和程序进行，特别是进口的大型仪器设备，因合同索赔期在其到达口岸至验收之间有一定的时间要求，验收不及时会造成不应有的损失。

仪器设备验收的流程如图 5 - 6 所示。

仪器设备验收内容主要有数量验收(开箱时应注意包装完整性，主机、配置、附件、备件数量和外观，随机资料、工具是否齐全。装箱单、实物、订货合同三者应当相符，不相符的应办理索赔)，质量验收(质量验收包括全部性能指标的测试和稳定性考核。验收完毕，验收负责人应在验收单上就仪器质量、性能做出判定和评价，验收合格后在验收单上签字)。数量验收和质量验收都必须在索赔期内尽早完成，需要索赔的由技术组配合研究所仪器设备管理人员及时办妥索赔手续。

具体可分为到货验收与技术验收两部分。

(1) 到货验收：到货验收是指仪器设备安装以前的验收，其工作重点是以所签订的合同为依据，核对实物与标书、订货清单(装箱单)是否相符。

到货验收的方式：到货验收根据验收的时间和地点分为到发现场验收和使用单位现场验收。到货现场验收是指对仪器设备到达口岸(港口、机场、车站)后，派人在到货现场查验和接转时的验收。使用单位现场验收是指订购的仪器设备由运输部门运抵到达使用单位后进行的验收。

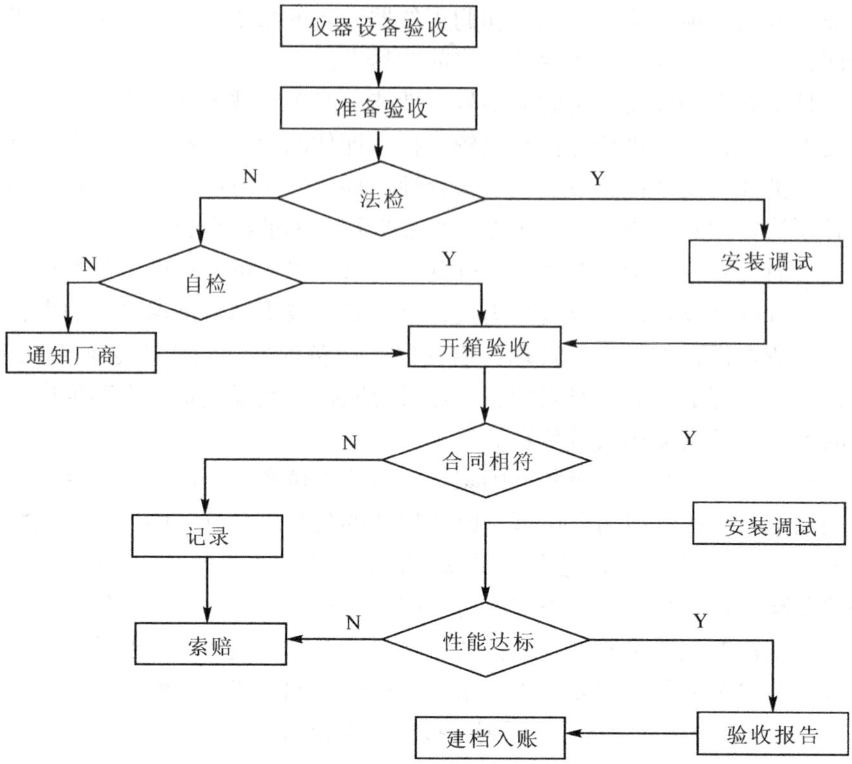

图 5-6　仪器设备的验收流程

到货验收的程序：①开箱。开箱前先清点和察看实物与合同运输单上的箱数、商标是否相符，开箱时箱体要按运输标记要求正立。不能用猛力敲击，防止震坏内部部件，开箱后先检查内包装是否破损，如有残损要及时拍照记录，并检查内包装是否符合要求。②清点。数量清点应当以合同、装箱单、合同配置清单为依据逐项核对并作记录。包装箱内一般应有下列文件：检验合格证、使用说明书、维修手册、维修电路图纸等。清点时不仅要核对数量，还应逐项核对产品的规格、型号、编号是否相符，如出现实物数量与单据不符，应当做好记录并保留好原包装，便于向厂方要求补发或索赔。③外形查看。开箱清点数量后，要对主机及附件进行检查。查看内容包括：仪器的外形、仪器的面板、制造厂名称、产品名称、型号、电源电压、频率、额定功率、出厂编号、出厂时间等。④机内各组件检查。在必要的情况下，应打开外壳对机内各组件进行检查，查验其型号、规格与合同是否符合，有无缺件等情况。部件的外观品质是否良好，防止翻新或旧的部件混入整机。⑤重点检查精密、易碎部件。对于精密、易碎的部件，如探头、仪表、监视器、镜头、光源等，要仔细查看。⑥验收结果。验收结束后应填写验收报告，所有与合同要求不符的情况都应做好有关记录并拍照、录像，以备索赔。验收报告应由使用科室、设备管理部门与厂商代表三方验收人员签字。

（2）安装调试与技术验收：

① 安装调试。按合同规定供方应派合格的技术人员进行安装调试，参加安装调试的人员由使用部门有经验的具有高级职称的工程技术人员与实验技术人员及操作管理人员组成。要先熟悉设备的安装、使用说明书，了解仪器设备的性能，掌握安装调试的基本要求。在安装调试过程中，应按照说明书对设备的各项技术功能(包括软件功能)逐一调试，必要时应作实际操作。使用和维修人员应尽快熟悉和掌握仪器设备操作使用的关键技术。安装调试完

成后，仪器设备应连续开机以验证设备的可靠性。有关人员要做好安装调试记录，同时制定使用操作规程及管理制度。操作规程及管理制度应包括以下内容：使用人员应具备的技术条件、开机前注意事项及程序、安全措施、操作步骤、日志文档、设备发生意外时的处理措施、维修保养记录、更换人员的交接手续等。

② 技术验收。是对仪器设备的功能配置验收与技术性能指标检测。功能配置验收应根据招标文件和合同技术配置单中提供的各项功能(包括软件功能版本)，逐项进行核对并进行操作演示，检查是否缺少与合同不相符的内容，设备是否能正常工作，并作记录。这项工作也可以与设备调试同时进行。技术性能指标检测应根据招标文件或合同技术配置的各项可测技术性能指标，按厂方提供的测试条件，对设备逐项进行测试。对检测结果应作出合格与不合格的结论，并做好记录。检测验收报告应由参加检测的各方共同签字。

对不合格的检测项目应由生产厂商负责重新调试或更换新部件，直至测试合格。对功能配置不符或技术性能指标达不到出厂技术要求、又无法调整复原者，应向供应商提出更换或技术索赔。进口设备索赔工作应通过商检部门鉴定、签发鉴定证书，由外贸代理机构协助进行，并报海关备案。技术验收合格后要及时提交验收报告，由实验室与设备管理部门进行归档保存，设备即可投入正常使用。

三、实验室仪器设备的使用管理

1. 仪器设备的合理使用与充分利用

仪器设备的价值、用途、稀有程度、精度及全面的技术状况各有不同，在使用时要从仪器设备的实际出发合理安排任务。所谓合理安排任务，一是要做到技术合理；二是做到经济合理。例如，对一些复杂样品的分析，常常需要综合应用化学分析法和仪器分析法进行测定；常量成分用化学分析法或精度低的仪器设备分析测定；微量成分用仪器分析法或精度高的仪器设备分析测定。避免大机小用、精机粗用，技术上不合理地使用仪器设备，不仅直接影响仪器设备的技术寿命，而且也是最不经济的。

2. 规章制度的建立

仪器设备管理是一项系统工程，实验室工作与仪器设备构成庞大的运作体系，交织着各种技术、经济与安全问题。应根据国家有关的法律、法规和政策，建立健全适合本单位仪器设备管理的各项规章制度，明确各自的职责，使仪器设备的管理工作制度化、规范化。

切实可行的规章制度是有效管理的基础，有关仪器设备管理的规章制度应包括：购置审批制度、采购管理制度、验收管理制度、操作使用管理制度、维修保养工作制度、报损报废制度、调剂管理制度、事故处理制度和计量管理制度等。

3. 使用状况考核

仪器设备管理考核方式有两种：一种是按各级仪器设备管理机构的要求定期组织的系统内部的考核；另一种是由上级行政管理部门组织的对各级实验室的检查评审。主要考核内容包括：各项规章制度落实与执行情况、年度计划执行情况、资产管理状况、保管与维护情况、仪器设备使用状态、仪器设备的社会效益和经济效益等。其重点是仪器设备完好率和利用率。

(1) 完好率。完好率是反映仪器设备在使用阶段技术状况的综合指标，包括实验室设备管理水平、实验人员的操作水平及仪器设备的维护保养技能的实际水平。计算公式如下：

$$完好率 = \frac{在用仪器设备总台数 - 损坏仪器设备台数}{在用仪器设备总台数} \times 100\% \tag{5-2}$$

要制定评估标准、评估方法和具体要求。例如，现有仪器设备(固定资产)完好率要达到100%；评估方法采用：抽查5台不同类型仪器设备的3项主要性能指标，不能正常工作的不超过一台。具体要求：①日常维护要及时，定期进行检查与维护，保证仪器设备的正常运行与使用；②无修复价值的要及时办理报废。

(2) 利用率。利用率是反映仪器设备在1年中的实际使用时间和年额定使用时间之比，是反映仪器设备投资效益的经济指标，计算公式如下：

$$利用率 = \frac{仪器设备的年实际使用机时数}{仪器设备的年额定使用机时数} \times 100\% \tag{5-3}$$

在采购同类型设备时，应认真考核仪器设备利用率。如果现有仪器设备利用率不高，应考虑与其他单位共享该仪器设备，以避免浪费。

四、实验室仪器设备的技术管理

1. 仪器设备的技术资料管理

仪器设备的技术资料是正确使用仪器设备以及考核和评价仪器设备完好程度的重要依据。仪器设备技术资料主要分为两大部分：

(1) 原始资料。包括购置仪器设备的申请报告(论证报告)、订货合同和验收记录，以及随仪器设备带来的全部技术资料(如：仪器设备结构原理图、电路图、出厂检验单及合格证、使用说明书、附件、备件明细表等)。

(2) 使用资料。包括工作日志和履历卡。工作日志主要记录仪器设备每次使用的操作人员、操作时间、仪器设备运行情况、工作内容及结果等，是考核仪器设备使用效益的重要依据。维修记录卡主要记录故障现象、原因、排除故障采取的措施、维修记录、质量检定及校准记录、技术改造记录等技术状态情况。它是仪器设备的性能和技术指标的历史记录，是考核仪器设备技术状态的依据。

仪器设备技术资料管理的要求：①及时。仪器设备的技术资料应于申请采购时立即建立。②齐全。仪器设备的技术资料必须收录所有与该仪器设备有关的技术资料，包括主要生产厂家或供应商的产品介绍资料、说明书等。③详实整洁。仪器设备在从验收到报废的整个寿命周期中发生的所有现象及其处理均应作详细如实记录，并按发生时间先后次序归档(特殊状况者可以另列专项目录，以方便查阅)。④规范。所有仪器设备技术资料必须妥善保管，不得随意销毁。属于报废或淘汰的仪器设备的技术资料，应报告仪器设备主管部门，并按批复进行处理。

2. 仪器设备的修理与淘汰

(1) 仪器设备的修理。仪器设备在使用过程中，由于自然和人为原因，技术状况逐渐发生变化，工作能力和使用性能逐渐降低，甚至诱发事故。为了消除事故隐患，保证仪器设备正常运行，在仪器设备出现比较明显损坏或技术状况出现比较明显劣化，通过日常的维护保养不能恢复技术性能时，需要对仪器设备进行修理，又称维修。

它包括各类预防修理和事后修理。

① 预防修理。又称计划修理，它是通过日常的维护保养和经常的检查，掌握仪器设备的运行规律，在预测可能出现的故障发生以前，有计划地安排修理时间所进行的修理，由于

带有预防性质故称为预防修理。预防修理的主要工作内容包括：外观、控制部件及内部清洁、润滑、更换易耗元件；操作性能测试、调整和电气安全测试等。预防修理要根据仪器的具体情况，参考仪器设备说明书及有关技术资料，制定科学合理的预防修理计划、方案、测试方法和详细步骤，这是预防修理的关键。

预防修理的特点：事前安排修理时间，事先准备修理用材料和零部件，因此，耗费在准备工作上的时间比较少。同时由于尚未发生故障，仪器设备的损坏也比较小，相对而言要比事后的修理少用修理工时。因此，预防修理可以把修理工作对分析测试工作的影响大大减少。某些耗用工时较少的修理项目，还可以安排在实验室的工作间隙中（或下班后）进行，不影响分析测试工作。

预防修理的缺点：总的修理工作量和修理费用会因“预防”而有所增加，对仪器设备形成过度保养，从而增加了运行成本。

② 事后修理。又称故障维修，即在仪器设备发生故障或事故以后进行的修理。故障维修是仪器设备维修部门的一项重要工作内容，可以由仪器设备维修部门的技术人员负责，也可由仪器设备生产厂家、供应商或第三方承担维修服务。

事后修理目的性较强。但是由于发生故障的时间通常是在人们意料之外，故往往会缺乏思想准备和物质准备，导致修理时间比较长，容易打乱正常实验工作的进度，影响分析测试工作。

仪器设备修理的基本原则是：大型贵重的仪器设备修理后需要进行复杂调试的仪器设备应采用预防修理；对日常分析检验工作影响较大、修理工时长或者发生故障后对仪器设备损害较大的仪器设备，尽量采用预防修理。其他的一般仪器设备一般考虑采用“事后修理”方式。

（2）仪器设备的淘汰：

仪器设备淘汰的条件：①国家规定的淘汰目录中的仪器设备；②型号过于陈旧不能适应分析检验要求的仪器设备；③已到寿命周期的仪器设备；④虽然未到寿命周期，但由于长时间使用，其主机或主要零、部件严重老化不能修复，或者修复费用与效果极不相称的仪器设备；⑤因事故损坏严重，即使修理也不能恢复原来的技术性能的仪器设备；⑥由于不合格修理造成无法弥补的损坏的仪器设备；⑦非国家认可的专业生产单位制造的仪器设备。

仪器设备淘汰的程序：①使用部门提出申请并提交技术鉴定资料；②有关专业人员检查，必要时进行复核鉴定；③仪器设备主管部门审批；④执行淘汰决定，办理手续，账目和实物核对销出。

3. 仪器设备的技术改造和更新

仪器设备的技术改造和更新是把科学技术的新成就应用于现有的仪器设备，改变它的技术状况，提高其技术水平，使老设备发挥新作用，它是实现仪器设备现代化的一个重要途径。

（1）适用对象。仪器设备的改造和更新对象一般是自身价值较高、使用寿命较长、技术性能比较完善的精密、大型或贵重的仪器设备。这类仪器设备自身综合性能较好，而且在设计时留有改造和更新余地，可以通过连接一些新配件调整其工作性能，获得更好的检测性能。

（2）仪器设备改造和更新的实施规范。为了使经过改造的仪器设备获得预期的技术性能和测试效果，应事先提出技术改造和更新方案；做出经费预算，进行可行性论证。然后报主管业务部门审批，以确保技术改造的顺利完成。实施改造和更新时，应会同仪器设备的制造厂家或销售商家的技术人员一起进行工作。完成后要组织验收和技术鉴定。

4. 仪器设备的技术检定

仪器的检定是指查明或确认计量器具是否符合法定要求的程序，它包括检查、加标记和（或）出具检定证书。检定通常是进行量值传递、保证量值准确一致的重要措施。《中华人民共和国计量法》规定，县级以上人民政府计量行政部门对社会公用计量标准器具，部门和企业、事业单位使用的最高计量标准器具，以及用于贸易结算、安全防护、医疗卫生、环境监测四个方面的列入强制检定目录的工作计量器具，实行强制检定；未按照规定申请检定或者检定不合格的，不得使用。1987 年 5 月 28 日国家计量局发布了《中华人民共和国强制检定的工作计量器具明细目录》，列出了 55 类 111 种工作计量器具，经 1999 年、2001 年和 2002 年三次调整，现共计有 59 类工作计量器具需经强制检定后才能使用。其中与分析检验实验室相关的项目主要有温度计、砝码、天平、流量计、有害气体分析仪、酸度计和分光光度计等。表 5－8 列出了强制检定的工作计量器具明细清单。

实验室购入的新仪器，特别是对测定数据有重要影响的仪器设备，必须经过检定合格后方可使用。检定期满的仪器设备也须经再次检定并合格后方能使用，检定不合格或未经检定的仪器设备不得用于出具检测数据。

表 5－8　中华人民共和国强制检定的工作计量器具明细目录

编　　号	种　　类	具体工作计量器具
1	尺	竹木直尺、套管尺、钢卷尺、带锤钢卷尺、铁路轨距尺
2	面积计	皮革面积计
3	玻璃液体温度计	玻璃液体温度计
4	体温计	体温计
5	石油闪点温度计	石油闪点温度计
6	谷物水分测定仪	谷物水分测定仪
7	热量计	热量计
8	砝码	砝码、链码、增砣、定量砣
9	天平	天平
10	秤	杆秤、戥秤、案秤、台秤、地秤、皮带秤、吊秤、电子秤、行李秤、邮政秤、计价收费专用秤、售粮机
11	定量包装机	定量包装机、定量灌装机
12	轨道衡	轨道衡
13	容量器	谷物容重器
14	计量罐、计量罐车	立式计量罐、卧式计量罐、球形计量罐、汽车计量罐车、铁路计量罐车、船舶计量仓
15	燃油加油机	燃油加油机
16	液体量提	液体量提
17	食用油售油器	食用油售油器
18	酒精计	酒精计
19	密度计	密度计
20	糖量计	糖量计
21	乳汁计	乳汁计
22	煤气表	煤气表
23	水表	水表
24	流量计	液体流量计、气体流量计、蒸气流量计
25	压力表	压力表、风压表、氧气表
26	血压计	血压计、血压表

续表

编　号	种　类	具体工作计量器具
27	眼压计	眼压计
28	汽车里程表	汽车里程表
29	出租汽车里程计价表	出租汽车里程计价表
30	测速仪	公路管理速度监测仪
31	测振仪	振动监测仪
32	电度表	单相电度表、三相电度表、分时记度电度表
33	测量互感器	电流互感器、电压互感器
34	绝缘电阻、接地电阻测量仪	绝缘电阻测量仪、接地电阻测量仪
35	场强计	场强计
36	心、脑电图仪	心电图仪、脑电图仪
37	照射量计(含医用辐射源)	照射量计、医用辐射源
38	电离辐射防护仪	射线监测仪、照射量率仪、放射性表面污染仪、个人剂量计
39	活度计	活度计
40	激光能量、功率计(含医用激光源)	激光能量计、激光功率计、医用激光源
41	超声功率计(含医用超声源)	超声功率计、医用超声源
42	声级计	声级计
43	听力计	听力计
44	有害气体分析仪	CO 分析仪、CO_2分析仪、SO_2分析仪、测氢仪、硫化氢测定仪
45	酸度计	酸度计、血气酸碱平衡分析仪
46	瓦斯计	瓦斯报警器、瓦斯测定仪
47	测汞仪	汞蒸气测定仪
48	火焰光度计	火焰光度计
49	分光光度计	可见光分光光度计、紫外分光光度计、红外分光光度计、荧光分光光度计、原子吸收分光光度计
50	比色计	滤光光电比色计、萤光光电比色计
51	烟尘、粉尘测量仪	烟尘测量仪、粉尘测量仪
52	水质污染监测仪	水质监测仪、水质综合分析仪、测氰仪、溶氧测定仪
53	呼出气体酒精含量探测器	呼出气体酒精含量探测器
54	血球计数器	电子血球计数器
55	屈光度计	屈光度计
56	电子计时计量装置	电话计时计费装置
57	棉花水分测量仪	棉花水分测量仪
58	验光仪	验光仪、验光镜片组
59	微波辐射与泄漏测量仪	微波辐射与泄漏测量仪

实施强制检定程序时，由使用单位将所有在用的需强制检定的计量器具登记造册，建立管理基本档案，报当地质量技术监督部门备案，同时向其指定的检定机构申请检定。如当地不能检定，应向上一级质量技术监督部门指定的检定机构申请检定。因体积庞大或不便运输等客观条件限制而不能送检的计量器具，由检定机构派员到现场检定。

根据我国国家计量技术规范 JJF1139—2005《计量器具检定周期确定原则和方法》，计量器具检定周期的确定有三个原则：①制定或修订计量器具规程时，应根据所适用计量器具的本身特征(如计量器具的工作原理、结构形式与所用材质)、计量器具的性能要求(如最大允许误差、测量重复性与测量稳定性)以及计量器具的使用情况(如环境条件、使用频率与维护状况)来确定其检定周期；②确定计量器具检定周期时，首先应明确所适用计量器具的测

量可靠性目标 R，一般计量器具的测量可靠性目标 $R \geqslant 90\%$；③计量器具检定周期的确定应选用合适的方法进行分析测算。检定周期的确定方法主要有反应法（如固定阶梯调整法、增量反应调整法、间隔测试法）和最大似然估计法（如经典法、二项式法和更新时间法），其具体计算方法可参考《计量器具检定周期确定原则和方法》。

在《中华人民共和国强制检定的工作计量器具明细目录》之内的计量器具，只要不是作为计量基准、社会公用计量标准、部门和企业事业单位的最高计量标准以及用于贸易结算、安全防护、医疗卫生、环境监测等四方面的工作，以及目录之外的计量器具，都属于非强制检定的计量器具。非强制检定的周期和检定方式由实验室自行决定，根据仪器设备的使用频率和稳定性，一般3~6个月检定一次。

五、实验室仪器设备的日常管理

仪器设备的日常管理包括仪器设备的分类、编号和登记；规章制度的建立、执行和落实；仪器设备的使用、保管与维护；仪器设备的出借、转让、调拨和报废；仪器设备事故处理等。

1. 设备的分类、编号与登记

实验室仪器设备种类繁多，分类、编号和登记是仪器设备管理的重要手段，应有统一的分类代码及编号。例如，可采用8位数字，4级分类编码法。该法将固定资产分为16大类，即：(1)房屋及构筑物；(2)土地及植物；(3)仪器仪表；(4)机电设备；(5)电子设备；(6)印刷机械；(7)卫生医疗器械；(8)文体设备；(9)标本模型；(10)文物及陈列品；(11)图书；(12)工具、量具及器皿；(13)家具；(14)行政办公设备；(15)被服装具；(16)牲畜等。定为一级分类，占8位数字的第一、二位。在16大类以下，以物资属性和使用方向定为二级分类，占8位数字的第三、四位。以结构特点和性质用途定为三级分类，占8位数字的第五、六位。以名称作为四级分类，占8位数字的第七、八位。以傅立叶变换红外光谱仪为例，分类号为03030411，各节数字表示内容如图5-7所示。分类编号确定之后，为了便于核对管理，应在仪器设备上做出标志（漆号或贴标牌），粘贴标签，并及时填写各种统计报表，供财务部门、仪器设备管理和使用部门登记。

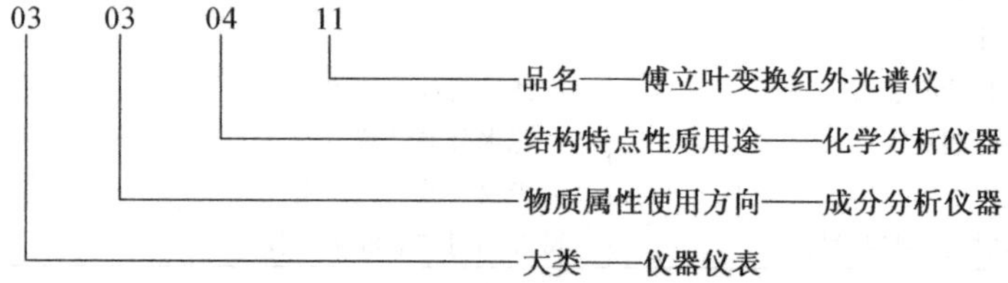

图5-7　仪器分类编号数字表示内容说明

仪器设备是实验室的固定资产（固定资产是指使用期限较长、单位价值较高，并且在使用过程中保持原有实物形态的资产），应根据财务管理的要求建立总账、分户账和台账。总账就是整个单位的全部仪器设备账；分户账就是部门账、科室账；台账就是每台仪器使用的流水账。为了掌握仪器设备的分布和流向，便于仪器设备各种信息的综合利用与共享，可建立仪器设备管理数据库，并实现计算机网络信息化管理。

2. 设备的使用、保管与维护

仪器设备经过验收投入使用后，使用部门要落实操作和保管人员，建立岗位责任制，制定操作规程和维护、使用管理办法，以保证仪器设备经常处于可用的良好状态。由于任务不足，使用效率不高的仪器设备要组织开放使用，为其他单位使用提供方便条件。凡本单位已不使用或长期闲置的仪器设备要及时调出。对不值得修复改造的陈旧仪器设备，可以申请报废，经过技术鉴定办理报废手续，并作财务处理。

（1）仪器设备的使用。仪器设备的使用原则是安全、合理、充分。仪器设备的合理使用是延长仪器设备的使用寿命、保持仪器设备应有精度、提高使用效率的重要保证。合理使用仪器设备必须做到以下几点：

① 仪器设备的使用环境应满足使用要求。

② 凡新购用于检测的仪器，正式启用前必须进行检定。

③ 主要仪器设备应制定操作规程，内容应包括操作方法、安全注意事项、维护方法。操作规程由各仪器设备管理人员编制，技术主管审核批准，并由档案管理人员及时备案。

④ 仪器设备使用管理人员必须熟悉使用说明书，掌握使用方法，严格按章操作，维护仪器性能，保持仪器清洁。大型精密仪器设备实行专人管理，使用前必须熟悉仪器设备的结构、性能、操作、维护后方可上岗，并负责仪器日常使用维护保养，如仪器设备对外开放，必须负责对各实验人员进行培训，合格后实验人员才能使用相应的仪器。

⑤ 实验室仪器设备需建立使用登记制度，使用人员使用时应做好开机校验并认真填写使用登记。操作规程和使用登记本应放在固定位置，便于记录和检查，记录本应有相应的仪器设备管理人员负责检查、保管。

⑥ 仪器使用完毕后按要求切断电源、水源、气源，清理好现场。连续工作的全自动仪器应有断电和短路保护装置，使用人员离开前应做好连续工作的一切准备。

⑦ 使用过程中如发现异常应停止使用，并报告仪器管理人员。严重故障应立即报告实验室技术总管。

（2）仪器设备的保管与维护。保管和维护工作是仪器设备使用过程中的一项例行工作，做好仪器设备的日常维护保养，对延长仪器设备的使用寿命意义很大。首先应该根据仪器设备的各自特点制定维护保养细则，严格做到维护保养工作经常化、制度化；坚持实行“三好、三防、四定、四会”制度，即认真做到“管好、用好、完好；防尘、防潮、防震”和“定人保管、定点存放、定期维护和定期检修；会操作、会保养、会检查、会简单维修”，并将此工作纳入责任制管理范畴。针对不同种类设备的特点，仪器设备保管和维护工作的主要内容应包括：

① 建立健全仪器设备的保管制度：对所有仪器设备无论是投入运行还是储存状态，均应指定人员保管。保管人员应负责仪器设备的日常维护、保养工作和日常运行档案的记录工作。

② 做好仪器设备状态的标志管理工作：标志管理是确认计量特性的直观证明，在仪器设备保管过程中，应按规定要求对其进行状态标识。例如，正在使用的仪器设备用绿色标识；备用仪器设备用黄色标识；损坏停用的仪器设备用红色标识。其作用在于：一方面表明该仪器设备状态是否满足预期使用的计量要求，防止错用；另一方面便于仪器设备管理，为操作人员提供直观的第一视觉。

③ 根据仪器设备使用手册和操作规程要求，做好仪器设备外表的清洁、防尘罩清洗、防潮袋的更换、管道的清洁、废液的清除、电池的定期充电及打印纸的更换安装等工作。

④ 对暂时不用的仪器设备，应封存保管，并定期清扫、检查，做好防尘、防潮、防锈等维护工作，以保护封存仪器设备不致损坏。对不再使用或长期闲置的仪器设备要及时调

出，避免积压浪费。

3. 仪器设备的出借、转让、调拨和报废

随着社会生产的日益市场化，实验室之间的相互协作也日益加强，实验室之间的技术交流也逐渐增加，仪器设备的外借、转让或调拨现象经常发生。为了避免某些不必要的矛盾和争议，在进行仪器设备的外借、转让或调拨时，无论是有偿的还是无偿的，一定要指定专人做好仪器设备的技术鉴定，做出详细记录，参与外借、转让或调拨的双方在鉴定书上签字认可。属于外借的仪器设备，在归还时还要重新进行检查验收，合格后才能收回。对于借用过期不还的要抓紧催还，补办续借手续。

仪器设备达到使用技术寿命或经济寿命时，如确实丧失正常效能，或技术落后、能耗较大，或损坏严重，无法修复，有的虽能修复，但修理费用超过新购价格的40%，都应作报废处理。

降级报废：仪器设备长期运行或事故损坏致使技术性能下降而又无法修复的，能降级使用的经法定计量部门检定，可按其实有精度降级使用；不能使用的根据国家有关规定申请报废。由技术管理人员提出申请报技术主管，技术负责人组织有关人员和专家进行鉴定，并请实验室领导和科研处相关部门参加，填写报废意见，经技术负责人审核签字，按资产管理权限报批，科研处仪器管理部门备案。

4. 仪器设备的事故管理

（1）仪器设备事故。仪器设备因违反规定的操作规程、超负荷工作和缺乏必要的保养和维护等原因所致的停机、损坏和性能下降等情况，称为仪器设备事故。

（2）仪器设备事故处理的基本原则：

① 立即组织事故分析和不失时机地组织抢修及其他善后工作，尽量把损失减到最小，争取仪器设备尽快恢复运行。重大设备事故应及时报告上级主管部门，并保护好事故现场。

② 处理事故必须坚持“三不放过”原则，即事故原因分析不清不放过；事故责任者和有关人员未受到教育不放过；没有采取防范措施不放过。

③ 在事故原因未查明以前，切不能草率开机，以免扩大事故及损失。

④ 凡因责任原因造成的损失，应追究当事人的责任并赔偿。

六、大型精密仪器设备管理

大型精密仪器设备是大型、精密、贵重和稀缺的仪器设备的总称，它实际上是一个动态的、发展的、相对的概念。在不同的时期、不同的地区、不同的单位有不同的规定。大型精密仪器设备集光、机、电、算（计算机）等方面的最新技术于一体，配备相当精密的物理与几何光学系统、精密机械系统、电子传感测量系统、计算机控制与数据处理及人机界面系统，使其具有选择性好，灵敏度、准确性、稳定性高的性能，又具快速化、自动化、智能化、多功能的特点。自21世纪开始，由于微电子技术和微型计算机软硬件技术的飞速发展，大型精密仪器的性价比有了突破性发展，这使得分析检测方法和实验技术等方面发生了深刻变化，许多新颁布的标准分析方法中采纳了仪器分析方法。因此，大型精密仪器设备在实验室的应用将日益广泛。而大型精密仪器设备的管理工作，将是仪器设备管理工作中的一个重要方面，将大型精密仪器设备的管理作为仪器设备管理中的一个专题来探讨，主要是为了重视对它的管理。

1. 大型精密仪器设备的范围

结合现在大多数地区和单位的实际情况，根据原国家科委所列的大型精密仪器设备范围，大型精密仪器设备的范围包括：①原国家科委颁发的《大型精密仪器设备目录》中所含的23种仪器设备；③单价在10万元以上的仪器设备；③单价虽不足10万元，但总价超过10万元的成套仪器设备；④单价虽不足10万元，但属稀缺的进口仪器设备。

原国家科委颁发的23种大型精密仪器设备分别是：电子显微镜、电子探针、离子探针、质谱仪、各种联用分析仪、X射线荧光光谱仪、X射线衍射仪、红外分光光度计、紫外分光光度计、原子吸收分光光度计、光电直读光谱仪、激光拉曼分光光度计、荧光分光光度计、核磁共振波谱仪、顺磁共振波谱仪、气相色谱仪(4个检测器以上)、液相色谱仪、氨基酸分析仪、电子能谱仪、热天平、差热分析仪、超速离心机(每分钟4万转以上)和图像分析仪。

2. 大型精密仪器设备的管理

(1) 一般仪器设备的管理制度、内容和方法同样适用于精密仪器设备。

(2) 面向生产、科研使用的大型仪器由实验室统一管理，安排仪器用房和仪器管理人。制定大型仪器管理人员岗位职责，明确规定其职责范围、任务要求和考核办法。

(3) 专用大型仪器设备应明确一位主管负责管理和维护工作，建立、完善有关规章制度，使大型仪器管理实现规范化、科学化，严格执行操作规程，认真做好使用记录和维护、维修记录。主管应是具有一定专业技术水平、责任心强的实验技术人员。

(4) 对检验人员进行上机培训合格并取得“大型仪器设备上机操作合格证”后，方可独立上机操作。

(5) 制定合理的收费标准，对科研样品测试适当收取成本费。收费办法由仪器主管制定，化验室主任批准执行。收入并入大型仪器运行成本经费核算。

(6) 主管技术负责人提出大型仪器材料消耗、维修年度预期费用、服务收费及收支差额，由实验室经费预算会议通过后列入经费使用计划。仪器管理人员凭大型仪器经费卡领取所需消耗性器材。仪器大修或升级所需费用超过一千元，书面报实验室主任批准后方可实施。

(7) 严格执行实验室大型仪器管理规定，妥善保管各种原始技术资料、文件和记录。

(8) 大型仪器发生责任事故，要查明原因，由仪器管理人员写出书面报告，情况严重的要追究当事人责任。

(9) 大型精密仪器设备管理技术人员应不断提高技术水平，积极开发和利用大型精密仪器的功能，提高设备的利用率和设备效益。

3. 构建大型精密仪器设备资源共享平台

(1) 构建大型精密仪器设备资源共享平台的内涵。大型精密仪器设备在提高实验室科技水平和经济效益方面发挥了重要作用。但由于国家财力有限，目前尚不能普及，存在以下两方面问题：一方面一些拥有大型精密仪器设备的实验室使用效率不高或有一些剩余能力；另一方面缺乏现代化实验手段的中小型实验室迫切要求购置有关仪器。为减少重复购置，节省国家资金，充分发挥现有大型精密仪器的作用和效益，早在1982年，国家科委就制定了“大型精密仪器管理暂行办法”，提出了大型精密仪器“协作共用”的办法。该暂行管理办法要求：“国务院各有关部门和省、市、自治区科技主管部门应负责组织好专管共用、地区协作网等多种形式的协作共用。各单位的大型精密仪器除完成本单位的实验、测试任务外，必须参加所在省、市、自治区科技主管部门组织的协作共用。行业专用的大型精密仪器由国务院有关部门组织协作共用。”

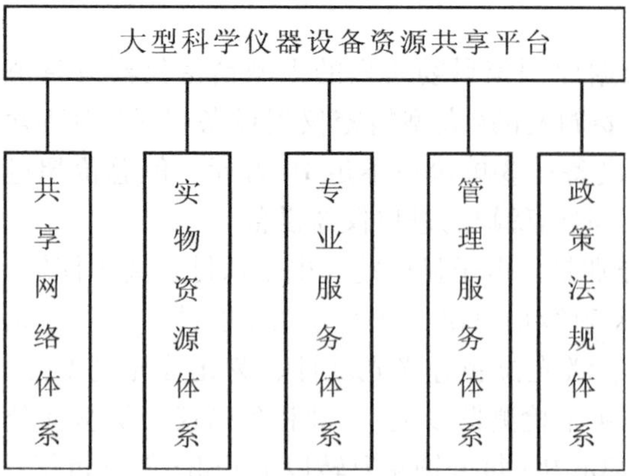

图 5－8　大型精密仪器设备资源共享平台要素构成框图

如今随着社会的发展科技的进步，特别是计算机网络技术的发展，这种专管共用协作网已经有了很大的发展。大型精密仪器设备资源共享平台就是国家、地区和单位科技主管部门在科技资源配置中利用现代计算机网络技术，运用共建共享的机制，对大型精密仪器设备等资源进行重组与建设所构建的物质和信息服务系统。平台构成要素为：①信息网络运行体系；②实物资源体系；③专业技术服务体系；④管理服务体系；⑤政策法规体系。大型精密仪器设备资源共享平台要素构成框架见图 5－8 所示。

（2）构建大型精密仪器设备资源共享平台的意义。在大型精密仪器设备资源共享平台体系中，实物资源体系就是各单位的大型精密仪器设备分布在各个实验室，是共享平台的核心。实物资源体系通过共享网络体系联系在一起。通过专业技术服务体系和管理服务体系运作起来，管理服务体系负责制定有关管理办法及制度，建立运行考核指标体系，并组织实施、监督执行，协调解决实施过程中出现的问题。政策法规体系起着协调作用，这是一种大型精密仪器设备管理的好方法。建立大型仪器设备资源共享平台，让许多实验室的仪器设备协作共用，充分利用仪器设备的剩余能力和通过协作对仪器设备不足能力作相应的补充十分必要。另一方面这种管理功能齐全、开发高效、体系完备、公开透明，专业性、科学性很强，更有利于仪器设备的维护保养，保证仪器设备的质量和寿命，是节省经费和提高利用率的有效途径。

阅读材料

高等学校仪器设备共建共享（CERS）

仪器设备是高等学校人才培养和科学研究的技术支撑条件，其中的大型、精密、贵重仪器设备的作用尤为突出。据调查中央级科研院所和高校目前拥有价值单台（套）50 万元以上的大型科学仪器设备就超过 15000 台（套），总值达 200 亿元以上。贵重仪器设备的规划建设和使用管理是高校管理工作的重要内容，如何有效开放共享，充分发挥贵重仪器设备的资源效益，更好地支持教学、科研、社会服务，并减少低水平重复购置，一直是国家、社会和高校都普遍关注的热点和难点，也是一个全球性的问题。

2004 年 12 月 17 日，国家发改委批复《“十五”、“211 工程”高等学校仪器设备和优质资源共享系统建设可行性研究报告》（发改委[2004]2927 号），2005 年 1 月 21 日教育部转发国家发改委的批复，并宣布成立项目管理机构（教高函[2005]1 号），正式启动了“高等学校仪器设备和优质资源共享系统”（以下简称 CERS）的建设（图 5－9）。所谓大型科学仪器设备共享，是指大型科学仪器设备拥有者在满足自身使用的前提下，为其他单位（或部门）和个人提供直接或间接服务的过程。通过共享，一是可以统筹资源配置，节约财政支出；二是可以提高资源利用效率，有利于科学仪器设备升级换代和功能的全面发挥；三是能促进学术交流和产学研结合；四是能在全社会营造共享氛围，支持创新活动的开展。

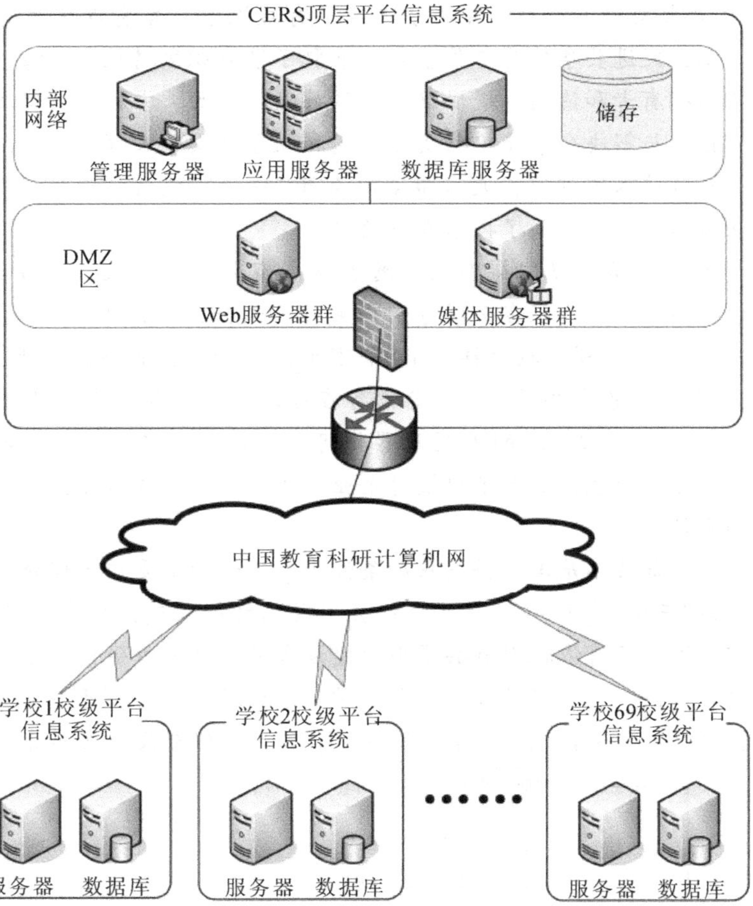

图5-9　全国高校大型仪器共享系统信息结构图

在国家统筹规划、大力引导和积极扶持下，我国大型科学仪器设备共享工作取得了一定进展。目前共享平台初具规模，资源整合效果明显，协作共用服务体系逐步完善，协作共用网的覆盖面和影响面不断扩大，共享仪器的对外服务收入持续增加。大型仪器设备共享分系统目前已经包含2000余台大型仪器设备、30余个大型科学仪器示范机组、70个高等学校校级共享平台共享信息；大实验教学示范中心共享分系统已经将501家国家级示范中心的介绍、实验项目、实验教材等内容上网共享；精品课程共享分系统将近4000余门精品课程的相关内容上网共享并免费开放。

① 建立了国家级、区域级、省级三级共享信息平台及相应管理机构。大型科学仪器设备共享网作为国家科技基础条件平台建设的一部分，目前已经建立了“一总七分”的大型科研仪器共享门户。“一总”为全国大型科学仪器协作共用网(www. scilink. cn)，“七分”为环渤海、长三角、泛珠三角、华中、东北、西北、西南七大区域大型科学仪器协作共用网。与此相联各省(自治区、直辖市)也建立了大型科研仪器协作共用网。“三级”(国家级、区域级、省级)共享网络协调运转，为大型科学仪器设备的共享发挥了重要作用。

② 入网大型科学仪器设备利用率明显提高。目前已经入网的大型科学仪器设备共约3万台(套)，其中可进行对外共享的30万元以上大型科学仪器设备12000余台(套)，总价值

100 多亿元。用户可以通过网上预约申请使用仪器设备，各类入网仪器的利用率比入网前提高了大约 20%。

③ 部分单位对大型科学仪器设备共享进行了有益探索。各省市在大型科学仪器设备共享平台建设中，都把促进共享作为工作重点，采取了很多积极措施。上海、湖北等省市对大型科学仪器设备的拥有者和使用者提供双向共享补贴；陕西、吉林等省建立了大型科学仪器设备专家库，直接参与解决企事业单位实际问题和联合评议等工作；此外，北京、天津等通过举办分析测试人员技术培训班，天津市多次召开“分析测试科技论坛及学术年会”，加强了技术人员的联络与沟通，提高了技术人员的水平。

④ 大型科学仪器设备共享取得实效。随着各省市大型科学仪器设备共享平台的建立，大型科学仪器设备共享工作已经在全国范围内展开。例如，北京市入网仪器设备 2008 年共承担对外测试任务 4000 余项，测试样品 11 余万个，对外提供服务机时近 20 万小时，测试收入 3060 万元。各省市各类共享科学仪器设备在婴幼儿配方奶粉专项监督检查、奥运进京食品源头检测、航天“奔月工程”的卫星元器件可靠性测试等工作中，发挥了重要的作用，促进了科研工作的顺利开展，加大了科技对企业技术进步的扶持力度，为我国经济和社会发展做出了巨大的贡献。

大型科学仪器设备共享是国家科技基础条件平台建设的重要组成部分，是一项复杂的系统工程。虽然目前“三级”大型科研仪器协作共用网已经初步建设完成，但要实现实质性的全面共享还任重道远。只有依托现有共享平台建设成果，进一步强化责任，创新机制，深化大型科学仪器平台建设，方能促进我国大型科学仪器设备优化配置和全面共享目标的实现，进而为提高科技创新能力做出应有贡献。图 5－10 为大型仪器设备共享管理机制。

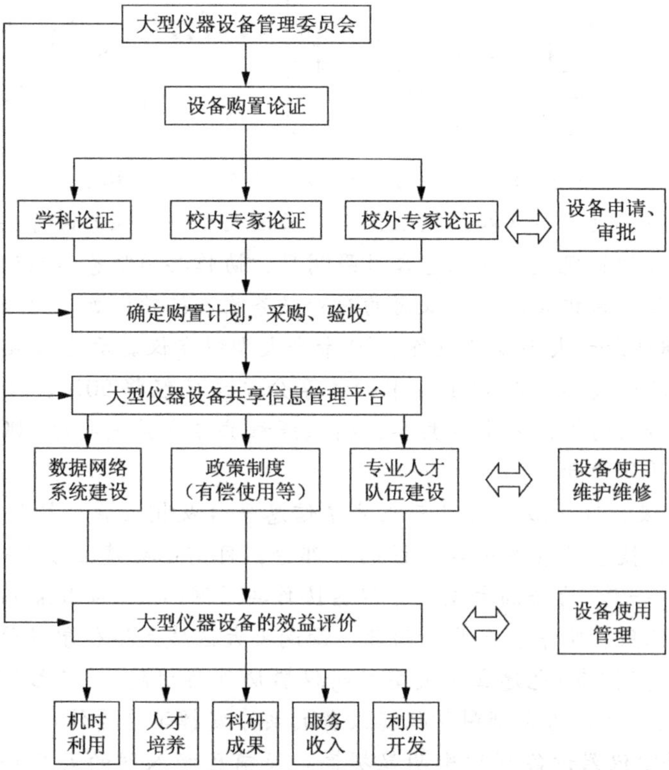

图 5－10　大型仪器设备共享管理机制

思考与练习

一、名词解释

1. 电渗析法
2. 实验室仪器设备管理
3. 设备完好率
4. 设备利用率
5. 到货验收
6. 技术验收
7. 仪器的检定
8. 大型精密仪器
9. 降级报废
10. 仪器设备事故

二、填空题

1. 分析实验室用水分为________、________和________。

2. 影响纯水质量的主要因素有________、________和________。

3. 实验室用水的制备方法通常有________、________、________和反渗透法等。

4. 我国化学试剂的产品标准有________、________和企业标准三级。

5. 实验室仪器设备管理方式分为________和________。

6. 实验室仪器设备验收内容主要有________和________；具体可分为________验收和技术验收。

7. 实验室仪器设备使用状况考核的两个重要指标分别是________和________。

8. 仪器设备的维修包括预防维修和________两种，其中前者又称________，后者又称________。

9. 八位数字的仪器分类编号×× ×× ×× ××中，横线部分分别表示________、________、________。

10. 仪器设备事故处理的“三不放过”原则是指：________、________、________。

11. 大型科学仪器设备资源共享平台构成要素由________、________、________、________和________五个要素构成。

三、单选题

1. IUPAC将化学标准物质分为________级。

A. 6　　B. 5　　C. 4　　D. 3

2. IUPAC对化学标准物质的分级中，________级为标准试剂。

A. A级　　B. C级　　C. D级　　D. C级+D级

3. IUPAC中C级标准试剂的是含量为________的标准试剂。

A. 100% ±0.01%　　B. 100% ±0.02%　　C. 100% ±0.05%　　D. 100% ±0.1%

4. 我国生产的化学试剂质量分为________级。

A. 6　　B. 5　　C. 4　　D. 3

5. 化学试剂中，优级纯的代号是________。

A. GR　　B. AR　　C. CP　　D. LR

6. 化学试剂中，分析纯的标签颜色是________；化学纯的标签颜色是________。

A. 绿色　　B. 红色　　C. 蓝色　　D. 棕色

7. 特殊规格的试剂中，高纯试剂用________符号表示，光谱纯试剂用________符号表示，指示剂用________符号表示，生化试剂用________符号表示。

A. Ind.　　B. BR　　C. EP　　D. SP

8. 仪器设备采购的最主要形式是________。

A. 公开招标　　B. 邀请招标　　C. 竞争性谈判　　D. 询价采购

9. 化学试剂的一级品又称为________试剂。

A. 光谱纯　　B. 优级纯　　C. 分析纯　　D. 化学纯

10. 红色标签的试剂适用范围为________。

A. 精密分析实验　　B. 一般分析实验

C. 一般分析工作　　D. 生化及医用化学实验

11. 一化学试剂瓶的标签为红色，其英文字母的缩写为________。

A. GR　　B. AR　　C. CP　　D. LP

12. 化学试剂中二级试剂标签的颜色应是________。

A. 紫色　　B. 绿色　　C. 红色　　D. 蓝色

13. 基准物质纯试剂瓶签的颜色为________。

A. 红色　　B. 中蓝色　　C. 深绿色　　D. 玫瑰红色

14. 实验室三级水不能用以下办法来进行制备________。

A. 蒸馏　　B. 电渗析　　C. 过滤　　D. 离子交换

15. 分析实验室用水不控制________指标。

A. pH 值范围　　B. 细菌　　C. 电导率　　D. 吸光度

16. 分析用水的电导率应小于________。

A. 1.0μS/cm　　B. 0.1μS/cm　　C. 5.0μS/cm　　D. 0.5μS/cm

17. 国家规定实验室三级水检验的 pH 值标准为________。

A. 5.0~6.0　　B. 6.0~7.0　　C. 6.5~7.0　　D. 5.0~7.5

18. 实验室三级水用于一般化学分析试验，可以用于储存三级水的容器有________。

A. 带盖子的塑料水桶　　B. 密闭的专用聚乙烯容器

C. 有机玻璃水箱　　D. 密闭的瓷容器中

19. 高效液相色谱用水必须使用________。

A. 一级水　　B. 二级水　　C. 三级水　　D. 天然水

四、简答题

1. 实验室用水的质量检验通常包含哪些项目？

2. 实验用水分几级？pH 值、电导率(25℃)(mS/cm)各为多少？这几种实验用水主要用于哪些实验？

3. 化学试剂按质量分为哪四种规格？标签颜色分别是什么？分别有什么用途？

4. 简述无酚水、无氨水、无二氧化碳水的制备方法？

5. 简述离子交换树脂的再生过程。

6. 易燃类化学试剂、剧毒性化学试剂、强腐蚀性化学试剂如何存放？
7. 实验室仪器设备管理的任务、内容包括哪些方面？
8. 实验室仪器设备到货验收的程序是什么？
9. 实验室仪器设备的技术管理和日常管理的内容分别是什么？
10. 实验室仪器设备的使用原则是什么？如何做到合理使用？

第六章　实验室环境、资源及档案管理

☞ **教学目标：**

- 掌握实验室人员的结构组成内容及管理的基本原则；
- 掌握实验室人员培训的目的及基本内容；
- 了解实验室的组织结构及各岗位的职责；
- 了解精密实验室、化学分析实验室的设计要求；
- 掌握检测/校准实验室环境条件的控制标准及控制措施；
- 掌握实验室资料/档案的分类、编号，了解档案管理的程序。

☞ **教学重点：**

- 实验室人员的组成、培训的目的及培训的基本内容；
- 化学分析实验室的设计要求；
- 实验室资料/档案的分类、编号。

☞ **教学难点：**

- 检测/校准实验室环境条件的控制标准及控制措施；
- 实验室资料/档案管理的程序。

【案例】小和尚撞钟——制度(工作标准)与培训

有一个小和尚担任撞钟一职，半年下来觉得无聊之极，“做一天和尚撞一天钟”而已。有一天住持宣布调他到后院劈柴挑水，原因是他不能胜任撞钟一职。小和尚很不服气地问：“我撞的钟难道不准时、不响亮?”老住持耐心地告诉他：“你撞的钟虽然很准时、也很响亮，但钟声空泛、疲软，没有感召力。钟声是要唤醒沉迷的众生，因此，撞出的钟声不仅要洪亮，而且要圆润、浑厚、深沉、悠远。”

本故事中的住持犯了一个常识性管理错误，“做一天和尚撞一天钟”的结果是由于住持没有提前公布工作标准造成的。如果小和尚进入寺院的当天就明白撞钟的标准和重要性，也不会因怠工而被撤职。因为岗位职责、工作标准是员工的行为指南和考核依据。缺乏工作标准往往导致员工的努力方向与实验室整体发展方向不统一，造成大量的人力和物力资源浪费。而缺乏参照物，时间久了员工容易形成自满情绪，导致工作懈怠。制定工作标准尽量做到数字化，要与考核联系起来，注意可操作性。有了工作标准后就应该很好地去执行它，不要打折扣，不要等到领导认为你不能胜任工作才后悔。实验室各层次、各部门、各岗位的培训都是很重要的，为了让员工知道该怎么做，就必须定好标准，做好培训工作。

第一节　实验室人力资源管理

实验室人力资源管理的主要内容包括人员的素质、组成、结构、专业技能和人员培训等方面，实验室人力资源管理的理想目标是达到人员数量及结构的合理、素质的精良。实验室的能力是由多因素所决定的一种综合实力，此能力体现在多个方面，主要包括人员素质、技术水平、管理水平和设备条件等。要使实验室具备较高的综合实力，就必须考虑实验室人才队伍的建设和人员的培训及开发建设实验室制度、管理制度及实验室应承担的任务和完成任务必须具备的设备条件。其中起关键作用的是人员素质和管理制度。

一、实验室人员配备

实验室是一个有机整体系统，在影响检验数据可靠性及检验结论正确性的诸多因素中，实验室人员是其中最具活力的、能动的、富有创造力的因素，是实验室在开展所有工作中，其他因素不能替代和无法补救的关键性因素。把握好这个因素，有时能使某些设备条件较差的实验室表现出较高的技术能力水平。因此，要使实验工作顺利进行、实验室质量方针得以实施，就必须注重实验室人才队伍的建设，努力建成一支技术精、水平高、作风硬的实验室人才队伍。

实验室人才队伍的建设是一个实验室人力资源管理的问题。人力资源是指能够推动整个社会经济发展的、具有智力劳动和体力劳动能力的劳动者，包括人的智力、体力、知识和技能，表现为数量和质量两个方面，其中数量是基础，质量是关键。人力资源的质量是指人力资源所具有的体质、智力和技能的水平及工作态度等，体现在工作者的体质水平、文化水平、专业技术水平以及工作的积极性等方面。人力资源的质量可用健康指标、受教育的状况、工作者的技术等级和工作态度等指标进行衡量。随着社会生产及经济的发展，现代科学技术对人力资源的质量提出了更高的要求，使人力资源的质量成为人力资源管理中的重要因素。

1. 实验室人员的素质要求

实验室人员应该具有必要的文化素质；具备适应职业要求的思想素质；掌握化验检测业务的必要知识和操作技能；具备适应化验职业工作的身体条件。

（1）人员的心理素质。良好的心理素质至少应包含情绪的稳定性、对人的宽容性、对事物的创新性、对工作的时效性。情绪的稳定性是指在遇到任何障碍和困难时，心理不失调，能采取社会所需要的正确态度和行为来对待；对人的宽容性是指能包容别人的缺点及自己看不惯的事，心胸开阔，能与人和睦相处、密切配合并共同完成承担的任务；对事物的创新性是指具有创新精神、敢想敢干、不固步自封，能做到胜不骄、败不馁；对工作的时效性是指能合理运筹时间，在单位时间内大大提高工作效率。

（2）品德素质。实验室工作人员必须维护实验室声誉，自觉执行国家的有关法律、法规和各项规章制度，有崇高的理想和抱负，有坚强的意志力，有很好的敬业精神，坚持民主的思想作风，大公无私，有奉献精神，严格遵守本行业的职业道德规范。

（3）文化知识素质。文化知识不仅包括书本的理性知识，还应包括实际经验、知识更新程度以及独立思考问题、分析问题和解决问题的能力。

（4）能力素质。能力素质指一个人的智力、技能或才能，也包括一个人的观察力、记忆力、想象力、思维能力以及接受新事物的能力。智力是一个人运用知识解决实际问题的能力；技能是在多种素质的基础上，经过实践锻炼而形成的工作能力。不同的工作需要具备不同的才能，而不同的个人有其最适宜的工作范围。领导者应具备科学的决策能力、组织指挥能力、沟通协调能力、灵活应变能力和改革创新能力等，实验室技术人员则应具备良好的动手能力、独立思考能力、分析问题与解决问题的能力和创新能力等。

（5）身体素质。良好的身体素质表现为对外部环境变化的广泛适应性，如炎热或寒冷、高空或地下、陆地或水中。人的身体只有适应各种外部环境，才能在各种条件下正常工作。在人员的素质中，良好的心理素质是其他素质的基础，身体素质是文化知识素质和能力素质的保证，品德素质是文化知识素质和能力素质正常发挥的前提。

2. 化验室人员结构

实验室开展的工作多种多样，专业性质各不相同。根据工作性质的不同，实验室人员可分为三大类，即负责各种管理工作的管理人员、承担各类实验室工作的实验技术人员，以及提供物资和各种服务的后勤保障人员。这些人员的结构是实验室建设与管理的基础，也是实验室人力资源管理的重要组成部分，它不仅决定着实验室人才群体的功能、成果和贡献的多少，更决定着实验室活力的大小。实验室人员的结构包括年龄结构、职称结构、学历结构及专业结构。

（1）年龄结构。年龄结构是指一个实验室系统内，实验室人员各种年龄比例构成以及实验室人员平均年龄等。年龄结构关系到实验室队伍整体的质量、创造力和生命力，也影响着这支队伍科研、技术开发的整体活力和潜力。

合理的年龄结构对于建立良好的年龄梯队、实现人员的新老交替、促进实验室建设、提高实验室的技术水平和科研能力，都是十分重要的。合理的年龄结构可使实验室人员队伍后继有人，形成老、中、青紧密结合的良好局面。各级疾病预防控制机构在对实验室人员进行补充时，一定要考虑年龄结构，以保证实验室技术水平的持续提高。

关于最佳年龄结构，国内外的学者进行了很多研究和探索工作。结果显示世界各国杰出科学家做出重大贡献的最佳年龄区在25～45岁之间，最佳峰值年龄在37岁左右。这一发现对科研队伍的建设具有重要意义，它揭示了在一定历史时期内，从事科学发现的科学家的最佳年龄这一客观现象。各类实验室应在考虑影响“最佳年龄区”因素的条件下，结合各单位的实际情况，根据不同专业、不同学科的特点设计出符合实际需要和发展趋势的合理的年龄结构，逐步把实验室人员的年龄结构调整到最佳状态。

（2）职称结构。实验室人员的职称结构是指不同知识和能力级别的人员比例，是影响实验室队伍质量和效能的一个重要的因素。在一个组织系统中，需要有不同层次的科技人员在智能上互补，以发挥整体优势。合理的职称结构应由不同知识水平和能力水平的人员，按一定的比例构成一个有机体。在一个机构中，高、中、初级人才要配套形成梯队。若高级人员不足，整个团队将缺少学术带头人和指挥人员；若中级人员不足，导致高级人员缺乏助手，而将一定的精力用在一般性的技术工作上，造成人才浪费。

据国外文献介绍，基础研究机构中的高、中、初级研究人员的比例为1:(2～3):(2～7)，应用研究机构为1:(3～5):(4～8)，发展研究机构为1:(2～3):(8～10)。可见合理的职称结构应该是正宝塔形的。职称结构合理，各级人员就能各司其职、各负其责、各展其能、相互配合、彼此协作，形成高效能的“集体力”，就能胜任各种复杂的实验任务，克服工作中遇到的各种难题。反之就会导致人才的浪费、积压、埋没，从而增加内耗降低效能，严重时可能会造成工作的失误，甚至威胁到人民的生命财产安全。

合理的实验室职称结构应该根据实验室工作的性质、工作量以及实验室的发展等多方面进行综合考虑。对于现存的不合理的职称结构应有计划、有步骤地逐步改善，从而建立起一支完善的技术人才梯队。

（3）学历结构。学历结构是指实验室人员具有不同学历的人员比例，反映实验室人才队伍受教育的程度，以及专业队伍的基本素质和水平。学历结构和能力结构有比较密切的关系，二者的区别在于前者只能代表人员受教育的情况，与工作能力没有必然的联系。但学历结构对于实验室的发展以及实验室整体技术水平的提高有很大关系。只要用人得当，良好的学历结构将发挥出巨大的能量，成为实验室建设和发展的强大推动力。

（4）专业结构。专业结构是指在实验技术队伍中具有的各种学科和专业知识的人员，以及他们之间的合理比例，即一个实验室系统内，相关专业比例构成及其相互关系。当代科学技术的飞速发展呈现出两大特点：一方面学科、专业的划分越来越细，研究越来越深入；另一方面各学科、各分支之间又纵横交错、相互渗透、相互促进，各种技术装备的综合性越来越强，因而要求实验室人员所具备的知识不但要有一定的深度，还要有一定的广度。因此，要肩负起当今社会的监测检验重任，就需要有多种相关学科、相关专业人员的配合，共同完成实验室工作。对于不同的实验室，主要依据实验室工作任务和发展方向的需要，进行专业结构的合理配备。

二、实验室人员组织管理的基本原则

在合理的人员结构配备、良好的人员素质的基础上，要使实验室人员的能力得到充分的体现，还需要一套切实可行的人力资源管理制度的支撑，这是实验室管理者必须重视的问题。要使实验人员的能力得以充分体现和发挥并得到有效保证，应该遵循以下基本原则。

1. 激励的原则

激励是指激发人行为动机的心理过程，即通过各种客观因素的刺激来引发和增强人的行为的内在驱动力，即运用各种有效的方法，调动人们的积极性和创造性。

人的行为是从需求开始的，需求产生有目的的行为，有目的的行为就是满足需求，由此完成一个行为过程。在原有的需求满足后，新的刺激又引起新的需求，产生另一个行为过程。如果需求没有得到满足，人们就会有一种挫折感。不同的人对待挫折的态度是不同的，有的人会采取积极的态度，想办法采取另外的行为方式去满足需求；有的人则会采取消极的态度，避免再采取行为，而是采取一些解脱的方式。前一种行为称为建设性行为，而后一种行为称为防御性行为。无论人们的年龄、文化、种族的差异有多大，所有的人都遵循这样一种模式。从中可推断出，任何人的行为都是有原因的，这个原因就是需求。同时任何人的行为也都是有目的的，这个目的就是满足需求，只是在需求得不到满足时所采取的行为不同而已。

心理学认为需要、欲望越强烈，则动机就越强烈，行为的积极性、主动性就大大提高。根据这一原理可通过满足或限制个人需要的办法，来改变人的心理状态影响其动机，从而达到改变行为方向和行为强度的目的。因此，在人力资源管理中运用激励机制就是采取各种办法来激发人的欲望，使其产生某种工作动机，并通过适时地给予适当的满足或限制的办法，来影响其工作动机，以达到调动员工工作积极性和创造性的目的。

有关研究表明，一个人如果工作积极性很高，他的才能可发挥出 80% ~90%；反之，如果没有积极性和主动性，就只能发挥其才能的 30% 左右。可见合理的激励机制在调动实验室人员积极性、创造性和主观能动性方面所起的重要作用。因此，根据各自的情况，在大量调查研究的基础上，制定出符合本单位特点的激励措施，是保证实验室能力发挥的不可缺少的重要因素。

2. 注重实绩

工作实绩包括人的敬业精神、专业技术能力等，是人们通过投入脑力劳动和体力劳动创造出来的。思想政治觉悟高，对工作认真负责，专业能力强，就能提高劳动效率，工作实绩就突出。因此，评价实验室人员工作的好坏和能力高低，只能以其工作的实际业绩为根据。

注重实绩就是要坚持德才兼备的原则。“绩”是德的实际反映，是“能”的具体体现，是“勤”的结晶。只有德而缺乏能往往是心有余而力不足；相反能力很强但欠缺道德，也不能把事情办好，所以一定要注重实绩，坚持德才兼备的用人原则。但注重实绩并不是简单地以实绩对工作人员进行取舍和褒贬，因为个人的实绩除了受以上所说的德、能、勤等因素影响以外，还要受环境因素、群体因素以及其他各种因素的影响。因而对一个人的实绩评价应进行全面分析，综合考虑。

3. 任人唯贤

这是人力资源管理的一个重要原则。人与人之间的才能是不相同的，任人唯贤就是应根据每个实验室人员的不同才能，安排适合的岗位，做到适才适用、人事相配、职能相称、人尽其才、才尽其用。在使用实验室人员时，要善于发现人才，并依其才安排好相应工作，给予适当的位置及充分的尊重和信任。在职称评定、工资待遇等问题上，应给予关心和关怀，使他们能安心工作。在补充新人员时还应适当考虑个人的兴趣爱好。坚持任人唯贤的原则，就能够充分发挥各种人才的积极性和创造性，使实验室的各种能力得到最大限度的发挥。

4. 建立竞争的原则

建立竞争机制就是要让所有的工作人员放开手脚，靠实力在竞争的浪潮中自由拼搏，充分发挥每个人的主观能动性。坚持竞争原则要解决以下几个问题：

(1) 在用人方面必须坚持德才兼备，能者上不称职者下，杜绝一切形式的任人唯亲和各种照顾。

(2) 各层次工作人员的录用和提拔，要通过公开平等的考试(考核)择优任用。

(3) 工作人员的职务升降要以实绩为主要依据，把对工作人员的考核与使用结合起来。

5. 精干的原则

一个实验室机构的设置，要本着精简、效能、节约的原则，要根据实验室的职能任务来组织队伍，既要有合理的层次和系统，又要有相互间的有机结合，以形成一个最佳效能的群体，建立起一支既掌握现代科学技术知识，又具有事业心强、管理有方、组织严密的精干队伍，使实验室创造出显著的绩效。

6. 民主监督的原则

由于人力资源管理的直接对象是人，决定了管理工作的复杂性和特殊性。复杂性体现在人本身是复杂的，而管理者很难做到完全彻底地知人，而对人知之不深就很难做到完全合理地使用；特殊性体现在人是有思维有感情的，人与外界的任何一种事物接触，都会引起一系列心理活动，而心理活动又会影响到他的工作动机，从而影响到他的工作积极性。因此，任何一项人事决策，不管正确与否，其影响之广、之深、之久是其他决策无法比拟的。因此，人力资源的管理必须引入监督机制。监督就是对人力资源管理的民主过程，要提高透明度，克服神秘化。要做到民主监督，应做好以下工作：①工作人员录用的公正、公开；②干部提拔的公平合理；③评议干部的民主化；④制度的健全；⑤人事监督机构的设置。

三、实验室人员培训

1. 培训目的

人员培训的目的是为了实现实验室的目标和满足员工的发展要求。实验室的目标就是满足客户和其他相关方的需求和期望。要使培训达到这一目的，培训应包括两方面的内容：一是对"实验室目标"的认识，偏重于质量意识教育；二是提高达到这一目标的能力，偏重于技能教育。员工通过培训活动所获得的知识和技能与经验相结合，将会使其具备或提高相应的能力，不仅会使实验室获得更大的效益，如提高工作效率、减少质量损失、改进工作质量等，而且也为满足员工的发展需求创造了必要的前提条件。

2. 培训目标

培训的目标是使实验室人员具备相应的知识和技能。每一阶段的教育、培训、技能目标应结合实验室当前和预期任务对人员能力的需求来确定。

3. 培训的主要内容

（1）专业理论和技术知识培训。学习和掌握与所从事的工作相关的专业知识、计量理论知识、误差理论、数据处理、数理统计知识、抽样方法和理论、管理学等基础理论及有关技术标准、方法、规范和仪器设备原理等技术知识。

（2）技能培训。根据不同的工作岗位进行技能培训，如操作技能、管理技能、沟通技巧等。

（3）法制及安全保密教育。了解相关的法律法规和政策要求，加强职业道德、行为规范和安全保密等方面的学习和教育。

（4）质量体系文件学习。质量体系文件是实施质量管理的依据，实验室必须通过学习、宣传，使所有与检测活动有关的人员熟悉与之相关的质量体系文件，并在工作中执行这些政策和程序。

（5）质量意识的培训。员工的质量意识是实验室质量体系得以建立和正常运行的基础，只有充分认识到质量的重要性，才能坚持"质量第一"，持续改进工作，满足客户和其他相关方的需求和期望，实现实验室的目标。

4. 培训的组织实施

实验室应制定"人员培训控制程序"，并按照程序要求开展培训。培训的基本环节应包括四个方面：

（1）制订培训计划。实验室应根据当前和预期的工作需要，制订切合实际的培训目标和计划，使各类专业技术人员能够适时接受专业技能和知识更新培训。年度培训计划应包括培训方案（参加人员、时间、地点、培训方式、内容等）、培训所需的资源（教师、教材、场地、仪器设备、经费等）以及培训考核方法等内容，培训计划经管理者批准后最好发放给有关部门和人员，便于按计划组织实施。对于涉及人员、资源和培训内容较多的培训活动，还应在每次培训之前制订具体的实施计划，做好各项安排。

（2）按计划进行培训。一般参加培训班或参观考察等形式的培训活动，实验室会安排专门的时间使员工暂时离开工作岗位专心致志进行学习培训，计划的实施效果比较好。但实验室更多的是需要对员工进行内部岗位培训，通常由各部门组织，以集体学习讨论、互相切磋、师徒传授、自学等方式为主，时间安排相对来说比较机动灵活，但应避免因工作忙碌而使计划落空或使培训流于形式。因此，部门负责人在培训工作中的管理作用非常重要。

(3) 培训考核及效果评价。培训的目的是为了达到预期的目标和效果，为了检验培训的有效性，要及时进行培训考核和效果评价。如果培训对员工能力提高作用不大，对实验室业绩影响很小，培训就失去了意义。因此，对培训的考核和评价结果应加以分析，寻找改进的机会，制定改进的措施，并将其纳入下一阶段的培训计划中。

(4) 保持适当的记录。国际标准 ISO/IEC17025 要求“实验室应保留所有技术人员的相关授权、能力、教育和专业资格、培训、技能和经验的记录”，建立和保持人员技术档案不仅是对人员管理提出的要求，也是实验室向第二方或第三方提供有效管理的证据。

第二节　实验室的组织结构及职责

一、实验室的组织结构

实现化验室组织目标，必须建立一个为实现这一目标进行有效管理的机构——化验室组织机构。机构设置应以组织目标为依据，有效地进行人员配置、仪器设备配置，明确组织机构在检验系统中所具有的地位及权力。

1. 机构设置

在工业生产中，化验室系统一般设有中心化验室、车间化验室和班组化验岗，构成一个三级检验体系。中心化验室是企业产品质量检验的核心化验室，具有强大的人力资源和丰富的物力资源。中心化验室一般由许多专业室如标准溶液室、计量检查室、原料室、成品室、技术室、设备室、档案室等共同构成。中控化验室是企业设置在生产车间或班组中的化验室，其作用主要是监控生产过程中的中间产品、半成品和成品质量，以便随时掌握产品质量变化情况，保证工艺正常进行，确保产品质量达到标准要求。根据企业规模，工厂化验室组织机构可有多种形式，如图 6－1 所示。

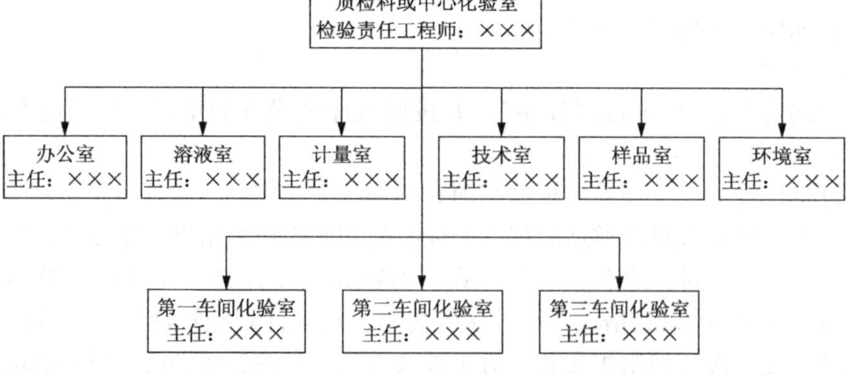

图 6－1　工厂化验室组织机构图

对于大型的分析测试实验室，其组织机构通常如图 6－2 所示，每个机构都应有一套工作人员(可兼任)各司其职，各小组都需注明人员的人数、职称等情况，以期形成一个完整的实验室组织机构。

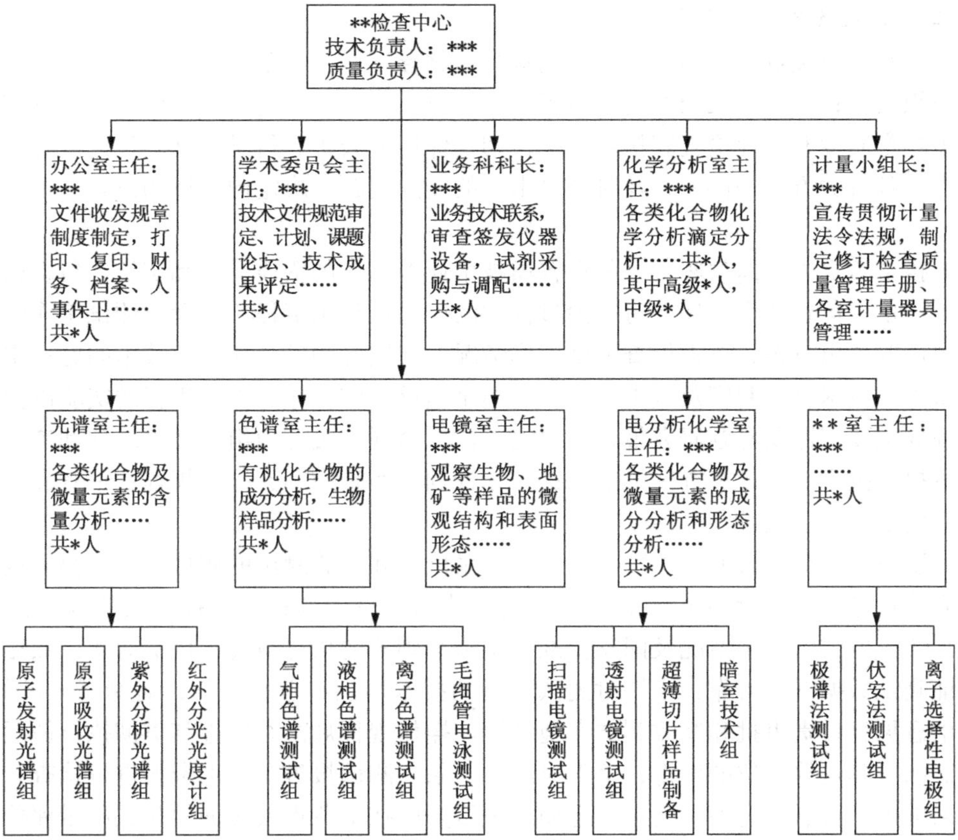

图 6－2　实验室组织机构框图示例

2. 化验室的地位与权力范围

（1）化验室的地位：作为企业产品的质检机构，化验室具有法律地位。在检验工作中，中心化验室应具有独立开展业务的权力，不受任何行政干预，在组织机构、管理制度等方面相对独立，坚持原则，科学、公正地完成每一项检测工作。

（2）化验室的隶属关系：企业的中心化验室属于企业的二级机构，是从事产品、原料检验分析、技术开发等的实验或科研实体。

（3）化验室的权力范围：是指在分析检验程序中所行使的有效权限范围。不同实验室，权限有大有小，承担的任务有轻有重，各企业可根据实际情况授予化验室可行使的权力。

二、实验室各岗位责任制度

实验室应该建立完善的岗位责任制，制订出以岗位责任制为中心的综合目标管理责任制和自查、抽查、考核相结合的定期考核制度。要使每一个实验室人员都清楚自己的岗位，明确岗位的责任，知道自己该做什么，怎么做，做得好不好，以保证实验工作的顺利进行。

完善的岗位责任制应建立在仔细的职务分析基础上。职务分析也叫工作分析，是全面了解一项具体工作或具体职务的管理活动。职务分析的具体工作是对实验室的各个工作岗位进行考察和分析，以便确定其职责、任务、工作条件（环境）、任职人所需具备的资格要求和享有的权利等，以及其相应的教育培训等方面的情况，最后制定出职务说明书或岗位责任制。各岗位责任制包括各部门的岗位职责和各类人员的岗位职责，需视各单位具体情况选择制定。

1. 各负责人及各类人员的岗位责任

（1）中心主要负责人的岗位责任。负责全面领导工作，制定发展计划、审定年度及专项计划并组织实验；负责重大问题的决策审查，及对人、财、物的统一调度；主持制定、贯彻实施各项规章制度并督促检查其执行情况，切实保证能公正、科学、准确地进行各类检验工作；负责与各有关方面的协调，及时解决出现的实际问题；决定内部机构设置、中层干部聘任等。

（2）技术负责人的岗位职责。负责各项技术业务工作的资质领导和实施，负责科研和测试工作的质量；负责技术管理并对实验过程中的安全负技术责任；掌握对测试工作的要求并根据具体情况提出方案；负责检查测试工作情况，解决好测试工作中的技术问题；组织贯彻执行测试工作技术管理制度及范围、规程，纠正违反工作程序和操作规程的实验以保证工作质量；领导重要课题及专题研究报告的评定工作；会同有关部门组织技术培训和考核，帮助技术人员提高技术水平；审查并批准测试工作计划、实施细则、操作规程；审查和签发测试报告，行使质量否决权。

（3）质量保证负责人的岗位责任。负责计量检定和实验测试的质量工作，协同技术负责人完成质检任务，解决检验工作中出现的重大技术质量问题；负责检查实验仪器的工作状态、样品测试方式的准确情况及国家标准、实施细则等的执行情况；负责对测试数据进行审查以保证测试数据准确可靠；主持对测试人员的技术培训、考核工作，对测试人员的晋升、奖惩提出意见；负责审批和修改测试实施细则、操作规程规范并检查其贯彻执行情况；负责处理测试纠纷和送检单位的申诉；负责对原始记录、测试报告等技术资料进行检查，以确保测试结果准确、可靠、完整、公正；定期组织召开由技术负责人参加的测试质量评价会。

（4）各专业室主任的岗位责任。根据本室的检测任务确定质量目标，全面负责本室检测质量；掌握本专业国内外的现状和发展趋势，提出新的检测方案，制定本室检测细则，熟悉样品的检验标准；熟悉检验质量控制理论，解决本室检测工作中的疑难问题；具体安排本室的科研与测试工作，组织专业技术人员完成各项检测任务，定期对工作情况和质量进行评定；提出仪器的购置、更新、改造计划和仪器设备的大修、降级使用及报废计划；审定原始记录及各类检查报告，对各类事故提出处理意见；负责本专业技术人员的培训和考核，指导本室技术人员的业务工作并督促其按有关规程进行各项检测工作。

（5）测试人员的岗位责任。具有上岗合格证，熟悉本职业务，了解所用仪器设备的性能；严格执行质量管理手册，坚决按检定规程、国家标准、实施细则等开展测试工作；严格按操作规程正确使用和维护仪器，对所负责的仪器设备做到按要求定期保养，使用后及时填写使用情况记录；认真填写原始记录，做好技术数据归档前的整理工作，以保证原始数据准确、可靠、完整、清晰；协助技术负责人拟制和审定有关技术文件，做好安全保密工作；积极认真完成各项实验任务。

（6）计量检定人员的岗位责任。正确使用计量标准器具、标准物质，并对它们按规定进行计量检定，以保证其具备良好的技术状态；执行计量技术法规及计量器具检定规程；确保检定数据、结论正确，各类数据齐全；检查各测试室在用检测仪器的周期计量制度的执行情况，制止使用不合格仪器和超检周期的检测仪器，并将有关情况及时向上级报告。

（7）业务接待员的岗位责任。熟悉本职业务，热忱接待用户；认真检查所收样品，并填写测试任务书或检样卡，办理样品测试的有关手续；收到样品后尽快发放给有关测试人员，分析测试完毕后及时通知送检单位领取测试报告，并做好测试结果的保密工作；严格按各业务收费标准收费；送检单位对测试报告结果提出异议时，及时上报领导，协助有关部门处理；根据工作要求，做好留样的保管工作。

（8）资料档案保管人的岗位责任。负责各种仪器设备的资料及科技档案的保管；收集和管理有关实验技术资料和分析测试的标准、规程，并注意保管各类仪器设备的操作说明书和自检规程等资料；对各类资料均需建卡、建账、统一编号，并制定借阅、调用制度；负责各种对外分析检测项目的原始记录和测试报告存根的收集、整理、归档工作；严格遵守保密制度，对外分析测试实验的资料，未经负责人同意不得向他人提供，并不得随意复制、散发检验报告，不得泄露原始数据；对有关资料档案要收放整齐，做到方便使用；过期资料的销毁应严格履行报批手续，并造册登记入档。

2. 各科室的职责

（1）业务科职责。全面负责质量管理，领导计量管理工作；接受并安排分析测试任务，制订科研计划，组织申报课题，组织课题及新产品的鉴定工作；负责分析测试报告签发；负责样品的收发、保管和检后处理；负责仪器设备的订购、调配、登记以及科研、测试所需实际器材等物品的采购、验收、保管和发放；负责统计上报各类业务报表；完成领导布置的其他工作。

（2）办公室职责。负责财务管理，编制财务计划，填写行政、后勤、财务等有关报表；负责档案的收集、整理和管理工作；负责文件的打印、收发、传阅和催办；负责日常行政工作、安全保卫工作；负责办公用品、水电、车辆等的使用管理和日常维修；完成领导布置的其他工作。

（3）实验室职责。严格按国家各级标准说明进行测试，按时完成业务科下达的测试任务，保证测试结果准确无误；出具测试报告；负责仪器设备的选型、调试、使用、保养；负责编制、申报本室所需器材、低值易耗品的计划，合理使用，妥善保管；研究开发新的测试方法，开发测试仪器的新功能；负责本室业务技术成果的初审工作，积极开展技术交流活动；完成下达的其他任务。

3. 各层次人员的技术责任

（1）高级职称人员的职责。主持或指导制订重大技术工作计划及实施方案，并对计划和方案进行审核；负责拟定、审核重要的技术文件，解决测试过程中的复杂、重要和难度大的技术问题，负责对质量监督检验的综合判定；开展新的测试方法研究和测试设备的研究工作；指导中、初级技术人员的工作，并根据有关部门的安排，对中、初级人员进行必要的技术培训和技术考核；参加或负责技术成果的评议工作；对分管范围内的重要仪器的购置、使用和处理负技术、经济责任。

（2）中级职称人员的职责。制订分管测试工作的计划及实施方案解决本专业较复杂的业务、技术问题；担任样品测试(或项目研究)的负责人，参加或具体负责技术成果的技术评议工作；编制和审核测试报告，必要时接收室主任委托审定测试报告；指导初级技术人员从事测试工作，并参加有关部门组织的对下一级测试人员进行的技术考核；对分管范围内的一般测试仪器的购置、使用和处理负技术和经济责任。

（3）初级人员(助理工程师)的职责。负责解决本专业一般性技术问题，担任测试专业组(或项目研究)负责人，及时反映分管工作情况，提出开展工作的建议；指导技术员从事测试工作，并出具测试数据，对数据正确性负责，参与编制和校对测试报告；做好分管范围内测试仪器的使用、维护和保管工作。

（4）初级人员（技术员）的职责。掌握本专业基础知识和操作技能，分担辅助性业务技术工作；出具原始检验数据，进行数据处理、编制检验报告，并对其准确性负责；做好所使用的检验仪器的维护、保管工作。

第三节　实验室的设计要求与布局

一、实验室的分类与职责

分析检验实验室，在学校、工厂、科研院所有其不同的性质。学校实验室一类是为学生进行分析化验实验用的教学基地；另一类是为科研服务的亦兼有科研性质的分析化学研究室。工厂设中央化验室、车间化验室等；车间化验室主要承担生产过程中成品、半成品的控制分析；中央化验室主要承担原料分析、产品质量检验任务，并担负分析方法研究、改进、推广等任务及车间化验室所用的标准溶液的配制、标定等工作任务。科研院所的化验室除为科学研究课题担负测试任务外，也进行分析化学的研究工作。

二、实验室的设计要求

根据化验任务需要，化验室有精密的的化学仪器和各种药品，其中包括易燃及腐蚀性药品。另外，在操作中常产生有害气体或蒸气。因此，对化验室的房屋结构、环境、室内设施等有其特殊的要求，在筹建新化验室或改建原有化验室时都应考虑。

化验室用房大概分为三类：精密仪器实验室、化学分析实验室、辅助室（办公室、储藏室、钢瓶室等）。化验室要求远离灰尘、烟雾、噪声和震动源的环境中，因此化验室不应建在交通要道、锅炉房、机房及生产车间附近（车间化验室除外）。为保持良好的气象条件，一般应为南北方向。

1. 精密仪器室

精密仪器室要求具有防火、防震、防电磁干扰、防噪声、防潮、防腐蚀、防尘、防有害气体侵入的功能，室温尽可能保持恒定。为保持一般仪器良好的使用性能，温度应在 15 ~ 30℃，有条件的最好控制在 18 ~ 25℃。湿度在 60% ~ 70%，需要恒温的仪器室可装双层门窗及空调设置。

仪器室可用水磨石地或防静电地板，不推荐使用地毯，因地毯易积聚灰尘，还会产生静电。

大型精密仪器室的供电电压应稳定，一般允许电波波动范围为 ±10%。必须时要配备附属设备（如稳压电源等）。为保证供电不间断，可采用双电源供电。应设计有专用地线，接地极电阻小于 4Ω。

气相色谱室及原子吸收分析室因要用到高压钢瓶，最好在就近室外能建钢瓶室（方向朝北），放仪器用的试验台与墙距离 50cm，以便于操作与维修，室内要有良好的通风，原子吸收仪器上方设局部排气罩。

微型计算机和微机控制的精密仪器对供电电压和频率有一定要求。为防止电压瞬变、瞬时停电、电压不足等影响仪器工作，可根据需要选用不间断电源（UPS）。

在设计专用的仪器分析室的同时，就近配套设计相应的化学处理室。这在保护仪器和加强管理上是非常必要的。

2. 化学分析室

在化学分析室中进行样品的化学处理和分析测定，工作中常使用一些小型的电气设备及各种化学试剂，如操作不慎也具有一定的危险性。针对这些使用特点，化学分析室在设计上应注意以下要求：

（1）建筑要求。化验室的建筑应用耐火或不易燃的材料建成，隔断和顶棚也要考虑到防火性能。可采用水磨石地面，窗户要能防尘，室内采光要好。门应向外开，大实验室应设两个出口，以利于发生意外时人员的撤离。

（2）供水和排水。供水要保证必需的水压、水质和水量满足仪器设备正常的需要。室内总阀门应设在易操作的显著位置，下水道应采用耐酸碱腐蚀的材料，地面应有地漏。

① 给水。目的是满足实验室三个方面的用水需求，即实验过程用水、日常用水和消防用水。给水方式：通常是将上述三种用水合并为一个给水系统，由城市给水管网直接供水。高度超出城市给水管网水压范围的实验楼，应设置加压设备，宜选择变频加压供水装置，不宜采用屋顶水箱供水，避免给水的二次污染。实验过程中使用的纯水，可以在实验室安装纯水系统、超纯水系统或蒸馏水器，自行制备供给。

② 排水。实验废水常含有酸、碱、氰化物、重金属等无机物和氯甲烷、苯、醚等有机物以及致病微生物或放射性物质，所以实验室废水不能直接排放。在有条件的城市应将废水分类收集后交专业废物处理部门集中处理；无条件的城市或地区应在实验室设置污水处理装置或采取有效措施，以除去废水中的污染物，杀灭致病微生物，使水质达到污水排放标准后再排入到城市排水管网。

废水处理装置应设置调节池、物化处理单元、生化处理单元及消毒单元。调节池的作用是通过中和原理调节酸碱度；物化处理单元的作用是通过物理和化学的方法除去悬浮物和其他无机物质；生化单元的作用是通过投放有效微生物来分解有机物；消毒单元的作用是杀灭致病微生物。含有放射性物质的实验废水一般不设置处理装置，应集中收集后按放射性废物的处理方法进行处理。

（3）通风设施。由于化验工作中常常产生有毒或易燃的气体，因此化验室要有良好的通风条件，通风设施一般有三种：

全室通风：采用排气扇或通风竖井，换气次数一般为 5 次/h。

局部排气罩：一般安装在大型仪器发生有害气体部位的上方。在教学实验室的上方，设置局部排气罩以减少室内空气的污染。

通风柜：这是实验室常用的一种局部排风设备，内有加热源、水源、照明等装置。可采用防火防爆的金属材料制作通风柜，内涂防腐涂料，通风管道要能耐酸碱气体腐蚀。风机可安装在顶层机房中，并应有减少震动和噪声的装置，排气管应高于屋顶 2m 以上。一台排风机连接一个通风柜较好，不同房间共用一个风机和通风管道易发生交叉污染。通风柜在室内的正确位置是放在空气流动较小的地方，不要靠近门窗，见图 6－3 所示。通风效果较好的狭缝式通风柜台面高度一般为 850mm、宽 800mm、柜内净高 1200～1800mm、条缝处风速 5m/s 以上，挡板后风道宽度等于缝宽 2 倍以上。

（4）煤气与供电。有条件的化验室可安装管道煤气。化验室的电源分照明用电和设备用电，照明最好采用荧光灯，设备用电中，24h 运行的电器如冰箱单独供电，其余电器设备均用总开关控制，烘箱、高温炉等电热设备应有专用插座、开关及熔断器。在室内及走廊上安置应急灯，以备夜间突然停电时使用。

(5) 实验台。实验台主要由台面、台下的支架和器皿柜组成。为方便操作台上可设置药品架，台的两端可安装水槽，如图 6 - 4 所示。

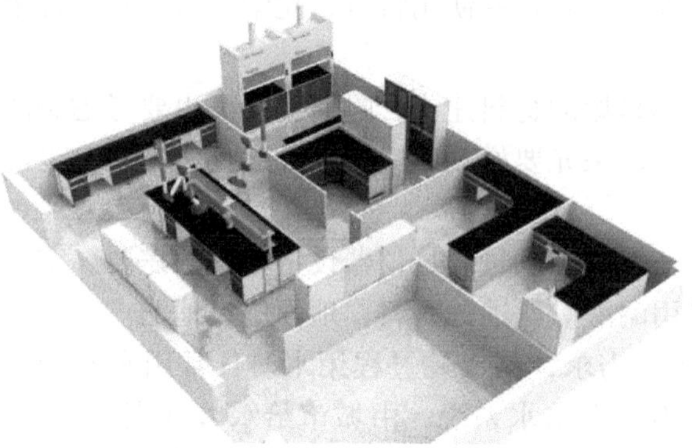

图 6 - 3　通风橱在室内的正确位置

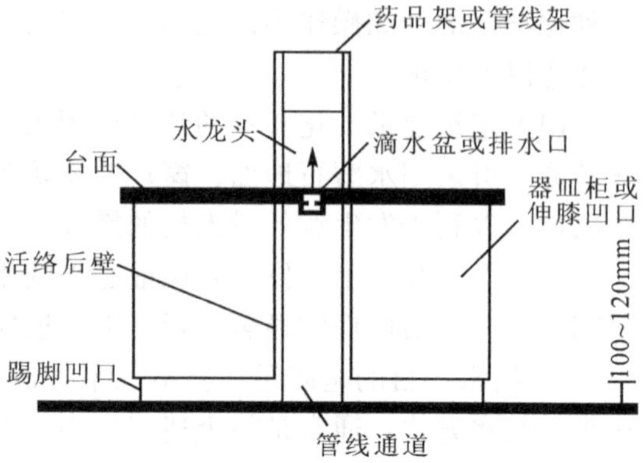

图 6 - 4　化学实验台示意图

实验台面一般宽 750mm，长根据房间尺寸可为 1600 ~ 3200mm，高可为 800 ~ 900mm。台面常用木材、塑料或水磨石预制板制成。理想的台面应平整不易碎裂、耐酸碱及溶剂腐蚀、耐热、不易碰碎玻璃仪器等。一般用实心木质台面涂以大漆以增强其耐酸性能，也可采用其他涂料，如三聚氰胺树脂、环氧树脂等。加热设备可置于砖砌底座的水泥台面上，高度为 500 ~ 700mm。

3. 辅助用室

(1) 药品储藏室。由于很多化学试剂属于易燃、易爆、有毒或腐蚀性物品，故不要购置过多。储藏室仅用于存放少量近期要用的化学药品，且要符合危险品存放要求。要具有防明火、防潮湿、防日光直射、防雷电的功能。药品储藏室房间应朝北，干燥、通风良好，顶棚应遮阳隔热，门窗应坚固，窗应为高窗，门窗应设遮阳板，门应朝外开。易燃液体储藏室室温一般不许超过 28℃，爆炸品不许超过 30℃。少量危险品可用铁板柜或水泥柜分类储存。室内设排气降温扇，采用防爆型照明灯具，具有消防器材。亦可以用符合上述条件的半地下室作为药品储藏室。

(2) 钢瓶室。易燃或助燃气体钢瓶要求安放在室外的钢瓶室内。钢瓶室要求远离热源、火源及可燃物仓库。钢瓶室要用非燃或难燃材料构造，墙壁用防爆墙，轻质顶盖，门朝外开。要避免阳光照射，并有良好的通风条件。钢瓶距明火热源 10m 以上，室内设有直立稳固的铁架用于放置钢瓶。

三、实验室的建筑布局

1. 实验室的平面系数

在设计过程中经常碰到总建筑面积、建筑面积、使用面积、辅助面积及平面系数等经济指标，总建筑面积指几幢实验楼建筑面积之和。建筑面积为一幢实验楼各层外墙外围的水平面积之和，包括地下室、技术夹层(层高超过 2.2m)、屋面通风机房、电梯间、有柱子雨棚等。使用面积是指实际有效可利用的面积。辅助面积是指门厅、走廊、楼梯、电梯、厕所、卫生通过室、管道、竖井、墙厚、柱子等面积之和。使用面积等于建筑面积减去辅助面积。平面系数(用 K 表示)等于使用面积除以建筑面积。

在编写实验室建筑计划任务书时，首先应考虑使用面积，然后再根据平面系数确定建筑面积。如果平面系数不当，就会造成建筑面积过多或过少，实验室平面系数大致为 50% ~ 70% 。体型比较简洁的一般化学、生物、物理实验室，平面系数幅度大致在 65% ~70% 之间。有管道竖井的化学实验室，平面系数在 60% 左右。低温超导量子实验室等特殊建筑的平面系数约为 50% 。在建设检测校准实验室时，其建筑面积的定额大体上可参考表 6 – 1 所示的科研工程规划建筑面积指标。

表 6 – 1　科研工程规划建筑面积指标　　m^2/人

人员规模/人	100	200	400	600	900	1200	1500
数学学科	30. 0	29. 0					
物理学科							
理论物理	30. 0	29. 0					
实验物理		50. 9	49. 6	48. 3	46. 4	44. 5	
力学和声学		40. 7	39. 7	38. 7	37. 1	35. 6	
核物理			68. 4	67. 5	66. 1	64. 8	63. 4
化学学科							
化学		49. 0	48. 0	47. 0	45. 5	44. 0	
化工		61. 0	60. 0	59. 0	57. 5	56. 0	
天文学科							
天体物理和天体测量		40. 0	37. 0	34. 0			
授时		48. 0	45. 0	12. 0			
人卫观测	32. 0						
地学学科							
地理	42. 0	41. 5	40. 5	39. 5	38. 0		
海洋			47. 0	46. 0	44. 5	43. 0	
土壤	50. 0	49. 5	48. 5	47. 5	46. 0		
地质	52. 0	51. 5	50. 5	49. 5	48. 0		
生物学科							
实验生物	46. 5	45. 9	44. 6	43. 4	41. 5		
动物		51. 0	49. 7	48. 4	46. 5		
植物		62. 5	61. 5	60. 5	59. 0	57. 5	
技术科学学科							
计算机技术		46. 4	45. 6	44. 7	43. 5	42. 2	
半导体与电子技术		51. 8	50. 7	49. 6	47. 9	46. 2	
应用技术		44. 4	43. 7	43. 0	41. 9	40. 8	
自动化技术		42. 4	41. 7	41. 0	39. 9	38. 8	
光电技术					46. 0	45. 0	44. 0

注：科研机构全体人员规模包括编制人员、主管部门核定的聘用人员、规划指标包含的科研工。作用房范围是指：①科研用房；②科研辅助用房；③公共设施；④行政及生活服务用房。

2. 实验室的建筑模数

（1）开间。实验室的开间模数主要取决于实验人员活动空间以及工程管网布置的必须尺寸。一般的生物、化学、物理类实验室开间模数为 3. 2m、3. 3m、3. 4m 或者 3. 6m。

从实验室人员的活动尺度来看，实验台宽度一般约为 0. 75m，两排试验台之间的净距为 1. 5 ~1. 8m 之间，两人能在两边坐着或者站着做实验，必要时中间可走动一个人。有些物理、电子实验室的实验台桌面宽为 0. 9m，实验台之间距离为 1. 65m。不同状态的实验台放置间距尺寸汇总见图 6 – 5 所示。

（2）进深。实验室的进深尺寸关系到实验台的长度、实验室的面积、采光通风、结构布置等方面的问题。以化学实验室为例，进深尺寸一般为 6 ~ 7m，有的达 8m。实验台长约

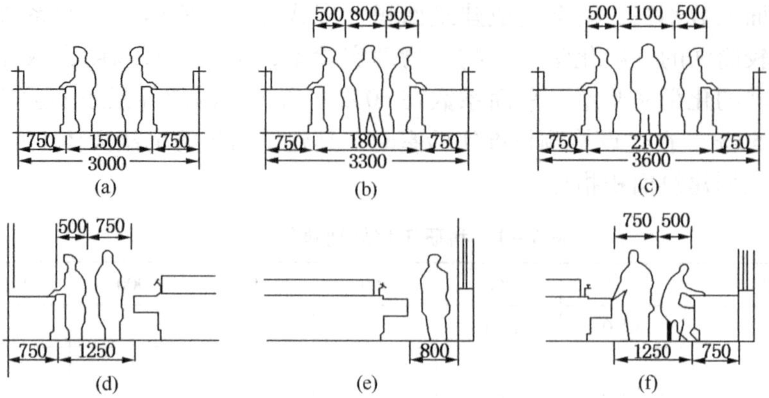

图 6－5　实验台放置的必要间距(单位：mm)

2.5m 左右，通风柜约 1.8m，水槽约 0.7m，书桌为 1.1～1.2m，则房间进深为 6～6.2m。另一边可以设置实验台、烘箱以及药品柜、书桌等设施。

目前我国一般实验室大多数为天然采光，要求一定的开窗面积，所以进深不宜太大。再则限于经济条件，每个科研人员所使用的实验面积也不宜过大。实验室的进深尺寸与结构布置方案有密切关系，当采用横向承重结构时，普遍的进深尺寸为 5.6～7.2m；采用纵向承重结构时为 6.0m；采用框架结构时，一般在 6～7m 左右。

(3) 层高。层高是指楼板面到另一楼板面的高度。净高是指楼板面至另一楼板底面(或吊平顶面)的距离。

考虑到放置较大型的仪器设备，底层的层高较高，一般为 3.9～4.2m 左右。对于电镜室、精密仪器室需要做木地板和吊平顶的结构，考虑到设备的安装和使用要求，还需另定合适的底层层高。实验室的上层层高一般为 3.6～3.8m。

化学实验室的模数示意见图 6－6 所示。

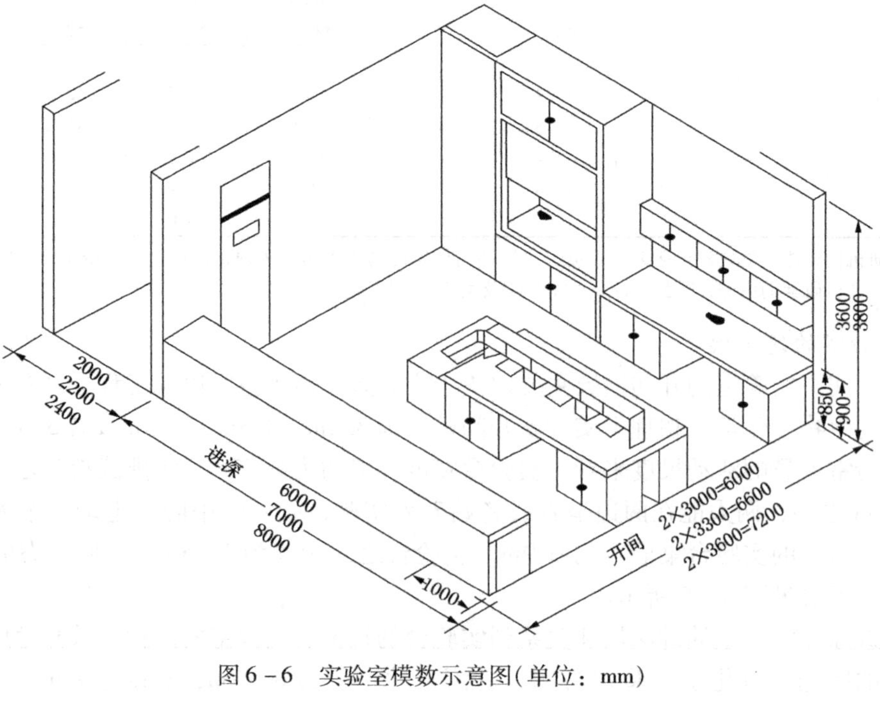

图 6－6　实验室模数示意图(单位：mm)

计算机房由于电缆较多，需要设置地缆沟或架空地板。架空地板的高度一般为0.4m，地板下面的空间可以作为回风道。机房净高一般以2.4~3.0m为宜。

洁净实验室比一般实验室的净高要低些，一般为2.5m左右，主要是为了节约空调体积及采用人工照明。

(4) 门窗。

① 门。1m宽的门可以满足人员出入和大多数器材、设备、冰箱、烘箱等搬动的要求。为了应对偶发事件，也可采用1.2m宽不等扇的双扇门，平时关上小窗，人员由大扇出入。

实验室的门一般向内开，但对于危险性的(如石油、有机、高压)以及防爆实验室的门应向外开。

实验室的门除有特殊要求外，最好在门上设一玻璃观察窗，以便值班人员进行安全观察。

实验室门一般为木门，有些门，如为满足安静要求而设置的隔声门、冷藏室的保温门、防止电磁干扰的屏蔽门以及有防尘要求设置的密闭门等，由于功能不同，做法亦不同。

② 窗。窗台离地以不低于1m为宜。窗的高度在可以利用天然采光的情况下，不妨大一点。

(5) 当相邻区域的活动相互之间有不利影响时，要采取隔离措施。

检测/校准区域要与办公场所分离，以防止对检测/校准工作质量产生不利影响。试验区域要合理布局，例如，仪器室要与化学处理室分开，天平室应与有冲击、震动的实验室分开等；试验区域要有明显标识，例如“非请勿入”。

3. 实验室的结构与楼面荷载

(1) 实验室结构。结构布置与实验室建筑模数密切相关。实验室的结构形式经常采用的有两种，即承重砖墙与钢筋混凝土梁板结构、钢筋混凝土框架结构。

承重砖墙与钢筋混凝土梁板结构，简称混合结构，适用于1~5层实验室。这种结构形式造价较低，施工较快，适用于一般实验室。

钢筋混凝土框架结构简称框架结构，适用于5层以上的实验室，也适用于跨度大、层高高的1~5层的实验室。

(2) 实验室的楼面载荷。根据“建筑结构的荷载规范”，一般实验室楼面均布活荷载标准值为2.0kN/m^2(相当于每平方米楼面承受活荷载200kg)，荷载较大的实验室按实际情况确定。办公楼活荷载为1.5kN/m^2，一般资料档案室活荷载为2.5kN/m^2，档案库活荷载为5.0kN/m^2。

第四节 实验室环境管理

一、建立实验室环境条件控制标准

实验室的环境条件不应影响检测结果有效性或所要求的准确度，环境条件要求和控制的依据是检测/校准方法及所配置的仪器设备使用要求。

(1) 实验室应根据检测/校准方法及所配置的仪器设备使用要求，针对如温度、湿度、尘埃、噪声、照度、振动、室内气压、换气率、电压稳定度、谐波失真度、电磁干扰、接地电阻等各项环境因素，建立表6-2所示的环境条件要求。

表 6-2　美国仪表学会 RP-52 中对次级校准实验室环境条件的建议

环境参数	美国仪表学会建议的值	适用测量区域	备　注
温度	(20±1)℃	长度	
	(23±2)℃	电量及其他物理量	
相对湿度	<45% 20%~55%	长度、光学，电量及其他物理量	
含尘量	粒径>1.0μm，浓度<$7\times10^6/m^3$	长度、光学	
	粒径>0.5μm，浓度<$4\times10^7/m^3$	电量及其他物理量	
噪声	≤67dB(A)	全部	
照度	≥800lx	全部	
振动	5~6μm(0.1~30Hz) 0.001g(3~200Hz)	长度、质量	
室内气压	>10kPa	全部	
换气率	≥10 次/h	全部	
电压稳压率	±1%	全部	空载至满载
谐波失真率	±5%	全部	
电磁杂讯	≤100μV/m	电量、温度	30MHz~1GHz
接地电阻	系统接地电阻≤5Ω	全部	
	设备接地电阻≤2Ω		

注：美国采用英制计量单位。

（2）根据检测/校准方法的规定，确定药品室的环境条件要求。例如，某些疾病控制和微生物检验样品需要在低温条件下保存。

（3）当需要在实验室外部现场进行检测/校准时，特别要注意需满足的环境条件。例如，进行环境空气采样时要符合大气压力和空气湿度的要求，微生物检验样品采样要进行无菌操作等。

二、实验室环境条件的监控

不同的检测/校准项目对环境条件的要求有很大差异，根据认可准则的规定，“相关的规范、方法和程序有要求，或对结果的质量有影响时，实验室应检测、监控和记录环境条件”。

对环境条件比较敏感的检测、校准项目，实验室必须满足相关要求并进行检测、控制和记录。例如，在纺织品检测实验室中，物理指标(如强力、伸长、细度、防止材料静电性能电压半衰区的测定等)检测的环境条件必须符合标准规定，检测区域内必须配置温湿度自动记录仪(或温湿度自动监控装置)，并且保留工作期间的连续监控记录。有的校准项目对环境温湿度的准确性、均匀度和波动度要求较高，为保证符合要求，许多实验室安装了可自动监控和记录房间温湿度的智能中央空调系统。此时，如果对中央空调系统实施了定期校准，并可确保其现实的信息及时传达到校准人员，则手工记录有时候有可能被计算机自动记录仪所取代。

对环境条件无特殊要求的检测项目，实验室无需进行检测、监控和记录。例如，在黄金珠宝检测室中，有的仪器和方法对环境无特殊要求。

其次应该确定如表6－3所示的监控周期，定期由责任部门检测并作记录和分析统计。

表6－3　实验室监控周期

项　目	检测项目	检测周期	备　注
1	温度	全天24h检测	装设温湿度记录器
2	相对湿度	全天24h检测	装设温湿度记录器
3	噪声	每半年一次	
4	尘粒	每一年一次	
5	电磁干扰	每一年一次	
6	气压差	每季一次	
7	照度	每季一次	
8	振动	每两年一次	
9	电源状况	每年一次	
10	接地电阻	每半年一次	

三、检测/校准区域的控制

为获得正确的检测/校准结果，实验室必须对检测/校准区域的进入和使用实施有效地控制。具体措施和办法有以下三个方面。

1. 按功能对实验室区域进行划分

不同工作对环境要求不同，因此要对实验室区域进行划分和标识。实验室可按功能划分为办公区、检测/校准区、维修区、科研区和接待区。按实验要求，检测/校准涉及的特殊工作区域有：无菌室、超净室、屏蔽室、放射性室、实验动物房、计算中心机房、恒温恒湿房、高电压作业区。对实验室应进行检测和验收，确认其符合相关标准要求。

2. 对人员进入的控制

对进入实验室的外来人员应经批准。为避免不正常干扰，对实验室内部人员也应予以控制，以限制非授权人员的进入。实验室可采用自动识别的门禁系统。对于因人员进入造成的温湿度波动而影响检测/校准结果的房间，应设立诸如“正在工作，请勿干扰”的警示标识。对有卫生要求的，进入实验室的人员应进行消毒或采取相应的净化措施。

3. 对实验室使用的控制

例如，在检测/校准实验室中不得从事与检测/校准无关的工作。在某些实验室(例如天平、量块、砝码)，由于相对湿度要求小于60%，不允许用水；在磁测校准实验室，不得带入手机。

四、实验室的“5S”管理

“5S”管理为有效利用实验室空间、降低资源消耗、减少寻找时间、提升设备性能、提高工作效率、进而增加顾客信心提供了标准。

实验室应区分样品区、作业区和仪器区以及待检测/校准区、在检测/校准区，通过整顿达到分类摆放、整齐有序、规范统一、标识清晰。

实验室可利用各种台子、架子、柜子来放置在用设备、物品和顾客物品。小型的零配件存放在带格子的抽屉中。资料柜配双开玻璃门，实验室的作业指导书可放置在操作台上开放式的文件夹中。常用的电缆电线应悬挂在随手可及之处。

在用设备、物品区分为随时使用、经常使用、不常使用几种情况，分别存放。随时使用的置于操作台上；需要不同仪器联机使用的，可配小推车便于在室内移动；经常使用的仪器可放置在带门的橱子里，实验室“5S”管理的具体规范见表6-4。

表6-4 实验室“5S”管理规范表

序号	项目	规范内容
1	整理	1. 把有用的和无用的物品分开 2. 把永远不用及不能用的物品清理掉 3. 把一个月以上不用的物品放置在指定的位置 4. 把一周内要用的物品放置到近工区，摆放好 5. 把2日内要用的物品放到容易取到的位置
2	整顿	1. 工作区、物品放置区、通道位置进行规划并设明显标识 2. 物品应分类整齐摆放并设明显标识 3. 通道畅通，无物品占用通道 4. 工具设备等摆放整齐，工作台面摆放整齐 5. 工具柜/箱内物品分类摆放整齐
3	清扫	1. 地面、墙上、门窗打扫干净 2. 工作台面清扫干净 3. 工具柜/箱、管道无积尘 4. 工具、设备、仪器等清理干净 5. 一些污染源、噪声设备要进行预防
4	清洁	1. 每天上下班花3~5min做好“5S”工作 2. 经常性的自我检查、互相检查 3. 整理、整顿、清扫工作保持好 4. 用“5S”观念指导作业，把工作做精做细，责任到人 5. 对不符合的情况及时纠正
5	教养	1. 员工戴工作牌、穿工作服整洁得体，仪容大方 2. 言谈举止文明，对人热情大方 3. 工作精神饱满 4. 有团队精神，互帮互助，积极参加“5S”活动 5. 时间观念强

近年来随着对这一活动认识的不断深入，有些人在实验室管理中又添加了“坚持、习惯”两项内容，分别称为“6S”或“7S”活动。

第五节 实验室资料、档案的管理

ISO/IEC导则25是一个强调实验室全面质量管理的国际性标准和建议，该管理体系对于实验室的文档管理提出了一个崭新的思路，建立该思路的出发点和最终目标是：将检测数据的有效性和公正性提高到百分之百，将检测风险降低到零。其中心思想是要建立与实验室自身情况相适应，并符合实验室规章制度的文档管理制度，所有检测记录、样品文件、检测依据、检测报告副本、质量文件、技术文件、人事文件、电子文件以及收发文件等均应归档并保存适当的期限，以备有异议时查考。

实验室档案是在实验室建设、实验教学活动和教学研究过程中形成的重要资料，是实施实验室建设、实验教学、人员考核和实验室科学管理的重要依据，为仪器设备购置、人员培训、实验教学改革等活动提供参考。为了充分发挥实验室档案的作用，保证实验室建设、实验教学和科学研究活动的顺利进行，实验室档案资料必须做到：①准确性，即每一项档案都必须有准确无误的原始数据、资料，真实记录当时实验室活动的实际情况。②完整性，即应尽可能全面地收集、整理与实验室活动有关的原始记录、数据和文件资料，以便完整地积累实验室活动信息。③连续性，即从事实验室档案工作要持之以恒，坚持长期对实验室活动资料进行跟踪搜集，随时掌握实验室工作的实际情况，不断积累、整理。④明确性，即归档的案卷必须填写案卷目录。案卷目录可打印或用钢笔正楷填写，字迹工整、清晰，文面要整洁，不得涂改。每个案卷组成以后都应写明案卷内图纸和文件材料的页数，日后案卷内的图纸和文字材料需要变更、修改时，由档案管理人员随时以备考表的形式注明。

一、实验室文档分类、编号和密级控制

1. 文档的分类

文件的整理、分类是实验室档案管理的重要环节，该环节标志着实验室文档管理进入了科学、有序状态。实验室的档案分类是按进档文件的性质而分类的，从科学、合理和可操作的角度出发，文件分类按下列方案考虑：

（1）检测类(原始记录、检测报告和样品管理和检测管理等文件)。检测原始记录是指在检测活动中对各个检测过程的真实记载，它可以再现检测过程，是编制检测报告的根本。检测报告是实验室的检测成果，它是对被检样品品质的真实反映和客观评价。在实验室对于检测报告要求其检测方法科学、检测数据有效、检测判据权威、检测结论公正。另外实验室还有用于样品管理的表单文件，如样品的入库单、领用单、处理单和抽样单，这些表单应该能够涵盖样品的接收、传递、储存、处置、安全以及样品的识别等各个环节的内容，可以反映历次检测过程中的样品状态，以确认其检测数据的有效性。因此，样品表单管理文件、原始记录和检测报告副本要求按厂家、型号和日期配套统一整理和装订后再编号归档保存，以备查考。样品管理的作业指导书、检测用的作业指导书等文件是为样品员和检验员管理服务的，一般不作存档。

（2）仪表设备类(仪表设备台账、仪表设备管理、量值溯源和测试系统比对等文件)。仪表设备台账应包含的信息有：名称、型号、制造厂、产品序号或其他的惟一标识；接收日期、启用日期和目前放置地点；接收时的状态(新的/旧的/在用的/改装和修理过的)；制造商提供的使用说明书或复印件；仪表检定或测试系统比对的日期和结果；迄今为止所进行的维护和今后维护计划细节；历次损坏、故障、改装或修理的记录。仪表设备台账可以反映历次检测过程中的仪表和测试系统状态，以确认其检测数据的有效性，因此仪表设备台账应按照其仪表检定期限或测试系统比对期限进行编号、归档保存。仪表设备管理文件一般是指仪表设备用的作业指导书等文件，该文件为仪表员进行仪表管理服务，一般不作存档。仪器设备档案归档范围和保管期限见表6－5。

表 6－5　仪器设备档案归档范围和保管期限

序　号	类目名称	保管期限
1	可行性论证报告	长期
2	定购合同(复印件)	长期
3	设备进口过程中有关的技术商务文件	长期
4	安装、调试记录和双方签字移交文件、保修单	长期
5	验收报告及文件材料	长期
6	索赔来往函件及结果文件	长期
7	设备说明书及全套随机文件材料	与设备共存
8	使用、检修、故障事故记录本	与设备共存
9	重大事故的调查分析及处理意见书	与设备共存
10	技术改造和开发过程中形成的技术文件材料	与设备共存

(3) 管理类。管理文件是实验室在从事宏观管理活动时所形成的文件，它包含的文件主要有：质量手册、程序文件、质量体系内审和外审文件、管理评审文件、安全保密管理文件、实验室委托合同、人事管理和人员培训文件、采购管理和办公管理文件等。这些文件反映了实验室一个时期的管理水平和状态，是实验室的历史资料档案，要求归档保存。其中质量手册、程序文件、质量体系内审和外审文件、管理评审文件是质量体系中的重要文件；而人事管理和委托合同文件也是实验室极为重要的档案文件。

实验室人事管理文档包含：个人技术履历表、学历证明、任职资格或职称证明、能力培训证明、作业资格考试证明、各阶段培训证明、技术业绩和技术经验及各种技术获奖证明等。合同文档是实验室与受检单位双方对于检测要求和检测报酬的约定，订立合同要求双方本着公平、公正、可行、严谨的宗旨。合同签订前要经过实验室主任、技术负责人、办公室主任和档案员共同参与合同评审，并且档案员要把评审纪录和会签单整理后与合同一起编号归档保存，以备查考。

(4) 电子文件。电子文件包括经过编纂过的网上下载的情报文件、检测类文档、仪表设备类文档、管理类文档以及实验室测控软件和管理软件等。它是由计算机磁盘(活动硬盘、软盘、光盘)保存的。

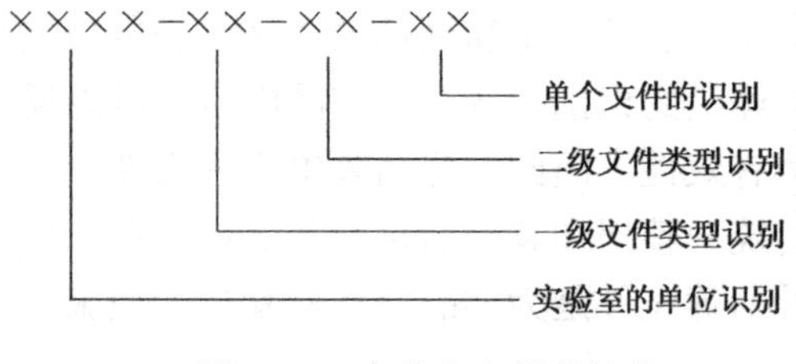

图 6－7　实验室文档的编号

2. 文档的编号

文档的编号主要是为了使实验室档案管理层次清晰、调用便捷、统计方便。实验室的文档编号采用分类式科技档案号的结构模式，号码采用混合号码制，见图 6－7 所示。

软件能够保障实验室用于文档保存的专用计算机的持续安全运行。另外，档案员能够按照如下电子档案的保管要求对其进行日常维护、保管和规划：根据实验室的电子档案具体情况配置一台专用性能优良的计算机，要求该计算机具有活动硬盘存储、软盘存储和光盘刻录功能，但不得安装网卡和调制解调器；用于电子档案保存的专用计算机必须进行加密管理，该计算机除档案员外任何人不得接触，档案员对该计算机必须在每次使用前进行病毒诊断，原则上不得使用外来磁盘，如果使用必须经过病毒诊断处理；实验室的电子档案文件必须用磁盘或光盘备份，对于保密文件要求计算机硬盘在光盘或磁盘备份后立即清除该文件；对于以光盘为载体的电子文档要特别注意防尘、防污染、防腐蚀、防火和防机械损伤保存，而对于以磁盘为载体的电子文档，除此之外还要注意防磁保存；档案员对于实验室的电子文档应该能够建立清晰、实用的电子文档类目，做到进档轻快、调档便捷。

二、实验室档案管理人员

实验室档案管理包括收集、整理、登记、分类、编号、存档等工作。各实验室应设专人负责实验室档案管理工作。实验室主任应督促实验室工作人员及时将自己在工作中形成的文件材料交给档案管理员。收集整理档案应在学校综合档案室指导、监督下进行，单位主要领导要认真负责档案管理及监督检查工作。实验室主任及具体管理人员工作变动时，必须及时办理移交手续。

实验室档案管理员必须熟悉档案管理的基本知识，工作严谨求实，努力维护档案材料的完整、准确、系统与完全。文件材料应在收集齐全完整后整理组卷，并按时立卷归档。

三、实验室档案管理程序

1. 检测业务档案管理

检测报告的准确性和可靠性直接关系着客户利益和实验室信誉。实验室应建立完善的记录制度，所有的原始观测记录、计算和导出数据、记录以及报告副本均应归档。记录应包含足够的信息以保证其能够再现，规定适当的期限安全储存，妥善保管，并为委托方保密。

实验室档案员负责本部门记录和报告的预立卷整理、审核、归档工作。报告发出后项目负责人应将项目的相关资料如合同、委托书、任务书、检测报告(包括报告审核单和报告原稿、检测报告、更改申请表等)、检测方案(包括方案报告审核记录表和方案原稿等)、现场采样和检测记录、样品交接记录、样品分析原始记录等预立档，并及时交本部门实验室档案员核查。当报告中包含由分包方出具的检测结果时应予以说明，并将分包协议书和分包方检测报告存档。合同书除交委托方外，同时交财务室 2 份(至少 1 份原件)，业务承担部门留存 1 份原件，与项目材料一起进行年度归档。使用非标准方法检验时，应与委托方协商确认并形成有效文件保存。次年一季度实验室档案员将预立档资料交档案室存档。

应急检测所形成的各种记录、报告按《档案管理程序》予以保存；项目管理记录包括《任务流转登记单》、《项目承接及检测报告发出登记表》等；分包方资质证明等相关资料和评审记录由业务管理员立档(本部门保存)，动态管理，及时更新。

2. 质量体系档案管理

质量管理部门负责内部审核、管理评审、投诉处理、不符合报告及纠正措施、预防措施、质量控制的归档工作，并对质量记录和技术记录的标识、收集、编目、存档、借阅、维护、清理等环节进行控制。管理评审材料、报告和有关记录由质量管理部门收集整理后交档案室存档，记录应包括评审计划、评审内容、会议记录、评审报告、纠正和预防措施记录等。内审活动的记录、内审报告、各部门提交的不符合项纠正报告也由质量管理部门归档，包括内审计划、内审检查表、现场审核记录表、不符合项报告和质量体系内部审核报告。质量管理部门还负责资质管理过程中记录(如考核样记录等)的归档，以及监测过程中全部质量控制记录(如监测分析质量统计表、原始记录检查记录表、监测数据统计表等)的归档。

3. 人员技术档案管理

档案管理员应及时、准确地做好人员技术档案的整理、分类、登记、归档工作，并实行动态管理。人员技术档案中应包括职工的学历、经历、资格、授权、技能培训、科研论著、表彰获奖等方面的资料。每年技术管理层应组织各部门对全体技术人员的能力进行评价并作出总体分析，个人评价意见归入个人技术档案。

人员培训的有关记录如人员培训计划表、汇总表等，由指定部门整理归档。所有人员将资格证书、学历证明、培训结业证书、合格证、技能考试证书、授权任命书、科研成果证书、论著、获奖证书等收集、整理、复印后，交档案管理部门存入个人技术档案。外出培训人员归来后应编写培训体会，随资料同时归档。外出培训费用须经档案管理部门签收相关资料后方可报销。

4. 仪器设备档案管理

实验室配备的检测所需的仪器设备，其使用情况将直接影响检测结果的准确性。因此，仪器设备从购买、使用到报废都要有详细的记录，即应建立仪器设备档案，保存每台设备及其软件的记录，包括标识、型号、制造商名称、说明书、合格证、所有校准报告和证书(含日期)、保养维修记录等。质量管理部门负责制定仪器设备检定周期表和仪器设备一览表，建立仪器设备档案。仪器设备管理员应对每台仪器设备建立档案，内容包括：名称、型号、出厂编号、生产厂家、自编号、购置合同、使用说明书及外制软件、论证意见或报告、调试验收报告、检定证书或自校报告、使用记录、维护保养记录、校准记录、修理和报废记录、停用申请、报废处理等，并负责仪器设备档案的管理。

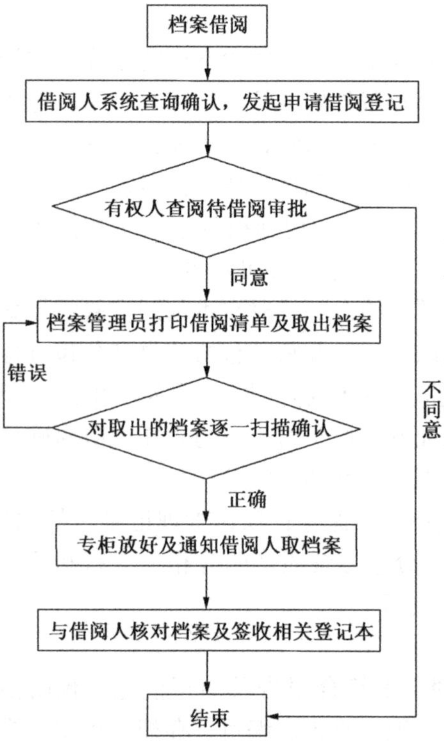

图6-8　档案借阅流程

四、实验室档案借阅

实验室进行文档管理的目的是为了能够使文档更有效、更科学地为实验室运行和发展服务，由于实验室很多文档是按密级、按类别控制管理的，这些文件的借阅必须经过相应的审批程序，如图6-8所示。如何构筑出最合理的文档借阅模式，使文档的利用效能提高到最大限度，使实验室的文档调用达到准确、有序和便捷，这是档案员应该不断探索的课题。目前实验室应该在调档便捷的基础上，考虑如何缩短文档利用者的审批和借阅时间，如：编制一些简洁的审批表单和借阅表单，通过计算机网上传递给审批人，然后利用者可以直接到审批人处取处理过的审批表单等，这些方式都可以大大提高实验室文档的利用率。

阅读材料

实验室信息管理系统(LIMS)

实验室信息管理系统(laboratory information management system，英文缩写为LIMS)是以数据库为核心的信息化技术与实验室管理需求相结合的信息化管理工具。由计算机硬件和应用软件组成，能够完成实验室数据和信息的收集、分析、报告和管理。

LIMS 基于计算机局域网，专门针对一个实验室的整体环境而设计，是一个包括了信号采集设备、数据通讯软件、数据库管理软件在内的高效集成系统。它以实验室为中心，将实验室的业务流程、环境、人员、仪器设备、标物标液、化学试剂、标准方法、图书资料、文件记录、科研管理、项目管理、客户管理等影响分析数据的因素有机结合起来，采用先进的计算机网络技术、数据库技术和标准化的实验室管理思想，组成一个全面、规范的管理体系，为实现分析数据网上调度、分析数据自动采集、快速分布、信息共享、分析报告无纸化、质量保证体系顺利实施、成本严格控制、人员量化考核、实验室管理水平整体提高等各方面提供技术支持，是连接实验室、生产车间、质管部门及客户的信息平台，同时引入先进的数理统计技术，如方差分析、相关和回归分析、显著性检验、累积和控制图、抽样检验等，协助职能部门发现和控制影响产品质量的关键因素。实验室信息管理系统的基本功能包括：业务流程管理、各类资源管理、行政管理以及各类客户需要个性化定义的功能。

LIMS 的国际标准：美国材料测试学会于 1987 年策划订定 LIMS 标准，现已发布了下列三个标准和数十个计算机化的标准。

(1) E－1578。LIMS 标准指南是 1978 年成立 LIMS 分会后着手制订的，历时 7 年于 1993 年完成，1994 年在 ASTM 年刊 14.01 卷公布，每隔 5 年修订 1 次。指南参考了 ASTM、IEEE、ANSI、ISO 等标准，并对 LIMS 原理、技术进行了高度概括和总结。它对 LIMS 用户、计划实施人员、经销商、开发商、项目审批部门提供指南。目的是使新用户掌握 LIMS 知识，为厂商、用户提供 LIMS 标准术语，制定主要功能。标准共由 13 部分组成，并有附表详细列出了 LIMS 功能、考核 LIMS 的指标、等级评分依据。

(2) E－2066。2000 年发布的 LIMS 认证指南，描述了对实验室信息管理系统进行认证的方法。它是对商品化 LIMS 进行认证的。认证过程可用于其他类型的系统，但指南并未完全包含其他类型系统的所有事项。另外，内部开发的 LIMS 即由内外部程序员专门为某组织开发的 LIMS，也可利用这一指南。要注意的是有许多相关的软件开发组织没有使用该指南。致力于开发 LIMS 的各种人员也可以参考相关的 ASTM、ISO 和 IEEE 软件开发标准。近两年 LIMS 开发商纷纷声明其产品符合 GLP、ALP、ISO、21 CFR Part 11 规范和标准。

实验室信息管理系统的作用：

(1) 提高样品测试效率：测试人员可以随时在 LIMS 上查询自己所需的信息；分析结果输入 LIMS 后，自动汇总生成最终的分析报告。

(2) 提高分析结果可靠性：分析人员可以及时了解与样品相关的全面信息；系统自检报错功能可以降低出错的概率。另外，LIMS 提供的数据自动上传功能、特定的计算和自检功能消除了人为因素，也可保证分析结果的可靠性。

(3) 提高对复杂分析问题的处理能力：LIMS 将整个实验室的各类资源有机地整合在一起，工作人员可以方便地对实验室曾经做过的全部分析样品和结果进行查询。因此，通过对 LIMS 存储的历史数据的检错，有可能得到一些对实际问题处理有价值的信息。

(4) 协调实验室各类资源：管理人员可以通过 LIMS 平台，实时了解实验室内各台设备和人员的工作状态、不同岗位待检样品数量等信息，能及时协调有关方面的力量化解分析流程出现的“瓶颈”环节，缩短样品检测周期；调节实验室内不同部门富余资源，最大程度地减少资源的浪费。

(5) 实现量化管理：LIMS 可以提供对整个实验室各种信息的统计分析，得到诸如设备使用率、维修率、不同岗位工人工作量、出错率、委托样品测试项目分布特点、实验室全年各类任务的时间分布状态、试剂或经费的消耗规律等信息。管理层能定量地评估实验室各个环节的工作状态，很好地实现实验工作的全面量化管理。

思考与练习

一、名词解释

1. 年龄结构
2. 职称结构
3. 学历结构
4. 专业结构
5. 职务分析
6. 平面系数
7. 管理文件

二、填空题

1. 实验室人员的结构包括________、________、________和职称结构。

2. 实验室人员管理的基本原则有激励原则、________、________、竞争原则、民主监督原则及________原则。

3. 在工业生产中，分析实验室的三级检验体系分别为________、________和________。

4. 化验室用房大概分为________、________和辅助室三类。

5. 实验室通风设施一般有________、________和________三种。

6. 实验台主要由________、________和________组成，台面一般宽________mm。

7. 实验室档案资料的管理必须做到________、________、________和________。

三、单选题

1. 为了保证检验人员的技术素质，可从________。

A. 学历、技术职务或技能等级、实施检验人员培训等方面进行控制
B. 具有良好的职业道德和行为规范方面进行控制
C. 学历或技术职务或技能等级两方面进行控制
D. 实施有计划和针对性地培训来进行控制

2. 实验室人员的结构中，________是指不同知识和能力级别的人员比例。

A. 年龄结构 B. 职称结构 C. 学历结构 D. 专业结构

3. 在工业生产中，________是企业产品质量检验的核心化验室。

A. 质检科 B. 车间化验室 C. 班组化验岗 D. 计量室

4. 有管道竖井的分析化学实验室，平面系数一般为________。

A. 50% ~55% B. 65% ~75% C. 60% D. 50%

四、简答题

1. 简述实验室人力资源管理的主要内容和目的。

2. 如何组织实施实验室人员培训?

3. 实验室人员培训的目标和主要内容有哪些?

4. 化学分析实验室的设计要求有哪些?

5. 实验室对检测/校准区域的进入和使用设施进行有效控制的途径有哪些?

6. ISO/IEC 导则 25 中提出对实验室文档加强管理的出发点和最终目标分别是什么?其中心思想是什么?

7. 实验室文档分成哪几类?如何编号?

第七章　实验室安全管理

☞ **教学目标：**

- 了解实验室危险的种类，并掌握实验室防火、防爆、灭火常识；
- 掌握化学毒物的分级及中毒急救方法；
- 了解化学试剂、仪器的安全使用常识；
- 掌握高压钢瓶的颜色、标志及安全使用常识；
- 掌握危险化学品的分类及储存安全常识；
- 掌握实验室常见废水、废气的处理方法。

☞ **教学重点：**

- 化学毒物的分级及中毒急救方法；
- 危险化学品的分类及储存安全常识；
- 实验室常见废水、废气的处理方法。

☞ **教学难点：**

- 化学毒物的分级及中毒急救方法；
- 危险化学品的分类及储存安全常识。

【案例】印度博帕尔事件

1984年12月3日凌晨，印度中部博帕尔市北郊的美国联合碳化物公司印度公司的农药厂，突然传出几声尖利刺耳的汽笛声，紧接着在一声巨响声中，一股巨大的气柱冲向天空，形成一个蘑菇状气团，并很快扩散开来。这不是一般的爆炸，而是农药厂发生的严重的氰化物泄漏事故。灾难造成了2.5万人直接致死，55万人间接致死，另外有20多万人永久残废的人间惨剧。

博帕尔农药厂是美国联合碳化物公司于1969年在印度博帕尔市建起来的，用于生产西维因、滴灭威等农药。制造这些农药的原料是一种叫做异氰酸甲酯(MIC)的剧毒气体。这种气体只要有极少量短时间停留在空气中，就会使人感到眼睛疼痛，若浓度稍大，就会使人窒息。二战期间德国法西斯正是用这种毒气杀害过大批关在集中营的犹太人。在博帕尔农药厂，这种令人毛骨悚然的剧毒化合物被冷却成液态后，储存在一个地下不锈钢储藏罐里达45t之多。

12月2日晚，博帕尔农药厂工人发现异氰酸甲酯的储槽压力上升，午夜零时56分，液态异氰酸甲酯以气态从出现漏缝的保安阀中溢出，并迅速向四周扩散。毒气的泄漏犹如打开了潘多拉的魔盒。虽然农药厂在毒气泄漏后几分钟就关闭了设备，但已有30吨毒气化作浓重的烟雾以5km/h的速度迅速四处弥漫，很快就笼罩了25平方千米的地区，数百人在睡梦中就被悄然夺走了性命，几天之内有2500多人毙命。当毒气泄漏的消息传开后，农药厂附近的人们纷纷逃离家园。他们利用各种交通工具向四处奔逃，只希望能走到没有受污染的空气中去。很多人被毒气弄瞎了眼睛，只能一路上摸索着前行。一些人在逃命的途中死去，尸体堆积在路旁。至1984年底，该地区有2万多人死亡，20万人受到波及，附近的3000头牲畜也未能幸免于难。在侥幸逃生的受害者中，孕妇大多流产或产下死婴，有5万人可能永久失明或终生残疾，余生将苦日无尽。

博帕尔事件是发达国家将高污染及高危害企业向发展中国家转移的一个典型恶果。事故发生后，美印双方就谁是主要责任者问题展开了唇枪舌剑的争论。最后，这桩案子以美国的巨额赔款了结。20世纪后半叶，公害问题在发达国家得到广泛关注，人们对此谈虎色变，十分敏感。由于对此制定的环境标准越来越高，致使很多企业都把目标转向了环境标准相对不高的发展中国家。这些企业利用一些发展中国家为获取较大的经济利益热衷于吸引外资，重视技术和设备，忽视安全和环境保护，把一些发达国家几乎不允许设立的产业转移到发展中国家。这就是所谓的"工业的重新布局"——把污染企业从受控制区域向不受控制区域转移，被称为"污染天堂"理论。目前，这种"污染天堂"战略正受到越来越多的发展中国家和环保组织的尖锐批评。

摘自自然之友编《20世纪环境警示录》

实验室是分析检测和科研教学工作的重要场所，实验室安全是实验室工作正常进行的基本条件。因此，树立"安全第一"的观念、营造实验室安全工作环境、保障设备财产的完好、防止环境的污染及保护实验室工作人员的健康，是实验室管理工作需要解决的首要问题。根据实验室工作的特点，实验室的安全包括防火、防爆、防毒、保证压力容器和气瓶的安全、电气的安全使用、防止环境污染等方面。

目前，有关专家在对安全工作的分析研究中，总结出多种安全管理的基本理论，其中比较流行的主要有以下几种：①"三E"措施。"三E"指技术(engineering)、教育(education)和管理(enforcement)三个方面。该措施指出，要确保安全工作和防止人为错误造成事故，必须从这三个方面采取综合措施，缺一不可。②"四M"原则。"四M"指人(men)、机械(machine)、媒介或环境(media)和管理(management)四个方面。该原则指出，人(包括所有的有关人员)是安全生产的关键；机械、媒介或环境都是与安全有密切联系的重要因素；安全管理则是要使人有安全感和必须安全的欲望。③工伤事故的"海因利希法则"。该法则指出：要消除重伤死亡事故，就必须减少轻伤事故，并重视无伤事故，切不可麻痹大意。而不论哪种理论都提示我们：全面系统地掌握实验室安全管理的相关知识，不仅有助于实验室人员及相关人员理解和执行国家的有关规定，也是相关人员遵守操作技术规范、避免发生实验室事故的基础。

第一节　实验室安全常识

安全第一、预防为主是我国安全生产的方针，作为一个分析化学工作者，必须不断提高安全意识。掌握丰富的安全知识，严格遵守操作规程和规章制度，经常保持警惕，事故就可以避免。如果预防措施可靠，发生事故后处理得当，就可以使损害减低到最小程度。

一、实验室危险的种类

1. 火灾爆炸危险性

实验室发生火灾的危险带有普遍性，这是因为分析化学实验室中经常使用易燃易爆物品，如高压气体钢瓶、低温液化气体、减压系统(直空干燥、蒸馏等)。如果处理不当，操作失灵，再遇上高温、明火、撞击、容器破损或没有遵守安全预防要求，往往酿成火灾爆炸事故，轻则造成人身伤害、仪器设备破损，重则造成多人伤亡、房屋破坏。

2. 有毒气体危险性

在分析实验中经常要用到煤气、各种有机溶剂，它们不仅易燃易爆而且有毒。在有些实验中化学反应也产生有毒气体，如不注意都有引起中毒的可能性。

3. 触电危险性

分析实验离不开电气设备，不仅常用220V的低电压，而且还要用几千及至上万伏的高压电，分析人员应懂得如何防止触电事故或由于使用非防爆电器产生电火花引起的爆炸事故。

4. 机械伤害危险性

分析实验中经常用到玻璃器皿、割断玻璃管、胶塞打孔、用玻璃管连接胶管等操作。操作者疏忽大意或思想不集中造成皮肤与手指创伤、割伤也常有发生。

5. 放射性危险

从事放射性物质分析及X射线衍射分析的人员很可能受到放射性物质及X射线的伤害，必须认真防护，避免放射性物质侵入和污染人体。

二、实验室防火、防爆与灭火常识

1. 防火常识

（1）化验室应备有灭火消防器材、急救箱和个人防护器材。化验室工作人员应熟悉这些器材的位置及使用方法。

（2）禁止用火焰检查可燃性气体（如煤气、氢气、乙炔气）泄漏的地方，应该用肥皂水检查其管道、阀门是否漏气。禁止把地线接在煤气管道上。

（3）操作、倾倒易燃液体时，应该远离火源。加热易燃液体必须在水浴上或密封电热板上进行，严禁用火焰或电炉直接加热。

（4）使用酒精灯时，酒精切勿装满，应不超过其容量的2/3。灯内酒精不足1/4容量时，应灭灯后添加酒精。燃着的酒精灯焰应用灯帽盖灭，不可用嘴吹灭，以防止引起灯内酒精引燃。

（5）蒸馏可燃性液体时，操作人员不能离开去做别的事情，要注意仪器和冷凝器的正常运行。需要往蒸馏器内补充液体时，应先停止加热，放冷后再进行。

（6）易燃液体的废液应设置专门容器收集，不得倒入下水道，以免引起爆炸事故。

（7）不能在木质可燃台面上使用较大功率的电器，如电炉、电热板等，也不能长时间使用煤气灯与酒精灯。

（8）同时使用多台较大功率的电器（如马弗炉、烘箱、电炉、电热板等）时，要注意线路和电闸能承受的功率。最好将较大功率的电热设备分流安装于不同电路上。

（9）可燃性气体的高压钢瓶，应安放在实验楼外专门建造的气瓶室。

（10）身上、手上、台面、地上沾有易燃液体时，不得靠近火源，同时应立即清理干净。

（11）化验室对易燃易爆物品应限量、分类、低温存放，远离火源。加热含有高氯酸或高氯酸盐的溶液，防止蒸干和引进有机物，以免产生爆炸。

（12）易发生爆炸的操作不得对着人进行，必要时操作人员应戴保护面罩或用防护挡板。

（13）进行易燃易爆实验时，应该两人以上在场，万一出了事故可以相互照应。

2. 防爆常识

有些化学品在外界的作用下（如受热、受压、撞击等）能发生剧烈化学反应，瞬时产生大量的气体和热量，使周围压力急剧上升发生爆炸。爆炸往往会造成重大的危害，因此在使用易爆炸物品(如苦味酸等)时要十分小心。有些化学药品单独存放或使用时比较稳定，但若与其他药品混合时就会变成易爆品，十分危险。表7－1列举了常见的易爆混合物。

表7－1　常见的易爆混合物

主要物质	互相作用的物质	产生结果	主要物质	互相作用的物质	产生结果
浓硝酸、硫酸	松节油、乙醇	燃烧	硝酸盐	酯类、乙酸钠、氯化亚铁	爆炸
过氧化氢	乙酸、甲醇、丙酮	燃烧	过氧化物	镁、锌、铝	爆炸
溴	磷、锌粉、镁粉	燃烧	钾、钠	水	燃烧、爆炸
高氯酸钾	乙醇、有机物	爆炸	赤磷	氯酸盐、二氧化铅	爆炸
氯酸盐	硫、磷、铝、镁	爆炸	黄磷	空气、氧化剂、强酸	爆炸
高锰酸钾	硫黄、甘油、有机物	爆炸	乙炔	银、铜、汞(Ⅱ)化合物	爆炸
硝酸铵	锌粉和少量水	爆炸			

乙醚、异丙醚、四氢呋喃及其他醚类吸收空气中氧形成不稳定的过氧化物，受热、震动或摩擦时会产生极猛烈的爆炸。

氨－银络合物长期静置或加热时产生氮化银，这种化合物即使在湿润状态也会发生爆炸。

有些气体本身易燃属易燃品，若再与空气或氧气混合，遇明火就会爆炸，变得更加危险，存放与使用时要格外小心。表7－2中列出了气体在空气中爆炸极限(可燃性极限)。

表7－2　可燃气体、蒸气与空气混合时的爆炸极限(可燃性极限，体积分数)　　%

物质名称及分子式		爆炸下限	爆炸上限	物质名称及分子式		爆炸下限	爆炸上限	物质名称及分子式		爆炸下限	爆炸上限
氢	H_2	4.1	75	丁酮	C_4H_8O	1.8	9.5	糠醛	$C_5H_4O_2$	2.1	—
一氧化碳	CO	12.5	75	氯甲烷	CH_3Cl	8.3	18.7	甲基乙基醚	C_3H_8O	2.0	10.0
硫化氢	H_2S	4.3	45.4	氯丁烷	C_4H_3Cl	1.9	10.1	二乙醚	$C_4H_{10}O$	1.9	36.5
甲烷	CH_4	5.0	15.0	乙酸	$C_2H_4O_2$	5.4	_	溴甲烷	CH_3Br	13.5	14.5
乙烷	C_2H_6	3.2	12.5	甲酸甲酯	$C_2H_2O_2$	5.1	22.7	溴乙烷	C_2H_5Br	6.8	11.3
庚烷	C_7H_{16}	1.1	6.7	乙酸乙酯	$C_2H_5O_2$	2.2	11.4	己胺	C_2H_7N	3.6	13.2
乙烯	C_2H_4	2.8	28.6	乙酸丁酯	$C_6H_{12}O_2$	1.4	7.6	二甲胺	C_2H_8N	2.8	14.4
丙烯	C_3H_6	2.0	11.1	吡啶	C_5H_5N	1.8	12.4	水煤气		6.7	69.5
乙炔	C_2H_2	2.5	80.0	氨	NH_3	15.5	27.0	高炉煤气		40~50	60~70
苯	C_6H_6	1.4	7.6	松节油	$C_{10}H_{15}$	0.80	_	半水煤气		8.1	70.5
甲苯	C_7H_8	1.3	6.8	甲醇	CH_4O	6.7	36.5	焦炉煤气		6.0	30.0
环己烷	C_6H_{12}	1.3	7.8	乙醇	C_2H_6O	3.3	19.0	发生炉煤气		20.3	73.7
丙酮	C_3H_6O	2.6	12.8								

爆炸极限是当可燃性气体、可燃液体的蒸气与空气混合达到一定浓度时，遇到火源就会发生爆炸。这个遇到火源就能够发生爆炸的浓度范围称爆炸极限，通常用可燃气体、蒸气在空气中的百分比(%)来表示。可燃气体、蒸气与空气的混合物并不是在任何混合比例下都有可能发生爆炸，而只是在一定浓度范围内才有爆炸的危险。如果可燃气体、蒸气在空气中的浓度低于爆炸下限，遇到明火既不会爆炸，也不会燃烧；高于爆炸上限，遇明火虽不会爆炸但能燃烧。

3. 灭火常识

(1) 扑灭火源。一旦发生火情，实验室人员应临危不惧，冷静沉着，及时采取灭火措施、防止火势的扩展。应立即切断电源，关闭煤气阀门，移走可燃物，用湿布或石棉布覆盖火源灭火。若火势较猛，应根据具体情况选用适当的灭火器进行灭火，并立即与有关部门联系请求救援。若衣服着火时不可慌张乱跑，应立即用湿布或石棉布灭火；如果燃烧面积较大，可躺在地上打滚。

（2）火源(火灾)的分类及可使用的灭火器见表7－3。

表7－3　火灾的分类及可使用的灭火器

分　类	燃烧物质	可使用的灭火器	注意事项
A类	木材、纸张、棉花	水、酸碱式和泡沫式灭火器	
B类	可燃性液体如石油化工产品、食品油脂	泡沫灭火器、二氧化碳灭火器、干粉灭火器、“1211”灭火器	
C类	可燃性气体如煤气、石油液化气	“1211”①灭火器、干粉灭火器	用水、酸碱灭火器、泡沫灭火器均无作用
D类	可燃性金属如钾、钠、钙、镁等	干砂土、7150灭火剂②	禁止用水及酸碱式、泡沫式灭火器。二氧化碳灭火器、干粉灭火器、“1211”灭火器均无效

① 四氯化碳、“1211”（CF_2ClBr）均属卤代烷灭火剂，遇高温时可形成剧毒的光气，使用时要注意防毒。但它们有绝缘性能好、灭火后在燃烧物上不留痕迹、不损坏仪器设备等特点，适用于扑灭精密仪器、贵重图书资料和电线等火情。

② 7150灭火剂主要成分是三甲氧基硼氧六环，受热分解，吸收大量的热，并在可燃物表面形成氧化硼保护膜，隔绝空气，使火窒息。

化验室内的灭火器材要定期检查和更换药液。灭火器的喷嘴应畅通，如遇堵塞应用铁丝疏通，以免使用时造成爆炸事故。

三、化学毒物的中毒与救治方法

1. 化学毒物的分级

某些侵入人体的少量物质引起局部刺激或整个机体功能障碍的任何疾病称为中毒。根据毒物的半致死剂量(或半致死浓度)、急性与慢性中毒的状况与后果、致癌性、工作场所最高允许浓度等指标全面权衡，将我国常见的56种毒物的危害程度分为四级。表7－4列出毒物危害程度分级依据，表7－5列出具体毒物的危害程度级别。

表7－4　毒物危害程度分级依据

项　目		分　级			
		Ⅰ(极度危害)	Ⅱ(高度危害)	Ⅲ(中度危害)	Ⅳ(轻度危害)
急性毒性	吸入 LC_{50}①/(mg/m^3)	<200	200～	2000～	>20000
	经皮 LD_{50}②/(mg/kg)	<100	100～	500～	>2500
	经口 LD_{50}②/(mg/kg)	<25	25～	500～	>5000
急性中毒发病情况		生产中易发生中毒，后果严重	生产中可发生中毒，预后良好	偶可发生中毒	迄今未见急性中毒，但有急性影响
慢性中毒患病情况		患病率高(≥20%)	患病率较高(<5%)或症状发生率高(≥20%)	偶有中毒病例发生或症状发生率较高(≥10%)	无慢性中毒而有慢性影响
慢性中毒后果		脱离接触后继续进展或不能治愈	脱离接触后可基本治愈	脱离接触后可恢复，不致严重后果	脱离接触后自行恢复，无不良后果
致癌性		人体致癌物	可疑人体致癌物	实验动物致癌物	无致癌性
最高容许浓度/(mg/m^3)		<0.1	0.1～	1.0～	>10

① LC_{50}为半致死浓度。

② LD_{50}为半数致死剂量。

表 7－5 毒物危害程度级别

级　别	毒物名称
Ⅰ（极度危害）	汞及其化合物、苯、砷及其无机化合物（非致癌的除外）、氯乙烯、铬酸盐与重铬酸盐、黄磷、铍及其化合物、对硫磷、羟基镍、八氟异丁烯、氯甲醚、锰及其无机化合物、氰化物
Ⅱ（高度危害）	三硝基甲苯、铅及其化合物、二硫化碳、氯、丙烯腈、四氯化碳、硫化氢、甲醛、苯胺、氟化氢、五氯酚及其钠盐、铬及其化合物、敌百虫、钒及其化合物、溴甲烷、硫酸二甲酯、金属镍、甲苯二异氰酸酯、环氧氯丙烷、砷化氢、敌敌畏光气、氯丁二烯、一氧化碳、硝基苯
Ⅲ（中度危害）	苯乙烯、甲醇、硝酸、硫酸、盐酸甲苯、三甲苯、三氯乙烯、二甲基甲酰胺、六氟丙烯、苯酚、氮氧化物
Ⅳ（轻度危害）	溶剂汽油、丙酮、氢氧化钠、四氟乙烯、氨

2. 常见毒物的中毒症状和急救方法

化验人员了解毒性物质、侵入途径、中毒症状和急救方法，可以减少化学毒物引起的中毒事故。一旦发生中毒事故时，能争分夺秒地采取正确的自救措施，力求在毒物被身体吸收之前实现抢救，使毒物对人体的损伤减至最小。表 7－6 中列出了常见毒物进入人体的途径及中毒症状和救治方法。

表 7－6 常见毒物进入人体的途径、中毒症状和救治方法

毒物名称及入体途径	中毒症状	救治方法
氰化物或氢氰酸；呼吸道、皮肤	轻者刺激黏膜、喉头痉挛、瞳孔放大，重者呼吸不规则、逐渐昏迷、血压下降、口腔出血	立即移出毒区，脱去衣服，进行人工呼吸。可吸入含 5% 二氧化碳的氧气，立即送医院
氢氟酸或氟化物；呼吸道、皮肤	接触氢氟酸气可出现皮肤发痒、疼痛、湿疹和各种皮炎。主要作用于骨骼，深入皮下组织及血管时可引起化脓溃疡。吸入氢氟酸气后，气管黏膜受刺激可引起支气管炎症	皮肤被灼伤时，先用水冲洗，再用 5% 小苏打液洗，最后用甘油－氧化镁（2∶1）糊剂涂敷，或用冰冷的硫酸镁液洗，也可涂可得松油膏
硝酸、盐酸、硫酸及氮的氧化物；呼吸道、皮肤	三酸对皮肤和黏膜有刺激和腐蚀作用，能引起牙齿酸蚀病，一定数量的酸落到皮肤上即产生烧伤，且有强烈的疼痛。当吸入氧化氮时，强烈发作后可以有 2～12h 的暂时好转，继而更加恶化，虚弱者咳嗽更加严重	吸入新鲜空气。皮肤灼伤时立即用大量水冲洗，或用稀苏打水冲洗。如有水泡出现，可涂红汞或紫药水。眼、鼻、咽喉受蒸气刺激时，也可用温水或 2% 苏打水冲洗和含漱
砷及砷化物；呼吸道、消化道、皮肤、黏膜	急性中毒有胃肠型和神经型两种症状。大剂量中毒时，30～60min 即觉口内有金属味，口、咽和食道内有灼烧感、恶心呕吐、剧烈腹痛。呕吐物初呈米汤样，后带血。全身衰弱、剧烈头痛、口渴与腹泻，大便初期为米汤样，后带血。皮肤苍白、面绀，血压降低，脉弱而快，体温下降，最后死于心力衰竭。 吸入大量砷化物蒸气时，产生头痛、痉挛、意识丧失、昏迷、呼吸和血管运动中枢麻痹等神经症状	吸入砷化物蒸气的中毒者必须立即离开现场，使其吸入含 5% 二氧化碳的氧气或新鲜空气。鼻咽部损害用 1% 可卡因涂局部，含碘片或用 1%～2% 苏打水含漱或灌洗。皮肤受损害时涂氧化锌或硼酸软膏，有浅表溃疡者应定期换药，防止化脓。专用解毒药（100 份密度为 1.43 的硫酸铁溶液，加入 300 份冷水，再用 20 份烧过的氧化镁和 300 份冷水制成的溶液稀释）用汤匙每 5min 灌一次，直至停止呕吐
汞及汞盐；呼吸道、消化道、皮肤	急性：严重口腔炎、口有金属味、恶心呕吐、腹痛、腹泻、大便血水样，患者常有虚脱、惊厥。尿中有蛋白和血细胞，严重时尿少或无尿，最后因尿毒症死亡。 慢性：损害消化系统和神经系统。口有金属味，齿龈及口唇处有硫化汞的黑淋巴腺及唾腺肿大等症状。神经症状有嗜睡、头疼、记忆力减退、手指和舌头出现轻微震颤等	急性中毒早期是用饱和碳酸氢钠液洗胃，或立即给饮浓茶、牛奶、吃生蛋白和蓖麻油。立即送医院救治

续表

毒物名称及入体途径	中毒症状	救治方法
铅及铅化合物；呼吸道、消化道	急性：口腔内有甜金属味、口腔炎、食道和腹腔疼痛、呕吐、流眼泪、便秘等； 慢性：贫血、肢体麻痹瘫痪及各种精神症状	急性中毒时用硫酸钠或硫酸镁灌肠。送医院治疗
三氯甲烷（氯仿）；呼吸道	长期接触可发生消化障碍、精神不安和失眠等症状	重症中毒患者使呼吸新鲜空气，向颜面喷冷水，按摩四肢，进行人工呼吸。包裹身体保暖并送医院救治
苯及其同系物；呼吸道、皮肤	急性：沉醉状、惊悸、面色苍白、继而赤红、头晕、头痛、呕吐； 慢性：以造血器官与神经系统的损害为最显著	给急性中毒患者进行人工呼吸，同时输氧。送医院救治
四氯化碳；呼吸道、皮肤	皮肤接触：因脱脂而干燥皲裂	2%碳酸氢钠或1%硼酸溶液冲洗皮肤
	吸入：黏膜刺激，中枢神经系统抑制和胃肠道刺激症状	脱离中毒现场急救，人工呼吸、吸氧
	慢性：神经衰弱症，损害肝、肾	
铬酸、重铬酸钾等铬（Ⅵ）化合物；消化道、皮肤	对黏膜有剧烈刺激，产生炎症和溃疡，可能致癌	用5%硫代硫酸钠溶液清洗受污染皮肤
石油烃类（饱和和不饱和烃）；呼吸道、皮肤	汽油对皮肤有脂溶性和刺激性，使皮肤干燥、龟裂，个别人起红斑、水泡	温水清洗
	吸入高浓度汽油蒸气，出现头痛、头晕、心悸、神志不清等	移至新鲜空气处、重症可给予吸氧
	石油烃能引起呼吸、造血、神经系统慢性中毒症状	医生治疗
	某些润滑油和石油残渣长期刺激皮肤可能引起皮癌	

四、预防化学烧伤与玻璃割伤

1. 预防化学烧伤与玻璃割伤

（1）腐蚀性刺激药品，如强酸、强碱、浓氨水、氯化氧磷、浓过氧化氢、氢氟酸、冰乙酸和溴水等，取用时尽可能戴上橡皮手套和防护眼镜等。如药品较大，搬运时必须一手托住瓶底，一手拿住瓶颈。

（2）开启大瓶液体药品时，必须用锯子将封口石膏锯开，禁止用其他物品敲打，以免瓶被打碎。要用手推车搬运装酸或其他腐蚀性液体的坛子、大瓶，严禁将坛子背、扛搬运。要用特制的虹吸管移出危险性液体，并配戴防护镜、橡皮手套和围裙操作。

（3）稀释硫酸时必须在耐热容器内进行，并且在不断搅拌下慢慢地将浓硫酸加入水中。绝对不能将水加注到浓硫酸中，这样做会集中产生大量的热，溅射酸液，是很危险的。在溶解氢氧化钠、氢氧化钾等发热物质时，也必须在耐热容器中进行。

（4）取下正在沸腾的水或溶液时，须用烧杯夹夹住摇动后取下，以防突然剧烈沸腾溅出溶液伤人。

（5）切割玻璃管（棒）及给瓶塞打孔时易造成割伤。往玻璃管上套橡皮管或将玻璃管插进橡皮塞孔内时，必须正确选择合适的匹配直径，将玻璃管端面烧圆滑，用水或甘油润湿管壁及塞内孔，并用布裹住手，以防玻璃管破碎时割伤手部。把玻璃管插入塞孔内时，必须握住塞子的侧面，不能把它撑在手掌上。

(6) 装配或拆卸玻璃仪器装备时要小心地进行，防备玻璃仪器破损割伤手。

2. 化学烧伤的急救和治疗

表 7-7 中列举了常见化学烧伤的急救和治疗方法。

表 7-7　常见化学烧伤的急救和治疗方法

化学试剂种类	急救或治疗方法
碱类：氢氧化钠（钾）、氨、氧化钙、碳酸钾	立即用大量水冲洗，然后用 2% 乙酸溶液冲洗，或撒敷硼酸粉，或用 2% 硼酸水溶液洗。如为氧化钙灼伤，可用植物油涂敷伤处
碱金属氰化物、氢氰酸	先用高锰酸钾溶液冲洗，再用硫化铵溶液冲洗
溴	用 1 体积 25% 氨水 +1 体积松节油 +10 体积 95% 乙醇的混合液处理
氢氟酸	先用大量冷水冲洗直至伤口表面发红，然后用 5% 碳酸氢钠溶液洗，再以甘油与氧化镁（2:1）悬浮液涂抹，再用消毒纱布包扎；或用 0.1% 氯化苄烷铵水或冰镇乙醇溶液浸泡
铬酸	先用大量水冲洗，再用硫化铵稀溶液漂洗
黄磷	立即用 1% 硫酸铜溶液洗净残余的磷，再用 0.01% 高锰酸钾溶液湿敷，外涂保护剂，用绷带包扎
苯酚	先用大量水冲洗，然后用（4+1）70% 乙醇 - 氯化镁（1mol/L）混合溶液洗
硝酸银	先用水冲洗，再用 5% 碳酸氢钠溶液漂洗，涂油膏及磺胺粉
酸类：硫酸、盐酸、硝酸、乙酸、甲酸、草酸、苦味酸	先用大量水冲洗，然后用 5% 碳酸钠溶液冲洗
硫酸二甲酯	不能涂油，不能包扎，应暴露伤处让其挥发

五、实验室安全用电

实验室中经常使用各种仪器仪表，若使用不当容易引发触电或火灾事故。因此，安全用电是完成实验的保证。

1. 防触电

触电是人体接触带电体，电流以很快的速度通过人体的过程。当微弱电流通过身体时就会引起触电，当电压超过安全电压时可能导致死亡。安全电压是指不会引起生命危险的电压。安全电压不是绝对的，是根据人、地和环境条件不同而规定的。各国安全电压的规定不完全相同。例如，我国规定为 36V，美国规定为 40V，法国规定安全交流电压为 24V、安全直流电压为 50V。必须明确指出即使在安全电压范围内，如果周围环境条件发生变化，安全电压也可能变为危险电压，导致触电事故的发生。

预防触电的方法：①不能用潮湿的手接触电器；②所有电源的裸露部分都应有绝缘装置，电器外壳应接地；③已损坏的接头、插座、插头或绝缘不良的电线应及时更换；④维修或安装电器设备时必须先切断电源；⑤如遇人触电应切断电源后再进行处理。

2. 防静电

静电是由不同物质的接触、分离或相互摩擦而产生的。在试验过程中，仪器设备、操作过程、操作人员等因素都会导致静电的产生。如果得不到有效控制就可能酿成事故。因此，在实验室工作中要注意分析静电产生的原因、认识静电的危害并制定有效的防御措施。

(1) 静电的危害：

① 危及大型精密仪器的安全。由于现代化仪器中大量使用高性能电子元件，很多元件对静电放电敏感，容易造成器件损坏。

② 静电电击危害。静电电击和触电电击不同，触电电击是指触及带电物体时电流持续通过人体造成的伤害；静电电击能量较小，一般不会引起生命危险，但放电时会引起人摔倒、电子仪器失灵，放电的火花还可能引起易燃混合气体的燃烧爆炸，从而导致人员伤亡和财产损失。因此，在有汽油、苯、氢气等易燃物质的场所，要特别注意防止静电危害。

(2) 防止静电危害的措施：

减少静电的产生、设法导走和防止静电放电，是防止静电危害的主要途径。可采取以下几方面措施：

① 防静电区内不要使用塑料地板、地毯或其他绝缘性好的地面材料，可以铺设防静电地板；

② 在易燃易爆场所，应穿导电纤维及材料制成的防静电工作服、防静电鞋，戴防静电手套，不要穿化纤类织物、胶鞋及绝缘鞋底的鞋；

③ 高压带电体应有屏蔽措施，以防人体感应产生静电；

④ 进入实验室前，应徒手接触金属接地棒，以消除人体从外界带来的静电，坐着工作的场合必要时可戴接地腕带；

⑤ 保持环境空气中的相对湿度在65% ~70%以上，便于静电逸散。

(3) 防电起火：

电起火的原因主要有以下几个方面：①电线老化；②照明灯具表面温度高，长时间接触易燃物后会引发火灾；③电焊机产生火花或焊渣掉落在易燃物上引发火灾。

防止电起火的措施有以下几方面：①保险丝型号与实验室允许的电流量必须相配；②负荷大的电器应接较粗的电线；③生锈的仪器或接触不良处应及时处理，以免产生电火花；④如遇电线走火，切勿用水或导电的酸碱泡沫灭火器灭火，应立即切断电源，用沙或干粉灭火器灭火。

六、电离辐射的安全防护

1. 电离辐射

α 粒子、β 粒子、质子等带电荷，可以直接引起物质电离；X 射线、γ 光子和中子等不带电荷，但是在与物质作用时产生“次级粒子”，从而使物质电离。所有这些现象统称电离辐射，简称辐射。另外，红外线、紫外线、微波等也称辐射，但不属于“电离辐射”。

我国放射防护现行标准(GB 18871—2002)《电离辐射防护与辐射源安全基本标准》，强制要求在放射工作场所控制区的进出口及其他适当位置处，应设立醒目的、符合标准规定的警告标志。

2. 电离辐射的危害

在接触电离辐射的工作中，如果防护措施不当、违反操作规程、人体受照射的剂量超过一定限度，则会造成危害。在电离辐射作用下，机体的反应程度取决于电离辐射的种类、剂量、照射条件及机体的敏感性。电离辐射可引起放射病，它是机体的全身性反应，几乎所有器官、系统均会发生病变，但其中以神经系统、造血器官和消化系统的病变最为明显。电离辐射对机体的损伤可分为急性放射损伤和慢性放射性损伤。短时间内接受一定剂量的照射，可引起机体的急性损伤，常见于核事故和放射治疗病人；较长时间内分散接受一定剂量的照射，可引起慢性放射性损伤，如皮肤损伤、造血障碍、白细胞减少、生育能力受损等。另外，辐射还可以致癌和引起胎儿的死亡与畸形。图7－1为电离辐射警告标识。

图7－1　电离辐射警告标识

（1）外照射：外照射是指体外辐射源对人体的照射。α粒子穿透能力弱（一张纸就可以阻挡）不会引起外照射损伤。β粒子穿透能力也较弱，容易被铝箔、有机玻璃等材料吸收，外照射时只能引起皮肤损伤。对于X射线、γ射线，吸收剂量在0.25Gy以下时，人体一般不会有明显的反应。若剂量再增加就可能出现损伤。当达到几个Gy时就可能引起死亡。接受同样数量的吸收剂量，照射时间越短损伤越大，反之则轻。

（2）内照射：内照射是指不同的放射性核素进入机体，沉淀在不同的器官，可对机体产生内照射，造成不同程度的影响。例如，镭和钚都是亲骨性核素，但镭大多沉淀在骨的无机质中，而钚主要沉淀在骨小梁中，照射骨髓细胞后会出现很强的辐射毒性。内照射主要来源于α粒子和β粒子，其中α粒子能量较大，对机体细胞损伤较为严重。

3. 电离辐射的防护

（1）控制外照射的防护措施：为了尽量减少外照射对人体的伤害，在辐射防护管理工作中，应主要考虑时间、距离和屏蔽三方面因素。

① 尽可能减少辐射暴露时间：在辐射区域暴露时间越短，受照射剂量就越少。因此，做好实验设计十分重要。实验前最好预作模拟或空白试验，不要使用放射性核素进行新技术和不熟悉的技术工作。有条件时，可以由几个人共同分担任务，以缩短在辐射区或实验室停留的时间。另外，要尽可能缩短实验室内放射性废物的处理周期。

② 尽可能增大与辐射源之间的距离：辐射剂量率与距离的平方成反比。与辐射源之间的距离增加1倍，相同时间内的吸收剂量将减少为原剂量的1/4。因此，可以采用不同的装置或机械方法，尽可能增加操作人员与辐射源之间的距离，减少吸收剂量。例如，使用长柄钳子、镊子或远程移液器等。

③ 屏蔽辐射源：屏蔽辐射源应考虑两方面问题，一是辐射源的直接辐射，二是地板或天花板等处反射的辐射。屏蔽物有固定式和活动式两种，固定式屏蔽物指墙壁、防护门、观察窗、水井等；活动式屏蔽物指铅砖、铅玻璃、各种包装容器等。屏蔽物应尽量靠近辐射源，屏蔽物所用材料和厚度的选择取决于辐射的穿透力。1.3～1.5cm厚的丙烯酸树脂屏障、木板或轻金属可以对高能量的β粒子起到屏障作用，高密度的铅可屏蔽高能量的X射线和γ射线。

④ 替代方法：如果有其他技术可供使用，就不要使用含放射性核素物质的实验方法。如果没有替代方法，则应使用穿透力或能量最低的放射性核素。

（2）内照射的防护措施：要减少内照射对人体造成的损伤，应尽可能防止或减少放射性核素对工作环境和人的污染，切断放射性核素进入人体的途径，加速体内放射性核素的排出。

① 养成良好的工作习惯：工作时必须戴手套、口罩、穿防护服以防止污染。必要时可

使用遥控方法进行操作；不要用口吸取溶液或吹玻璃管；不得在实验室内进食、吸烟等；工作完毕后应立即洗手、漱口；有条件时可用放射性检测仪进行检测。

② 降低空气中放射性核素浓度：为防止放射性核素由呼吸道进入人体，实验室应有良好的通风条件；煮沸、烘干、蒸发等实验应在通风橱中进行；处理粉末物质应在防护箱中进行，必要时应戴过滤型呼吸器。实验室应经常用吸尘器或拖把清扫，以保持高度清洁。遇有污染物应慎重妥善处理。

③ 降低表面污染水平：为防止放射性核素通过皮肤进入人体，实验开始之前必须包扎好皮肤的伤口，剪短指甲以避免沾有放射性核素的仪器或物质接触到伤口。

第二节　化学试剂及常用仪器设备的安全使用

一、化学试剂的安全使用

为保证化学试剂的质量和确保使用安全，在使用时要注意以下几方面：

(1) 要熟知常用试剂的理化性质。如：酸碱的浓度，试剂的溶解性、挥发性、沸点、毒性及其他重要化学性质。

(2) 保护好试剂瓶标签。万一标签脱落应照原样贴牢；分装或配制试剂后应立即贴上标签；没有标签的试剂在未查明前不可使用，必须经鉴定确证后方可使用。

(3) 取用试剂时瓶塞不能随意放置，取用后应立即盖好以防试剂被其他物质玷污或发生变质。

(4) 取用试剂时，要使用清洁干燥的小勺和量器；取用强碱试剂后的小勺应立即洗净，以免被腐蚀。

(5) 不要将吸量管伸入原瓶试剂中吸取液体，取出的试剂不可倒回原瓶；打开易挥发的试剂瓶塞时瓶口不能对着脸部；取用能释放有毒、有味气体的试剂后应用蜡封口。

(6) 在分析工作中，试剂的浓度及用量应按要求使用，过浓或过多不仅造成浪费，而且还可能引发副反应，甚至得不到正确的结果。

(7) 使用有毒试剂的实验必须在通风橱中完成，并采取必要的防护措施。实验结束后要及时洗手、洗脸、洗澡、更换工作服，同时要保持实验室环境卫生。反应剩余物只能倾倒在指定的废物缸中，由专管人员进行处理。

(8) 使用易燃易爆化学试剂时，实验人员应采取必要的防护措施，最好戴上防护眼镜，实验过程应在通风橱中进行。使用过程中禁止震动、撞击，如有试剂散落，应及时处理干净。

二、常用仪器的安全使用

1. 玻璃器皿

实验室中经常使用各种玻璃器皿。由于玻璃质地脆弱、导热和导电性能差，因此在使用过程中容易破碎，造成割伤、试剂泄漏而引发感染、中毒、起火、爆炸等事故。使用玻璃器皿应该注意以下几点：①在容易引起玻璃器皿破裂的操作中，如减压处理、加热容器等，要戴上安全眼镜；②不要使用有缺口或裂缝的玻璃器皿；③持取大的试剂瓶时，应一只手握住瓶颈，另一只手托住底部；④若实验需在高温高压下进行，应选择耐高温高压的玻璃器皿。

2. 仪器

（1）分析天平。分析天平是定量分析工作中不可缺少的重要仪器，充分了解仪器性能及熟练掌握其使用方法，是获得可靠分析结果的保证。分析天平的种类很多，有普通分析天平、半自动/全自动加码电光投影阻尼分析天平及电子分析天平等。

使用分析天平时除应遵循托盘天平有关操作规则外，还应注意添加砝码、取放称样或其他原因接触天平时应先把天平梁托住，否则易使刀口损坏，这是使用天平规则中最重要的一条。每次称量时，应将天平门关好。加砝码后开启天平时，指针摆幅应控制在2~4格之间。被称样品视其性质放在洁净干燥的称量瓶或表面皿中称量。称量瓶不得用手拿，要用滤纸条夹取。称量结束，要检查天平梁是否托好，砝码是否齐全，有无药品撒落到天平内，天平门是否关紧，布罩是否罩好。天平使用一段时期后要送计量部门进行检定和调修，天平的全面清洁工作每年应进行两次。电子分析天平在使用时应注意：①天平应放置在牢固平稳水泥台或木台上，室内要求清洁、干燥及较恒定的温度，同时应避免光线直接照射到天平上。②称量时应从侧门取放物质，读数时应关闭箱门以免空气流动引起天平摆动。前门仅在检修或清除残留物质时使用。③电子分析天平若长时间不使用，则应定时通电预热，每周一次，每次预热2h，以确保仪器始终处于良好使用状态。④天平箱内应放置吸潮剂(如硅胶)，当吸潮剂吸水变色后应立即高温烘烤更换，以确保吸湿性能。⑤挥发性、腐蚀性、强酸强碱类物质应盛于带盖称量瓶内称量，防止腐蚀天平。

（2）分光光度计。分光光度计是分析测试实验室常见的分析测试仪器，其在使用过程中应注意以下几点：①光源切换时如果光源选择不正确，或光源切换杆不到位，将直接影响仪器的稳定性，特殊测试要求除外。②仪器在制造厂原包装条件下，应储存在环境温度为5~35℃、湿度不超过85%的室内，且在空气中不应有足以引起腐蚀的有害物质。③仪器工作环境：仪器的额定电压为220V±22V、频率为50Hz±1Hz。供电电压不正常会使仪器无法正常工作；室内无硫化氢等腐蚀性气体；仪器应安装在坚固平稳的工作台上，且无强烈的震动或持续震动；仪器远离高强度磁场、电场及会产生高频波的设备；仪器应避免强风的直接吹袭；仪器应避免光的直接照射；仪器供电电源应有良好的接地(最好具有独立的地线)。④鉴于仪器在出厂之前已经调试到最佳状态，所以用户不能擅自调整，更不能擅自打开机壳拆卸其中的零件(更换光源灯除外)，尤其是拆卸单色器，不能碰伤或擦拭光学原件镜面。⑤仪器自用户购买日起，在正常的保管、运输和使用下，一年内发生因制造不良而不能正常工作时厂方负责免费修理(不包括易损易耗件如氘灯、钨灯)，擅自打开机壳进行修理、拆卸则不在“三包”之列。⑥如有故障急需自修，应在厂方技术人员同意、指导下，请具有相应资质的专业人员进行检查、调整和维修，建议返修。

（3）原子吸收分光光度计。原子吸收分光光度计在使用时的注意事项：①原子化系统：原子吸收分析的样品常具有腐蚀性，为保证原子化器的经久耐用，性能良好，使用者应定期维护原子化器。②气路系统：火焰的燃气与助燃气供气系统，是由流量计、空压机或空气钢瓶、笑气钢瓶、燃气钢瓶或发生装置、管道等构成。对气路系统应进行下列维护保养工作：一是定期检查管道、阀门、接头等各部分是否漏气，有漏气处应及时修复或更改。二是经常检查空压机回路中是否有存水，如有存水要及时排除。对储水器及分水过滤器中的积水要经常排放，避免积水过多将水分带入流量计。③仪器使用紧急情况处理：a. 突然停电：遇此情况应迅速关闭燃气，然后关闭仪器总电源，将各部分控制机构恢复到仪器停机状态，待通电后再按仪器操作规程重新开启。b. 突然停水：进行石墨炉分析时遇此情况应迅速切断主电源，以免高温烧坏石墨炉。c. 火焰颜色不对并骚动很大，这是由于燃气有严重污染所致，有时用乙炔气瓶提供乙炔燃气时，瓶内燃气将要用尽、压力过低，致使容器瓶内溶解乙炔气体的丙酮进入火焰。遇此情况应立即关闭燃气；属于气瓶燃气不纯的情况需更换新气瓶后再点火测定。d. 操作时嗅到乙炔或石油气的气味，这是燃烧器管道或气路系统某接头处漏气，应立即关闭燃气，检漏并将漏气处密封后再操作。e. 数字表或外部设备显示突然波动：这类情况的产生，多数原因是电器系统中个别原件损坏、某处导线或接点断路或短路、高压控制失灵等。若电网电压有很大变动也有可能引起显示波动。发现上述情况应立即关闭电源，等查明原因排除故障后再开机。

（4）气相色谱仪。气相色谱仪在石油、化工、生物化学、医药卫生、食品工业、环保等方面应用很广。它除用于定量和定性分析外，还能测定样品在固定相上的分配系数、活度系数、相对分子质量和比表面积等物理化学常数。其在使用时应注意：①气相色谱仪由专人负责管理和操作。使用气相色谱仪应遵守实验室制定的《气相色谱仪操作规程》。②使用前需认真学习仪器的原理、基本操作和注意事项，了解仪器的性能、构造，熟悉操作规程后方可进行独立操作。③运行中出现异常立即告知管理人员。严禁擅自拆卸、调整仪器主要部件，凡自行拆卸者一经发现将给予严重处罚。④老化柱子时，如果柱子较脏，则不接检测器。不用的进样口用堵头堵上以免污染。⑤关机前要执行关机程序，同时关闭氢气。为了延长过滤器寿命，不要关闭载气气路。⑥仪器使用后应认真填写实验记录，并打扫完室内清洁方可离开。下班前实验室管理负责人必须检查操作的仪器及整个实验室的门、窗和不用的水、电、气路，并确保关好。⑦管理负责人根据仪器要求进行及时或定期的保养、维护，如检查并更换气体供给、泄漏检查、气体净化器的更换和进样器的维护等，确保仪器正常运转。⑧液化石油气钢瓶或采样罐在做完色谱分析后应带离实验室。⑨实验室内不准吸烟，不准留客闲谈、打逗娱乐，一般情况下，仪器设备在使用过程中要有人值班，防止各类事故发生，离开现场时要进行安全检查。⑩与实验室无关的易燃、易爆物品不得随意带入实验室。

（5）烘箱。烘箱是利用电热丝（管）加热使物体干燥的设备。它适用于比室温高 10～300℃范围的烘焙、干燥、热处理等。烘箱的型号很多，但基本结构相似，一般由箱体、电热系统和自动控温系统三部分组成。使用时应注意以下几方面：①用于植物杀青时温度不能超过 105℃，烘干温度不要超过 80℃。②样品放置不要太拥挤，要保证上下空气自然流通，最下层加热板上不得放置样品，禁止烘焙易燃、易爆、易挥发及有腐蚀性的物品。③样品不能与烘箱内温度传感器接触，更不能挤压传感器，否则将导致控温失灵造成火灾。④烘箱在升温过程中使用者不能离开烘箱，应随时观察温度变化。当温度达到所需的温度时，应注意观察指示灯是否在恒温状态，确认恒温后方可离开。使用时温度不要超过烘箱的最高使用温度。⑤一旦遇到烘箱温度控制失灵的状况，特别是烘箱内冒烟时，应立即关掉电源（千万不能打开烘箱门），并报告实验室管理人员，等到温度降下来之后再打开烘箱门清理箱内残物。

（6）马弗炉。马弗炉又称箱式电阻炉、高温马弗炉，是一种通用的加热设备，可分为箱式炉、管式炉和坩埚炉。主要用于样品灰化。使用时应注意以下几方面：①马弗炉须放置在室内平整的工作台上，放置位置与电炉不宜太近，防止过热使电子元件不能正常工作；搬动温控器时，应将电源开关关闭，同时避免震动；②第一次使用或长期停用后再次使用时，应先进行烘炉，温度在 200～600℃，时间约 4h；③使用时炉膛温度不得超过最高使用温度，也不要长时间在额定温度以上工作；④禁止向炉膛内直接灌注各种液体及熔解金属，经常保持炉膛内的清洁；⑤取放样品时应先切断电源，样品应轻拿轻放，以保证安全和避免损坏炉膛；⑥要定期检查电炉、温控器的导电系统各连接部分接触是否良好。发生故障时应立即断电，由专业维修人员进行检修。

（7）离心机。目前实验室常用的离心机是电动离心机。电动离心机转动速度快，使用时要注意安全。特别要防止在离心机运转期间，由于不平衡或吸垫老化而使离心机边工作边移动，从实验台上掉下来；或因盖子未盖严，离心管因振动破裂后，玻璃碎片旋转飞出造成事故。因此在使用离心机时必须注意以下几方面：①启动离心机前，必须将其放置在平稳、坚固的地面或台面上，盖上离心机顶盖后，方可慢慢启动。②不仅要保证静平衡，即对称的两管样品等重，还要保证动平衡。③离心过程中如有噪声或机身振动现象，应立即切断电源，及时排除故障。④分离结束后应将调速旋钮逐档旋回至"0"档，待离心机自动停止转动后，方可打开顶盖取出样品，不可用外力强制其停止运动。⑤在使用高速离心机和低温离心机时，应严格按使用说明进行操作。

三、高压钢瓶的安全使用

1. 气瓶与减压阀

气瓶是高压容器，瓶内装有高压气体，还要承受搬运、滚动等外界的作用力。因此，对其质量要求严格，材料要求高，常用无缝合金或锰钢管制成的圆柱形容器。气瓶壁厚 5 ~ 8mm，容量 12 ~ 55m^3不等。底部呈半球形，通常还装有钢制底座，便于竖放。气瓶顶部有启闭气门（即开关阀），气门侧面接头（支管）上连接螺纹。用于可燃气体的应为左旋螺纹，非可燃气体的为右旋。这是为杜绝把可燃气体压缩到盛有空气或氧气的钢瓶中去的可能性，以及防止偶然把可燃气体的气瓶连接到有爆炸危险的装置上去的可能性。

各类气瓶容器必须符合中华人民共和国劳动部劳锅字[1989]12 号文件中关于"气瓶安全监察规程"的规定。气瓶必须有制造钢印标记和检验钢印标记。制造钢印标记有气瓶制造单位代号、气瓶编号、工作压力（MPa）、实际重（kg）、实际容积（L）、瓶体设计壁厚（mm）、制造单位检验标记和制造年月、监督检验标记和寒冷地区使用气瓶标记。检验钢印标记有检验单位代号、检验日期、下次检验日期等。

由于气瓶内的压力一般很高，而使用所需压力往往较低，单靠启闭气门不能准确、稳定地调节气体的放出量。为了降低压力并保持稳定压力，就需要装上减压器。不同工作气体有不同的减压器。不同的减压器外表涂以不同颜色加以标志，与各种气体的气瓶颜色标志一致。必须注意的是用于氧的减压器可用于装氮或空气的气瓶上，而用于氮的减压器只有在充分洗除油脂之后才可用于氧气瓶上。

在装载减压器时必须注意防止支管接头上丝扣滑牙，以免装旋不牢而漏气或被高压射出。卸下时要注意轻放，妥善保存，避免撞击、振动，不要放在有腐蚀性物质的地方，并防止灰尘落入减压表内以致阻塞失灵。

每次气瓶使用完后，先关闭气瓶气门，然后将调压螺杆旋松，放尽减压器内的气体。若不松开调压螺旋，则弹簧长期受压，将使减压器压力表失灵。

2. 气瓶内装气体的分类

（1）压缩气体。临界温度低于 -10℃的气体经加高压压缩后，仍处于气态者称为压缩气体，如氧、氮、氢、空气、氩、氦等气瓶的气体。这类气体钢瓶设计压力大于 12MPa（125kgf/cm^2），称为高压气瓶。

(2) 液化气体。临界温度≥10℃的气体经高压压缩，转为液态并与其蒸气处于平衡状态者称为液化气体，如二氧化碳、氧化亚氮、氨、氮、硫化氢等。临界温度在 -10 ~ 70℃者称为高压液化气体，如二氧化碳、氧化亚氮；临界温度高于 70℃、且在 60℃时饱和蒸气压大于 0.1MPa 的称为低压液化气体，如氨、氯、硫化氢等气体。

(3) 溶解气体。单纯加高压压缩可能产生分解、爆炸等危险的气体，必须在加高压的同时，将其溶解于适当溶剂中，并由多孔性固体填充物所吸收。在 10℃以下压力达 0.2MPa 以上者称为溶解气体，如乙炔。按气体的化学性质可分为：可燃气体(氢、乙炔、丙烷、石油气等)、助燃气体(氧、氧化亚氮等)、不燃气体(氮、二氧化碳等)、惰性气体(氦、氖、氩等)和剧毒气体(氟、氯等)。

3. 高压气瓶的颜色和标志

各种气体钢瓶的瓶身必须按规定漆上相应的标志色漆，见表 7 - 8。并用规定颜色的色漆写上气瓶内容物的中文名称，画出横条标志。每个气瓶肩部都有钢印标记，标明制造厂、气瓶编号、设计压力、制造年月等。气瓶必须定期作抗压试验，由检验单位打上钢印。

表 7 - 8　高压气瓶的颜色和标志

气瓶名称	表面涂料颜色	字样	字样颜色	横条颜色	气瓶名称	表面涂料颜色	字样	字样颜色	横条颜色
氧气瓶	天蓝	氧	黑	—	氯气瓶	草绿	氯	白	白
氢气瓶	深绿	氢	红	红	氦气瓶	棕	氦	白	—
氮气瓶	黑	氮	黄	棕	氖气瓶	褐红	氖	白	—
氩气瓶	灰	氩	绿	—	丁烯气瓶	红	丁烯	黄	黑
压缩空气瓶	黑	压缩气体	白	—	氧化亚氮气瓶	灰	氧化亚氮	黑	—
石油气体瓶	灰	石油气体	红	—	环丙烷气瓶	橙黄	环丙烷	黑	—
硫化氢气瓶	白	硫化氢	红	红	乙烯气瓶	紫	乙烯	红	—
二氧化硫气瓶	黑	二氧化硫	白	黄	乙炔气瓶	白	乙炔	红	—
二氧化碳气瓶	黑	二氧化碳	黄	—	氟氯烷气瓶	铝白	氟氯烷	黑	—
光气瓶	草绿	光气	红	红	其他可燃性气瓶	红	(气体名称)	白	—
氨气瓶	黄	氨	黑	—	其他非可燃性气瓶	黑	(气体名称)	黄	—

4. 几种压缩可燃气和助燃气的性质和安全处理

(1) 乙炔。乙炔气瓶是将颗粒活性炭、木炭、石棉或硅藻土等多孔性物质填充在钢瓶内，再将丙酮掺入，通入乙炔气使之溶解于丙酮中，直至 15℃时压力达 1.52MPa(15.5kgf/cm^2)。

乙炔是极易燃烧、爆炸的气体，含有 7% ~ 13% 乙炔的乙炔 - 空气混合物和含有大约 30% 乙炔的乙炔 - 氧气混合物最易爆炸。在未经净化的乙炔内可能含有少量的磷化氢，磷化氢的自燃点很低，气态磷化氢(PH_3)在 100℃时就会自燃，而液态磷化氢甚至不到 100℃就会自燃。因此，当乙炔中含有空气时，有磷化氢存在时就可能构成乙炔 - 空气混合气的起火爆炸。乙炔和铜、银、汞等金属或盐接触，会生成乙炔铜(Cu_2C_2)和乙炔银(Ag_2C_2)等易爆炸物质。因此，凡供乙炔用的器材(管路或零件)都不能使用银或铜的合金。乙炔和氯、次氯酸盐等化合物相遇会发生燃烧和爆炸。因此，乙炔燃烧着火时绝对禁止使用四氯化碳灭火器。

乙炔气瓶应放在通风良好处，不能存放于实验室大楼内，应存放于大楼外另建的储瓶室内，室温要低于 35℃。原子吸收法使用乙炔时要注意预防回火，管路上应装阻止回火器(阀)。在开启乙炔气瓶之前，要先供给燃烧器足够的空气，再供乙炔气。关气时要先关乙炔气，后关空气。当乙炔气瓶内压力降至0.3MPa(3kgf/cm^2)时，须停止使用，另换一瓶。

(2) 氢气。氢气为易燃气体，因其密度小，易从微孔漏出，而且它的扩散速度快，易与其他气体混合。氢气和空气混合气的爆炸极限：空气中含氢量为4.1% ~7.5%(体积)。其燃烧速度比碳氢化合物气体快，常温、常压下燃烧速度约为2.7m/s。检查氢气导管、阀门是否漏气时，必须采用肥皂水检查法，绝对不能以明火检查之。存放氢气气瓶处要严禁烟火。

(3) 氧化亚氮。氧化亚氮也称笑气，具有麻醉兴奋作用，因此使用时要特别注意通风。

液态氧化亚氮在20℃时的蒸气压约5MPa(50kgf/cm^2)，氧化亚氮受热分解为氧和氮的混合物是助燃性气体。原子吸收法进行高熔点或难熔盐化合物的元素测定时，需要氧化亚氮－乙炔火焰以获得较高的温度，其反应为：

$$5N_2O \longrightarrow 5N_2 + 5/2O_2$$

$$C_2H_2 + 5/2O_2 \longrightarrow 2CO_2 + H_2O(g)$$

在上述过程中氧化亚氮分解为含氧33.3%和66.7%的混合物，乙炔即借其中的氧燃烧。在氧化亚氮－乙炔火焰中发生的反应比一般火焰要复杂。燃烧时千万要注意防止从原子吸收分光光度计的喷雾室的排水阀吸入空气，否则会引起爆炸。

(4) 氧气。氧气是强烈的助燃气体，纯氧在高温下尤其活泼。当温度不变而压力增加时，氧气可和油类物质发生剧烈的化学反应而引起发热自燃，产生爆炸。例如，工业矿物油与3MPa以上气压的氧气接触就能发生自燃。因此，氧气瓶一定要严防同油脂接触，减压器及阀门绝对禁止使用油脂润滑。氧气瓶内绝对不能混入其他可燃性气体，或误用其他可燃气体气瓶来充灌氧气。氧气瓶一般是在20℃、15MPa气压条件下充灌的。氧气气瓶的压力会随温度而增高，因此要禁止气瓶在强烈阳光下曝晒，以免瓶内压力过高而发生爆炸。

5. 气瓶安全使用常识

(1) 气瓶必须存放于通风、阴凉、干燥、隔绝明火、远离热源、防曝晒的房间内，要有专人管理。要有醒目的标志，如“乙炔危险，严禁烟火”等字样。储存时不得将钢瓶放在烈日下曝晒或靠近热源，以免引起钢瓶爆炸。可燃气体钢瓶严禁靠近明火，与明火相距不小于10m，否则必须采取有效的保护措施。采暖期间气瓶与暖气片距离不小于1m；氧气瓶和可燃性气瓶不能存放于同一室，室内存放钢瓶不宜过多，气瓶应可靠地固定在支架上。严禁乙炔气瓶、氢气瓶和氧气瓶、氯气瓶储放在一起或同车运送。

(2) 使用气瓶时要直立固定放置，防止倾倒。

(3) 搬运气瓶要用专用气瓶车，要轻拿轻放，防止摔掷、敲击、滚滑或剧烈震动。搬运的气瓶一定要在事前戴上气瓶安全帽，以防不慎摔断瓶嘴发生爆炸事故。钢瓶身上必须具有两个橡胶防震圈。乙炔瓶严禁横卧滚动。

(4) 气瓶应进行耐压试验，并定期进行检查。

(5) 气瓶的减压器要专用，安装时螺扣要上紧，应旋进7圈螺纹，不得漏气。开启高压气瓶时，操作者应站在气瓶口的侧面，动作要慢，以减少气流摩擦，防止产生静电。使用完毕后应首先关闭气瓶开关阀，放尽减压阀进出口的气体后再将调节螺杆松开。

(6) 乙炔等可燃气瓶不得放置在橡胶等绝缘体上，以利静电释放。

(7) 氧气瓶及其专用工具严禁与油类物质接触，操作人员也不应穿戴沾有各种油脂或油污的工作服和工作手套等，以免引起燃烧。氧气瓶、可燃性气瓶(氢气瓶)与明火距离应不小于10m，不能达到时，应有可靠的隔热防护措施，距离不得小于5m。

（8）各种钢瓶必须定期进行技术检验。充装一般气体的钢瓶，每3年检验一次，对于充装腐蚀性气体的钢瓶每2年检验一次。在使用过程中如发现有严重腐蚀或损伤，应提前进行检验。

（9）瓶内气体不得全部用尽，一般应保持0.2～1MPa的余压，否则将导致空气或其他气体进入钢瓶，再次充气时将影响气体的纯度，甚至发生危险。

第三节　危险化学品的安全管理

一、危险化学品的概念

1. 化学品

化学品是指天然的或人造的各类化学元素、化合物和混合物。目前世界上所发现的化学品已超过1000余万种，日常使用的约有700余万种。随着科学技术的进步，每年还要有千余种化学品问世。化学品已成为人类生产和生活不可缺少的一部分。

化学品的生产和消费确实极大地改善了人们的生活，但是不少化学品其固有的易燃、易爆、有毒、有害的危险特性也给人类生存带来了一定的威胁。

2. 危险化学品

危险化学品是指物质本身具有某种危险特性，当受到摩擦、撞击、震动、接触热源或火源、日光曝晒、遇水受潮、遇性质相抵触物品等外界条件的作用，会导致燃烧、爆炸、中毒、灼伤及污染环境事故发生的化学品。

二、危险化学品的分类

根据GB 6944—2005《危险货物分类和品名编号》、GB 12268—2005《危险货物品名表》、GB 13690—92《常用危险化学品分类及标志》等将危险化学品分为八大类，每一类又分为若干项。

图7－2　爆炸品标识图

1. 第一类：爆炸品

爆炸品（图7－2）指在外界作用下（如受热、摩擦、撞击等）能发生剧烈的化学反应，瞬间产生大量的气体和热量，使周围的压力急剧上升发生爆炸，对周围环境、设备、人员造成破坏和伤害的物品。爆炸品在国家标准中分5项，其中有3项包含危险化学品，另外2项专指弹药等。

第1项：具有整体爆炸危险的物质和物品，如高氯酸。

第3项：具有燃烧危险和较小爆炸危险的物质和物品，如二亚硝基苯。

第4项：无重大危险的爆炸物质和物品，如四唑并－1－乙酸。

爆炸品具有以下特性：

① 爆炸性强。爆炸品都具有化学不稳定性，在一定外因的作用下，能以极快的速度发生猛烈的化学反应，产生大量气体和热量，使周围的温度迅速升高并产生巨大的压力而引起爆炸。

② 敏感度高。爆炸的难易程度取决于物质本身的敏感度，敏感度是确定爆炸品爆炸危险性的一个非常重要的标志。一般来讲敏感度越高的物质越易爆炸。在外界条件作用下，炸药受热、撞击、摩擦、遇明火或酸碱等因素的影响都易发生爆炸。

③ 有的爆炸品还有一定的毒性。例如，梯恩梯、硝化甘油、雷汞等都具有一定的毒性。

④ 与酸、碱、盐、金属发生反应。有些爆炸品与某些化学品如酸、碱、盐发生化学反应，反应的生成物是更容易爆炸的化学品。例如，苦味酸遇某些碳酸盐能反应生成更易爆炸的苦味酸盐；苦味酸受铜、铁等金属撞击立即发生爆炸。

2. 第二类：压缩气体和液化气体(图 7－3)

指压缩的、液化的或加压溶解的气体。并应符合下述两种情况之一者：①临界温度低于50℃时或在 50℃时，其蒸气压力大于 294kPa 的压缩或液化气体；②温度在 21. 1℃时，气体的绝对压力大于 275kPa，或在 54. 4℃时气体的绝对压力大于 715kPa 的压缩气体；或在37. 8℃时雷德蒸气压大于 275kPa 的液化气体或加压溶解气体。这类物品当受热、撞击或强烈震动时，容器内压力急剧增大，致使容器破裂，物质泄漏、爆炸等。它分为 3 项。

第 1 项：易燃气体。此类气体极易燃烧，与空气混合能形成爆炸性混合物。在常温常压下遇明火、高温即会发生燃烧或爆炸。如氨气、一氧化碳、甲烷等。

第 2 项：不燃气体(包括助燃气体)。不燃气体指无毒、不燃气体，包括助燃气体。但高浓度时有窒息作用。助燃气体有强烈的氧化作用，遇油脂能发生燃烧或爆炸。如氮气、氧气等。

第 3 项：有毒气体。该类气体有毒，毒性指标与第 6 类毒性指标相同。对人畜有强烈的毒害、窒息、灼伤、刺激作用。其中有些还具有易燃、氧化、腐蚀等性质。如氯(液化的)、氨(液化的)等。

图 7－3　压缩气体和液化气体标识图

压缩气体和液化气体特性如下：

① 可压缩性。一定量的气体在温度不变时，所加的压力越大其体积就会变得越小，若继续加压会压缩成液态。

② 膨胀性。气体在光照或受热后温度升高，分子间的热运动加剧，体积增大，若在一定密闭容器内，气体受热的温度越高，其膨胀后形成的压力越大。一般压缩气体和液化气体都盛装在密闭的容器内，如果受高温、曝晒气体极易膨胀产生很大的压力，当压力超过容器的耐压强度时就会造成爆炸事故。

③ 易燃可燃气体与空气能形成爆炸性混合物，遇明火极易发生燃烧爆炸。

④ 除具有易燃性、毒性外，还有刺激性、致敏性、腐蚀性、窒息性等特性。

3. 第三类：易燃液体(图 7－4)

本类物质在常温下易挥发，其蒸气与空气混合能形成爆炸性混合物。它分为 3 项。

第 1 项：低闪点液体，即闪点低于－18℃的液体，如乙醛、丙酮等。

第 2 项：中闪点液体，即闪点在－18℃至 <23℃的液体，如苯、甲醇等。

图 7－4　易燃液体标识图

第3项：高闪点液体，即闪点在23℃以上的液体，如环辛烷、氯苯、苯甲醚等。

易燃液体的特性：

① 易挥发性。易燃液体大部分属于沸点低、闪点低、挥发性强的物质。随着温度的升高，蒸发速度加快，当蒸气与空气达到一定浓度时遇火源极易发生燃烧爆炸。

② 易流动扩散性。易燃液体具有流动性和扩散性，大部分黏度较小，易流动，有蔓延和扩大火灾的危险。

③ 受热膨胀性。易燃液体受热后体积膨胀，液体表面蒸气压同时随之增加，部分液体挥发成蒸气。在密闭容器中储存时常常会出现鼓桶或挥发现象，如果体积急剧膨胀就会引起爆炸。

④ 带电性。大部分易燃液体为非极性物质，在管道、储罐、槽车、油船的输送、灌装、摇晃、搅拌和高速流动过程中，由于摩擦易产生静电，当所带的静电荷聚积到一定程度时，就会产生静电火花，有引起燃烧和爆炸的危险。

⑤ 毒害性。大多数易燃液体都有一定的毒性，对人体的内脏器官和系统有毒性作用。

4. 第四类：易燃固体、自燃物品和遇湿易燃物品(图7－5)

这类物品易于引起火灾，按它的燃烧特性分为3项。

图7－5　易熔固体、自燃物品和遇湿易燃物品标识图

第1项：易燃固体。指燃点低，对热、撞击、摩擦敏感，易被外部火源点燃，迅速燃烧，能散发有毒烟雾或有毒气体的固体。如红磷、硫黄等。

第2项：自燃物品。指自燃点低，在空气中易于发生氧化反应放出热量，而自行燃烧的物品。如黄磷、三氯化钛等。

第3项：遇湿易燃物品。指遇水或受潮时，发生剧烈反应，放出大量易燃气体和热量的物品，有的不需明火就能燃烧或爆炸，如金属钠、氢化钾等。

（1）易燃固体的主要特性：

① 易燃性。易燃固体容易被氧化，受热易分解或升华，遇火种、热源常会引起强烈、连续的燃烧。

② 可分散性与氧化性。固体具有可分散性，一般来讲物质的颗粒越细，其比表面积越大，分散性就越强。当固体粒度小于0.01mm时，可悬浮于空气中，这样能充分与空气中的氧接触发生氧化作用。固体的可分散性是受许多因素影响的，但主要还是受物质比表面积的影响，比表面积越大，与空气的接触机会就越多，氧化作用也就越容易，燃烧也就越快，具有爆炸危险性。如粉尘爆炸。

另外，易燃固体与氧化剂接触，能发生剧烈反应而引起燃烧或爆炸。如赤磷与氯酸钾接触、硫黄粉与氯酸钾或过氧化钠接触，均易立即发生燃烧爆炸。

③ 热分解性。某些易燃固体受热后不熔融，而发生分解现象。有的受热后边熔融边分解，如硝酸铵在分解过程中，往往放出NH_3或NH_2、NO等有毒气体。一般来说热分解的温

度高低直接影响危险性的大小，受热分解温度越低的物质，其火灾爆炸危险性就越大。

④ 对撞击、摩擦的敏感性。易燃固体对摩擦、撞击、震动也很敏感。例如，赤磷、闪光粉等受摩擦、震动、撞击等也能起火燃烧甚至爆炸。

⑤ 毒害性。许多易燃固体有毒或燃烧产物有毒或有腐蚀性。如二硝基苯、二硝基苯酚、硫黄、五硫化二磷等。

（2）自燃物品的主要特性：

① 极易氧化。自燃的发生是由于物质的自行发热和散热速度处于不平衡状态而使热量积蓄的结果。自燃物品多具有容易氧化、分解的性质，且燃点较低。在未发生自燃前，一般都经过缓慢的氧化过程，同时产生一定热量，当产生的热量越来越多，积热使温度达到该物质的自燃点时便会自发地着火燃烧。

凡能促进氧化的一切因素均能促进自燃。空气、受热、受潮、氧化剂、强酸、金属粉末等能与自燃物品发生化学反应或对氧化反应有促进作用，它们都是促使自燃物品自燃的因素。

② 易分解。某些自燃物质的化学性质很不稳定，在空气中会自行分解，积蓄的分解热也会引起自燃，如硝化纤维素、塞璐璐、硝化甘油等。

5. 第五类：氧化剂和有机过氧化物(图 7 –6)

这类物品具有强氧化性，易引起燃烧、爆炸，按其组成分为 2 项。

第 1 项：氧化剂。指具有强氧化性，易分解放出氧和热量的物质，对热、震动和摩擦比较敏感。包括含有过氧基的有机物，其本身不一定可燃，但能导致可燃物的燃烧；与松软的粉末状可燃物能组成爆炸性混合物，对热、震动或摩擦较为敏感。按其危险性大小，分为一级氧化剂和二级氧化剂，如氯酸铵、高锰酸钾等。

第 2 项：有机过氧化物。指分子结构中含有过氧键的有机物，其本身易燃易爆、极易分解，对热、震动和摩擦极为敏感。如过氧化苯甲酰、过氧化甲乙酮等。

6. 第六类：毒害品(图 7 –7)

指进入人(动物)肌体后，累积达到一定的量能与体液和组织发生生物化学作用或生物物理作用，扰乱或破坏肌体的正常生理功能，引起暂时或持久性的病理改变，甚至危及生命的物品。如各种氰化物、砷化物、化学农药等。该类分为毒害品、感染性物品 2 项。其中毒害品按其毒性大小分为一级毒害品和二级毒害品。

图 7 –6　氧化剂和有机过氧化物标识图

图 7 –7　毒害品标识图

第 1 项：毒害品。本项化学品系指进入肌体后累积达一定的量，能与体液和组织发生生物化学作用或生物物理学变化，扰乱或破坏肌体的正常生理功能，引起暂时性或持久性的病理改变，甚至危及生命的物品。具体指标如下：

经口：$LD_{50}\leqslant 500mg/kg$(固体)，$LD_{50}\leqslant 2000mg/kg$(液体)；

经皮：$LD_{50}\leqslant 1000mg/kg$(24h 接触)；

吸入：$LC_{50} \leqslant 10mg/L$（粉尘、烟雾、蒸气）。

根据毒性的强弱不同，分为剧毒品、有毒品、有害品。

第 2 项：感染性物品。本项化学品系指含有致病的微生物，能引起病态，甚至死亡的物质。

7. 第七类：放射性物品（图 7－8）

指放射性比活度大于 $7.4 \times 10^4 Bq/kg$ 的物品，按其放射性大小细分为一级放射性物品、二级放射性物品和三级放射性物品。它属于危险化学品，但不属于《危险化学品安全管理条例》的管理范围，国家还另外有专门的条例来管理。

图 7－8　放射性物品标识图

8. 第八类：腐蚀品（图 7－9）

指能灼伤人体组织并对金属等物品造成损伤的固体或液体。与皮肤接触在 4h 内出现可见坏死现象，或温度在 55℃时，对 20 号钢的表面均匀年腐蚀率超过 6.25 mm/年的固体或液体。这类物质按化学性质分为 3 项。

第 1 项：酸性腐蚀品。如硫酸、硝酸、盐酸等。

第 2 项：碱性腐蚀品。如氢氧化钠、硫氢化钙等。

第 3 项：其他腐蚀品。如二氯乙醛、苯酚钠等。

图 7－9　腐蚀品标识图

腐蚀品的特性：

① 强烈的腐蚀性。它对人体、设备、建筑物、构筑物、车辆、船舶的金属结构都易发生化学反应，而使之腐蚀并遭受破坏。

② 氧化性。腐蚀性物质如浓硫酸、硝酸、氯磺酸、漂白粉等都是氧化性很强的物质，与还原剂接触易发生强烈的氧化还原反应，放出大量的热，容易引起燃烧。

③ 稀释放热性。多种腐蚀品遇水会放出大量的热，易燃液体四处飞溅造成人体灼伤。

三、危险化学品的存储安全管理

1. 危险化学品储存的定义与种类

根据物质的理化性状和储存量的大小分为：整装储存和散装储存两类。整装储存是将物品装于小型容器或包件中储存。这种储存往往存放的品种多，物品的性质复杂，比较难管理。散装储存是物品不带外包装的净货储存。量比较大，设备、技术条件比较复杂。

2. 储存危险化学品的分类

（1）储存物品（易燃易爆性商品）的火灾危险性分类：在储存中归类为易燃易爆性商品的危险物品包括爆炸品，压缩气体和液化气体，易燃液体、易燃固体、自燃物品、遇湿易燃物品，氧化剂和有机过氧化物。

《建筑设计防火规范》(GB J16—87)将储存物品的火灾危险性分为五类，其火灾危险性特征分别如下。

甲类：①闪点<28℃的液体；②爆炸下限<10%的气体；

乙类：①闪点为28～60℃的液体；②爆炸下限≥10%的气体；

丙类：①闪点>60℃的液体；②可燃固体；

丁类：难燃烧物品；

戊类：非燃烧物品。

(2) 储存毒害性商品的分类：按化学组成和急性毒性大小，毒害品分为一级无机毒害品、一级有机毒害品、二级无机毒害品和二级有机毒害品。

(3) 储存腐蚀性商品的分类：一级腐蚀品是指能使动物皮肤在3min内出现可见坏死现象，并能在3～6min出现可见坏死现象的同时产生有毒蒸气的物品。

二级腐蚀品是指能使动物皮肤在4h内出现可见坏死现象，并在55℃时对钢或铝的表面年腐蚀率超过6.26mm的物品。

3. 危险化学品分类储存的安全要求

危险化学品分类储存的安全要求主要包括：储存危险化学品的基本要求；储存易燃易爆品的要求；储存毒害品的要求；储存腐蚀性物品的要求。

储存危险化学品的基本要求如下。

(1) 储存要求：

① 未经批准不得随意设置危险化学品储存仓库。

② 储存方式、方法与储存数量必须符合国家标准。

③ 剧毒化学品以及储存数量构成重大危险源的其他危险化学品，必须在专用仓库内单独存放，实行双人收发、双人保管制度。

④ 危险化学品专用仓库的储存设备和安全设施应当定期检测，应有明显的标志。同一区域储存两种和两种以上的不同级别的危险品时，应按最高等级危险品的性能标志。

⑤ 办理危险化学品登记。

⑥ 必须配备有专业知识的技术人员，其仓库及场所应设专人管理，管理人员必须配备可靠的个人安全防护用品。

⑦ 露天堆放应符合防火、防爆的安全要求，爆炸性物品、一级易燃物品、遇湿燃烧物品、剧毒物品不得露天堆放。

⑧ 不得与禁忌物料混合储存，灭火方法不同的危险化学品不能同库储存。

⑨ 区域内严禁吸烟和使用明火。

⑩ 制订本单位事故应急救援预案，配备应急救援人员和必要的应急救援器材、设备，并定期组织演练。

⑪ 储存的危险化学品必须有化学品安全技术说明书和化学品安全标签。

(2) 储存安排及储存限量：

① 危险化学品储存安排取决于危险化学品分类、分项、容器类型、储存方式和消防的要求。

② 储存量及储存安排。

③ 遇火、遇热、遇潮能引起燃烧、爆炸或发生化学反应，产生有毒气体的危险化学品不得在露天或潮湿、积水的建筑物中储存。

④ 受日光照射能发生化学反应引起燃烧、爆炸、分解、化合，或能产生有毒气体的危险化学品，应储存在一级建筑物中，其包装应采取避光措施。

⑤ 爆炸性物品不准和其他类物品同储，必须单独隔离限量储存。

⑥ 压缩气体和液化气体必须与爆炸性物品、氧化剂、易燃物品、自燃物品、腐蚀性物品隔离储存。

⑦ 易燃液体、遇湿易燃物品、易燃固体不得与氧化剂混合储存，具有还原性的氧化剂应单独存放。

⑧ 有毒物品应储存在阴凉、通风、干燥的场所，不要露天存放，不要接近酸类物质。

⑨ 腐蚀性物品包装必须严密，不允许泄漏，严禁与液化气体和其他物品共存。

⑩ 有毒品应执行“五双管理制度”。即双人验收、双人发货、双人保管、双把锁、双本账。

四、危险化学品中毒、污染事故预防控制的一般原则

1. 替代

控制、预防化学品危害最理想的方法是不使用有毒有害和易燃易爆的化学品，但这一点并不是总能做到，通常的做法是选用无毒或低毒的化学品替代已有的有毒有害化学品，选用可燃化学品替代易燃化学品。例如，甲苯替代喷漆和除漆中用的苯，用脂肪族烃替代胶水或黏合剂中的苯等。

2. 变更工艺

虽然替代是控制化学品危害的首选方案，但是目前可供选择的替代品往往是很有限的，特别是因技术和经济方面的原因，不可避免地要生产、使用有害化学品。这时可通过变更工艺，消除或降低化学品危害。如以往由乙炔制乙醛，采用汞做催化剂，现在发展为用乙烯为原料，通过氧化或氧氯化制乙醛，不需用汞做催化剂。通过变更工艺，彻底消除了汞害。

3. 隔离

隔离就是通过封闭、设置屏障等措施，避免作业人员直接暴露于有害环境中。最常用的隔离方法是将生产或使用的设备完全封闭起来，使工人在操作中不接触化学品。隔离操作是另一种常用的隔离方法，简单地说就是把生产设备与操作室隔离开。最简单形式就是把生产设备的管线阀门、电控开关放在与生产地点完全隔开的操作室内。

4. 通风

通风是控制作业场所中有害气体、蒸气或粉尘最有效的措施。借助于有效的通风，使作业场所空气中的有害气体、蒸气或粉尘的浓度低于安全浓度，保证工人的身体健康，防止火灾、爆炸事故的发生。

5. 个体防护

当作业场所中有害化学品的浓度超标时，工人就必须使用合适的个体防护用品。个体防护用品既不能降低作业场所中有害化学品的浓度，也不能消除作业场所的有害化学品，而只是一道阻止有害物进入人体的屏障。防护用品本身的失效就意味着保护屏障的消失，因此个体防护不能被视为控制危害的主要手段，而只能作为一种辅助性措施。

6. 卫生

卫生包括保持作业场所清洁和作业人员的个人卫生两个方面。经常清洗作业场所，对废物溢出物加以适当处置，保持作业场所清洁，也能有效地预防和控制化学品危害。作业人员应养成良好的卫生习惯，防止有害物附着在皮肤上，防止有害物通过皮肤涌入体内。

第四节　实验室废弃物的处理

实验室检测的样品种类复杂，产生的实验室废弃物包括剧毒品、重金属类毒物、有机致癌物、含致病性微生物的标本和放射性物质等。按分析检验实验室废弃物的物理特点，可分为固体、液体和气体三类；按对环境造成污染的特点，可分为化学废弃物、生物废弃物和放射性废弃物。

废弃物处理的一般原则：防止污物扩散、污染，分类收集、存放，分别集中处理。尽可能进行废物回收，或用固化、焚烧方式进行处理。在实际工作中应选择合适的方法进行检测，尽可能减少废物量，减少污染。废弃物排放应符合国家有关环境排放标准。

一、化学废液的处理

化学废弃物质主要以液态和气态形式存在。与工业的废液、废气相比，化学实验室的废液、废气在数量上微不足道，但是从环保的角度来讲，同样不允许直接排放到自然水域或大气中。废水的排放须遵守我国环境保护的有关规定。

一般工业废液成分简单，可以采用集中处理的方法进行处理。由于实验室内的化学废液种类繁多，且组成经常变化，所以一般不采用集中处理的方法，而是根据每次实验过程中所产生废弃物质的性质分别加以处理。

对人体健康产生长远不良影响的污染物，称第一类污染物。含有此类有害污染物质的污水，不分行业和污水排放方式，也不分受纳水体的功能类别，一律在产生装置或其处理设施排出口取样检验。我国第一类污染物最高容许排放浓度见表 7－9。

表 7－9　第一类污染物质最高容许排放浓度

污染物	最高容许排放浓度/(mg/L)	污染物	最高容许排放浓度/(mg/L)	污染物	最高容许排放浓度/(mg/L)
总汞	0.05	总铬	1.5	总铅	1.0
烷基汞	不得检出	六价铬	0.5	总镍	1.0
总镉	0.1	总砷	0.5	苯并(α)芘	0.00003

对人体健康产生长远影响小于第一类的污染物质称第二类污染物质，在排污单位排出口取样检验。表 7－10 为第二类污染物质最高容许排放浓度。

表 7－10　第二类污染物质最高容许排放浓度　　mg/L

污染物	一级标准		二级标准		三级标准
	新、扩、改建	现有	新、扩、改建	现有	
pH 值	6～9	6～9	6～9	6～9	6～9
色变(稀释倍数)	50	80	80	100	—
悬浮物	70	100	200	250	400
生化需氧量(BOD)	30	60	60	80	300
化学需氧量(COD)	100	150	150	200	500
石油类	10	15	10	20	30
动植物油	20	30	20	40	100
挥发酚	0.5	1.0	0.5	1.0	2.0
氰化物	0.5	0.5	0.5	0.5	1.0
硫化物	1.0	1.0	1.0	2.0	2.0

续表

污染物	一级标准		二级标准		三级标准
	新、扩、改建	现有	新、扩、改建	现有	
氨氮	15	25	25	40	—
氟化物	10	15	10	15	20
(低氟地区)	—	—	(20)	(30)	—
磷酸盐(以P计)	0.5	1.0	1.0	2.0	—
甲醛	1.0	2.0	2.0	3.0	—
苯胺类	1.0	2.0	2.0	3.0	5.0
硝基苯类	2.0	3.0	3.0	5.0	5.0
阴离子合成洗涤剂(LAS)	5.0	10	10	15	20
铜	0.5	0.5	0.5	1.0	2.0
锌	2.0	2.0	2.0	5.0	5.0
锰	2.0	5.0	5.0	5.0	5.0

1. 废液收集、储存的方法和注意事项

(1) 不得将每次实验后的废液直接倒入下水槽，应倒入废液回收容器内，由实验室工作人员统一回收，进行处理。

(2) 不得将几次实验的废液集中收集。因为每次实验后废液的性质不同，以防发生意外。

(3) 在处理含有配合物的废液时，如果有干扰成分，应将这些废液另行收集储存。

(4) 以下几种废液不能互相混合收集：①过氧化物与有机物废液；②氰化物、硫化物、次氯酸盐与酸性废液；③挥发性的酸(如盐酸、氢氟酸等)与不挥发性酸(如硫酸等)；④铵盐、挥发性胺与强碱的废液。

(5) 应选择没有破损且不会被废液腐蚀的容器来收集废液。并贴上标签注明废液的成分和含量，置于安全的地点保存。这一点对于毒性较大的废液十分重要。

(6) 对于硫醇、胺等会发出臭味的废液，会产生氰化氢、磷化氢等有毒气体的废液以及易燃的二硫化碳、乙醚之类的废液，要防止泄漏，并应尽快处理。

(7) 对于含有过氧化物、硝化甘油之类爆炸性物质的废液，要尽快处理，不应存放。

2. 废液处理注意事项

(1) 在处理废液过程中，往往会产生有毒气体，并存在放热、爆炸等危险。因此，在处理之前，工作人员必须充分了解废液的组成及性质，然后分别加入少量所需试剂，边操作边观察。

(2) 分解氰基时需要加入次氯酸钠，会产生有毒的游离氯；用硫化物沉淀法处理废液时，会生成有毒的水溶性硫化物。因此，必须将处理后的废水进行再处理。

(3) 为了节省处理所使用试剂，可将废铬酸混合液用于分解有机物，将废酸与废碱相互中和，变有害物质为有用物质。

(4) 在处理废液时尽量利用无害或易于处理的代用品。例如，用浓硫酸与浓硝酸的混合液代替铬酸混合液，使排放的废液中无有害的铬离子存在。

(5) 对甲醇、乙醇、丙酮及苯等用量较大的溶剂，原则上应将它们回收利用，而将其残渣加以处理。

3. 废液的处理方法

(1) 含酸、碱的废液：通常采用中和法进行处理。废无机酸先收集于陶瓷缸或塑料桶中，然后以过量的碳酸钠或氢氧化钙的水溶液中和，或用废碱中和，中和后用大量水冲稀排放。氢氧化钠、氨水：用稀废酸中和后用大量水冲稀排放。注意事项：①即使在确认酸、碱废液相互混合不会产生危险的情况下，也应分次少量将其中一种废液注入到另一种废液中，以防发生意外；②用 pH 试纸进行检验，使酸或碱的废液混合后溶液的 pH 值达到 7；③用水将溶液稀释，使盐溶液的浓度降到5%以下才可进行排放。

（2）含重金属的废液：一般采用氢氧化物共沉淀法或硫化物共沉淀法进行处理。

例 1：含 Cd^{2+} 和 Pb^{2+} 的废液（氢氧化物共沉淀法）

首先，控制废液 pH 值在 10～11，用 $Ca(OH)_2$ 将 Cd^{2+} 转化为难溶于水的 $Cd(OH)_2$ 而分离出去。然后，调节废液的 pH > 11，用 $Ca(OH)_2$ 将 Pb^{2+} 转化成为难溶于水的 $Pb(OH)_2$。然后加入共凝剂，如 $Al_2(SO_4)_3$，并将 pH 值调至 7～8 之间，即会产生 $Pb(OH)_2$ 共沉淀。

处理含 Cd^{2+} 和 Pb^{2+} 的废液的注意事项：①在处理含有两种以上重金属废液时，由于处理的最适宜 pH 值各不相同，因此对处理后的废液必须加以注意；②对于含大量有机物、氰化物及络离子的废液，必须事先将它们分解除去。

例 2：含 Hg^{2+} 的废液（硫化物沉淀法）

用 Na_2S 或 NaHS 将 Hg^{2+} 离子转化为难溶于水的 HgS，然后与氢氧化铁共沉淀，过滤之后分离除去。

处理含 Hg^{2+} 废液的注意事项：①含 Hg^{2+} 的废液毒性大，经微生物的作用后会变成毒性更大的有机汞。因此，我们在处理时必须做到充分安全；②对于含烷基汞之类的有机汞废液，首先要把它转变成为无机汞，然后再进行处理；③废液中不能含有金属汞；④控制溶液酸度为 0.3mol/L 的 $[H^+]$。

（3）含氧化剂或还原剂的废液：一般采用氧化还原法进行处理。例如，含 Cr(Ⅵ)的废液可采用还原中和法（亚硫酸氢钠法）进行处理。首先将 Cr(Ⅵ)还原成 Cr(Ⅲ)后，然后进行中和使其生成难溶性的 $Cr(OH)_3$ 沉淀并除去。处理过程中需注意的问题：①要戴防护镜、手套，并在通风橱内进行处理；②将 Cr(Ⅵ)还原成 Cr(Ⅲ)后，可以同其他重金属废液一起处理；③铬酸混合液是强酸性物质，因此应将它稀释到约 1%的浓度之后，再进行还原；必须待溶液被还原变成绿色时，并查明确实不含 Cr(Ⅵ)后才能作进一步处理。

（4）含氰化物的废液：把含氰废液倒入废酸缸中是极其危险的，氰化物遇酸产生极毒的氰化氢气体，瞬时可使人丧命。含氰废液应先加入氢氧化钠使 pH 值为 10 以上，再加入过量的3%的高锰酸钾溶液，使 CN^- 被氧化分解。若 CN^- 含量过高，通常采用氯碱法进行处理，可以加入过量的次氯酸钙和氢氧化钠溶液进行破坏。另外氰化物在碱性介质中与亚铁盐作用可生成亚铁氰酸盐而被破坏。注意事项：①由于存在产生毒气的危险，因此在处理废液时一定要慎重，最好在通风橱内进行操作；②必须控制废液的 pH > 10，再加入 NaClO；③对含有重金属的废液，在分解氰基之后，必须进行相应的重金属的处理。

对于含有 Fe、Ni、Co 的氰配合物的废液，用上述方法难以分解。因此，必须采用下述方法进行处理：①向废液中加入 NaOH 溶液，调整 pH > 10，再加入 NaClO 溶液，加热约 2h，冷却后过滤沉淀；②在废液中注入 H_2SO_3，调整 pH < 3，加热约 2h，冷却后过滤沉淀；③用阴离子交换树脂吸附。

对于有机氰化物，应在处理无机成分之后，作为有机废液进行处理。对于难溶于水的有机氰化物，可先用 NaOH 的乙醇溶液使之转化为氰酸盐，然后再进行处理。

（5）含氟废液的处理：首先加入石灰乳使溶液呈碱性，充分搅拌后放置一夜。第二天进行过滤，滤液按碱废液进行处理。此法不能将含氟量降低到 8μg/mL 以下，要进一步降低含氟量，可用阴离子交换树脂进一步处理。

（6）含无机卤化物的废液：

① 将含 $AlBr_3$、$AlCl_3$、$SnCl_4$、$TiCl_4$等无机类卤化物的废液放入大号蒸发皿中，撒上高岭土－碳酸钠(1∶1)的干燥混合物；②充分混合后，喷洒1∶1的氨水，至没有 NH_4Cl 白烟放出为止；③中和后静置过夜，第二天过滤沉淀物，检验滤液中有无重金属离子，若确定没有重金属离子存在，可用大量水稀释后排放。

（7）有机废液的处理：

有机废液一般的处理方法有：焚烧法、溶剂萃取法、吸附法、水解法、氧化分解法和生物化学处理法等。注意事项：①尽量回收溶剂，在不妨碍实验的情况下，可反复使用；②为了处理方便，应对它们进行分类收集；③可溶于水的有机物，容易形成水溶液流失，回收时应加以注意；但是对于甲醇、乙醇、醋酸之类的溶剂，能被细菌作用而易于分解，因此这类溶剂需经大量水稀释后方可排放；④对于含重金属的有机废液，应将有机物分解后再按无机废液处理。

二、化学废气的处理

1. 化验室的废气

化验室进行可能产生有害废气的操作都应在有通风装置的条件下进行，如加热酸、碱溶液和有机物的硝化、分解等都应于通风柜中进行。原子光谱分析仪的原子化器部分会产生金属的原子蒸气，必须有专用的通风罩把原子蒸气抽出室外。汞的操作室必须有良好的全室通风装置，其通风口通常在墙的下部。化验室排出的废气量较少时，一般可由通风装置直接排至室外，但排气口必须高于附近屋顶3m。少数实验室若排放毒性大且量较多的气体，可参考工业上废气处理方法(表7－11)，在排放废气之前，采用吸附、吸收、氧化、分解等方法进行预处理。

表7－11　中国居住区大气有害物质最高容许浓度①

物质名称	最高容许浓度/(mg/m³)		物质名称	最高容许浓度/(mg/m³)	
	一次②	日平均③		一次②	日平均③
一氧化碳	9.00	1.00	环氧氯丙烷	0.20	—
乙醛	0.01	—	氟化物(换算成F)	0.02	0.007
二甲苯	0.30	—	氨	0.20	—
二氧化硫	0.50	0.15	氧化氮(换算成 NO_2)	0.15	—
二硫化碳	0.04	—	砷化物(换算成As)	—	0.003
五氧化二磷	0.15	0.05	敌百虫	0.10	—
丙烯腈	—	0.05	酚	0.02	—
丙烯醛	0.10	0.05④	硫化氢	0.01	—
丙酮	0.80	—	硫酸	0.30	0.10
甲基对硫磷(甲基E605)	0.01	—	硝基苯	0.01	—
甲醇	3.00	1.00	铅及其无机化合物(换算成Pb)	—	0.0015④
甲醛	0.05	—	氯	0.10	0.03
汞	—	0.0003	氯丁二烯	0.10	—
吡啶	0.08	—	氯化氢	0.05	0.015
苯	2.40	0.80	铬(六价)	0.0015	—
苯乙烯	0.01	—	锰及其化合物(换算成 MnO_2)	—	0.01
苯胺	0.10	0.03	飘尘	0.5	0.15

①本表摘自《T136－79 工业企业设计卫生标准1980》；②一次最高容许浓度指任何一次测定结果的最大容许值；③日平均最高容许浓度指任何一日的平均浓度的最大容许值；④为修订值。

2. 废气的处理方法

一般的有害气体可通过通风橱或通风管道，经空气稀释排出。化学实验室处理废气常用的方法主要有溶解法、燃烧法、中和法和吸附法。

（1）溶解法。对于在水或其他溶剂中溶解度特别大的气体，可用合适的溶剂把它们完全或大部分溶解掉。

（2）燃烧法。部分有害的可燃性气体（例如一氧化碳），可在排放口点火燃烧，消除污染。

（3）中和法。对于酸性或碱性较强的气体，可用适当的碱或酸进行吸收。

（4）吸附法。可选用适当的吸附剂，防止有害气体的外逸和释放。对于毒性不大或剂量小的气体，可用木炭粉或脱脂棉吸附除去。

三、实验室废渣的处理

通常实验室产生的有害固体废渣量是少量的，但也不能将为数不多的废渣倒入生活垃圾中。必须解毒处理以后，以深坑埋掉为好。

四、放射性实验室的去污和放射性污染物的处理

放射性污染物是指放射性物质废弃物、有放射性的标记物、放射性标准溶液等。放射性污染物的特点：①放射性与物质的化学状态无关；②每种放射性核素都能放射出具有一定能量的一种或几种射线；③每种放射性核素都有一定的半衰期，不随气压和温度的改变而改变；④除核反应条件外，任何化学、物理、生物的处理方法都不能改变放射性核素的性质；⑤放射性物质进入环境后，可随介质的扩散或流动在自然界中稀释或迁移，还可在生物体内被吸附或蓄积，从而产生内辐射。

1. 放射性实验室的去污

（1）去污原则。极微量的高放射性比活度同位素能够通过离子附着或物理吸附，扩散到裂纹中或牢固地粘在物体表面上，造成极大的放射危害。因此在清除放射性污染物时应遵循“尽早除污、防止扩散、合理选择去污方法和去污剂”的原则。

（2）去污方法。去污方法的选择应根据放射性污染物与物质表面结合的方式来决定。若放射性污染物只是沉淀或吸附在物体表面，可立即进行冲洗、刷洗或使用表面活性剂等物理方法进行去污；若放射性污染物与物体表面发生了化学反应或离子交换作用，应使用各种酸或碱、洗涤剂、络合剂和离子交换剂等化学方法进行去污。

① 皮肤去污：新鲜污染可用温水加普通肥皂和软毛刷刷洗，即可达到理想的去污效果。皮肤去污不宜使用腐蚀性或脱脂性溶剂及温度过高的水冲洗；按从轻污染区向重污染区的顺序进行去污；固定性污染可等待机体新陈代谢，切不可过多擦洗损伤皮肤。

② 物体表面去污：倒翻、泼洒在台面、地面或物体表面的液态放射性物质，可用干棉花、吸水布或吸水纸吸干，然后用水和去污剂处理。按从轻污染区向重污染区的顺序进行去污。清洗液中可加少量酸，以提高去污率和去污速度。玻璃、陶瓷、塑料和金属表面，用肥皂、合成洗涤剂和稀盐酸去污。

2. 放射性污染物的处理

（1）放射性废液：

① 对于使用放射性核素量比较大、产生污水比较多的核医学单位，必须设有专用废水

处理装置或分隔污水池，以存放和排放废水。

② 对于产生放射性核素废液而无废水池的单位，应将废液注入容器存放 10 个半衰期后，再排入下水道系统。如果废液中含有长半衰期的核素可先进行固化，然后按固体放射性废物的处理方法进行处理。

③ 对于放射性浓度不超过 1×10^4 Bq/L 的废闪烁液，或浓度不超过 1×10^5 Bq/L 的 ^3H 或 ^{14}C 的废闪烁液，可按一般废弃物进行处理。

（2）放射性固体废物：

① 废物袋、废物包、废物桶及其他存放放射性废物的容器，必须在显著位置标注废物类型、核素种类、比活度范围和存放日期。内装注射器及碎玻璃等物品的废物袋应附加外套。

② 焚烧可燃性固体废物时，必须在具备焚烧放射性废物条件的焚化炉内进行。

③ 同时污染有病原微生物的固体废物，必须先消毒，然后按放射性固体废物进行处理。

④ GBq 数量级以下且失去使用价值的废弃密封放射源，必须在具备足够外照射屏蔽能力的设施里存放，等待处理。

⑤ 比活度小于或等于 7.4×10^5 Bq/kg 的医用废物，或废物经衰变比活度小于 7.4×10^4 Bq/kg以下后，即可按一般废弃物进行处理。

⑥ 如果可能应将废弃的密封放射源退还给供应商，或向当地环境保护部门提出申请，要求处置放射源。

阅读材料

石油化工企业 HSE 管理体系

HSE 是健康（health）、安全（safety）和环境（environment）管理体系的简称，HSE 管理体系是将组织实施健康、安全与环境管理的组织机构、职责、做法、程序、过程和资源等要素有机构成的整体，这些要素通过先进、科学、系统的运行模式有机地融合在一起，相互关联、相互作用，形成动态管理体系。

该体系最初由国际知名的石油化工企业最先提出，1996 年 1 月，ISO/TC67 的 SC6 分委会发布 ISO/CD14690《石油和天然气工业健康、安全与环境管理体系》，1997 年 6 月中国石油天然 气总公司参照 ISO/CD14690 制定了企业标准 SY/T 6276—1997《石油天然气工业健康、安全与环境管理体系》、SY/T 6280—1997《石油地震队健康、安全与环境管理规范》、SY/T 6283—1997《石油天然气钻井健康、安全与环境管理指南》标准；2001 年 2 月中国石化集团公司发布了《中国石油化工集团公司安全、环境与健康（HSE）管理体系》、《油田企业安全、环境与健康（HSE）管理规范》、《炼油化工企业安全、环境与健康（HSE）管理规范》、《施工企业安全、环境与健康（HSE）管理规范》、《销售企业安全、环境与健康（HSE）管理规范》和《油田企业基层队 HSE 实施程序编制指南》、《炼油化工企业生产车间（装置）HSE 实施程序编制指南》、《销售企业油库、加油站 HSE 实施程序编制指南》、《施工企业工程项目 HSE 实施程序编制指南》、《职能部门 HSE 职责实施计划编制指南》，形成了系统的 HSE 管理体系标准。

HSE 管理体系要求组织进行风险分析，确定其自身活动可能发生的危害和后果，从而采取有效的防范手段和控制措施防止其发生，以便减少可能引起的人员伤害、财产损失和环境污染。它强调预防和持续改进，具有高度自我约束、自我完善、自我激励机制。因此是一种现代化的管理模式，是现代企业制度之一。

HSE 管理体系是三位一体管理体系。H(健康)是指人身体上没有疾病，在心理上保持一种完好的状态；S(安全)是指在劳动生产过程中，努力改善劳动条件、克服不安全因素，使劳动生产在保证劳动者健康、企业财产不受损失、人民生命安全的前提下顺利进行；E(环境)是指与人类密切相关的、影响人类生活和生产活动的各种自然力量或作用的总和，它不仅包括各种自然因素的组合，还包括人类与自然因素间相互形成的生态关系的组合。由于安全、环境与健康的管理在实际工作过程中有着密不可分的联系，因此把健康(health)、安全(safety)和环境(environment)形成一个整体的管理体系，是现代石油化工企业的必然。

20 世纪 80 年代后期，国际上发生了几次重大事故，如 1987 年的瑞士 SANDEZ 大火，1988 年英国北海油田的帕玻尔·阿尔法平台事故，以及 1989 年的 EXXON 公司 VALDEZ 泄油等，这些重大事故引起了国际工业界的普遍关注。大家都深深认识到，石油石化作业是高风险的作业，必须采取有效、完善的 HSE 管理系统才能避免重大事故的发生。1991 年在荷兰海牙召开了第一届油气勘探、开发的健康、安全、环保国际会议，HSE 这一概念逐步为大家所接受。许多大石油公司非常关注 HSE 管理体系的建立。如壳牌公司于 1985 年首次在石油勘探开发领域提出了强化安全管理(enhance safety management)的构想和方法。1986 年在强化安全管理的基础上，形成安全管理手册，HSE 管理体系初现端倪。在 1990 年制定了自己的安全管理体系(SMS)；1991 年颁布了健康、安全与环境(HSE)方针指南；1992 年正式出版安全管理体系标准 EP92—01100；1994 年正式颁布健康、安全与环境管理体系导则。

安全、环境与健康管理体系(简称 HSE 体系)是按：规划(plan)→实施(do)→验证(check)→改进(action)运行模式来建立的。HSE 管理体系包含十个要素，分别是：①领导承诺、方针目标和职责；②组织机构、职责、资源和文件控制；③风险评价和隐患治理；④承包商和供应商管理；⑤装置(设施)设计和建设；⑥运行和维修；⑦变更管理和应急管理；⑧检查和监督；⑨事故处理和预防；⑩审核、评审和持续改进。其中“领导承诺、方针目标和责任”在十个要素中起核心和导向作用；风险评价是所有 HSE 要素的基础，它是一个不间断的过程。

思考与练习

一、名词解释

1. 爆炸极限
2. 中毒
3. 1211 灭火器
4. 7150 灭火剂
5. LC_{50}
6. LD_{50}
7. 电离辐射

8. 外照射

9. 内照射

10. 爆炸品

11. 危险化学品

12. 毒害品

13. 腐蚀品

二、填空题

1. 实验室危险的种类有________、________、________、________和放射性危险。

2. H_2的爆炸上限(体积分数)是________，爆炸下限是________；乙炔气的爆炸上限是________，爆炸下限是________。

3. 用于可燃性气体钢瓶支管上的螺纹是________，非可燃性气体钢瓶支管上的螺纹则是________(填“左旋”/“右旋”)。

4. 气瓶内装气体可分为________、________和________三种，其中临界温度低于 -10℃的气体经加高压压缩后，仍处于气态者称为________；临界温度≥10℃的气体经高压压缩，转为液态并与其蒸气处于平衡状态者称为________；临界温度在________℃者称为高压液化气体；临界温度高于________℃，且在60℃时饱和蒸气压大于0.1MPa的，称为低压液化气体。

5. 检查氢气钢瓶导管是否漏气，常采用________方法检查。

6. 原子吸收分光光度法进行高熔点式难熔盐化合物的元素测定时，常用________作助燃气，________作燃气。

7. 可燃气体钢瓶严禁靠近明火，与明火相距不小于________m，采暖期间气瓶与暖气片距离不小于________m。

8. 气体钢瓶内的气体不得用完，一般应保留________MPa的余压。

9. 危险化学品中，压缩气体和液化气体分为________、________、________三项；易燃液体则分为________、________、________三项。

10. 毒害品按毒性大小和化学组成分为________、________、________和________。

11. 放射性物品按放射性大小细分为________、________和________。

12. 实验室废气的处理方法主要有________、________、________和________。

三、单选题

1. 易燃气体指在________℃和101.3kPa标准压力下，与空气有易燃范围的气体。

A. 30　　B. 25　　C. 20　　D. 15

2. 即使没有氧(空气)也容易发生激烈放热分解的热不稳定液态或固态物质或者混合物，称为________。

A. 易燃液体　　B. 氧化剂和有机过氧化物

C. 爆炸物　　D. 自反应物质或混合物

3. 属于易于自燃的物质是________。

A. 黄磷　　B. 金属钠　　C. 高锰酸钾　　D. 氯酸铵

4. 属于遇水放出易燃气体的物质是________。

A. 黄磷　　B. 金属钠　　C. 三氯化钛　　D. 氯酸铵

5. 属于氧化性物质的是________。

A. 黄磷　　B. 金属钠　　C. 三氯化钛　　D. 高锰酸钾

6. 易燃固体在储存、运输过程中，应当注意轻拿轻放，避免出现摩擦、撞击等，是因为它具有________的危险特性。

A. 燃点低，易点燃　　B. 遇酸、氧化剂易燃易爆

C. 本身或燃烧产物有毒　　D. 自燃性

7. 有些自燃物品起火时不能用水或泡沫扑救，是因为它具有________的危险特性。

A. 遇空气自燃性　　B. 遇湿易燃易爆性　　C. 积热自燃性　　D. 以上都不对

8. ________是热不稳定物质或混合物，容易放热自加速分解。

A. 遇水放出易燃气体的物质　　B. 氧化性液体

C. 氧化性固体　　D. 有机过氧化物

9. 下列________不属于危险化学品。

A. 硝化甘油　　B. 菜油　　C. 液氨　　D. 汽油

10. 下列不具有腐蚀毒害性的气体是________。

A. 氢气　　B. 氧气　　C. 氨气　　D. 硫化氢

11. 下列不具有窒息性的气体是________。

A. 二氧化碳　　B. 氮气　　C. 压缩空气　　D. 氦气

12. 对易燃液体的说法不正确的是________。

A. 易燃液体的沸点都很低，很容易挥发出易燃蒸气

B. 易燃液体挥发性越强，爆炸的危险就越大

C. 易燃液体的膨胀系数一般都较小

D. 多数易燃液体在灌注、输送、流动过程中能够产生静电

13. 下列属于易燃固体的是________。

A. 纸张　　B. 氢化钾　　C. 金属钠　　D. 黄磷

14. 下列属于有机过氧化物的是________。

A. 氯酸铵　　B. 过氧化苯甲酰　　C. 氢化钾　　D. 三氯化钛

15. 下列不属于毒害物质的是________。

A. 氰化钠　　B. 砷化物　　C. 化学农药　　D. 病毒蛋白

16. 根据《危险货物分类和品名编号》GB 6944—2005 和《危险货物品名表》GB 12268—2005，将危险品分成________大类。

A. 七　　B. 八　　C. 九　　D. 十

17. 易燃固体指________低，对热、撞击、摩擦敏感，易被外部火源点燃，迅速燃烧，能散发有毒烟雾或有毒气体的固体。

A. 闪点　　B. 燃点　　C. 自燃点　　D. 沸点

18. 根据《化学品分类及危险性公示通则》GB 13690—2009，危险化学品分为________类。

A. 九　　B. 十　　C. 十二　　D. 十六

19. 有关电器设备防护知识不正确的是________。

A. 电线上洒有腐蚀性药品，应及时处理　　B. 电器设备电线不宜通过潮湿的地方

C. 能升华的物质都可以放入烘箱内烘干　　D. 电器仪器应按说明书规定进行操作

20. 氢气通常灌装在________颜色的钢瓶中。

A. 白色　　B. 黑色　　C. 深绿色　　D. 天蓝色

21. 氧气瓶的瓶身漆色为________。

A. 天蓝色　B. 灰色　C. 深绿色　D. 草绿色

22. 装有氮气的钢瓶颜色应为________。

A. 天蓝色　B. 深绿色　C. 黑色　D. 棕色

23. 使用乙炔钢瓶气体时，管路接头可以用的是________。

A. 铜接头　B. 锌铜合金接头　C. 不锈钢接头　D. 银铜合金接头

24. 装在高压气瓶的出口，用来将高压气体调节到较小压力的是________。

A. 减压阀　B. 稳压阀　C. 针形阀　D. 稳流阀

25. 严禁将________同氧气瓶同车运送。

A. 氮气瓶、氢气瓶　B. 二氧化碳、乙炔瓶

C. 氩气瓶、乙炔瓶　D. 氢气瓶、乙炔瓶

26. 电气设备火灾宜用________灭火。

A. 水　B. 泡沫灭火器　C. 干粉灭火器　D. 湿抹布

27. 检查可燃气体管道或装置气路是否漏气，禁止使用________。

A. 火焰　B. 肥皂水

C. 十二烷基硫酸钠水溶液　D. 部分管道浸入水中的方法

28. 金属钠着火可选用的灭火器是________。

A. 泡沫式灭火器　B. 水　C. 1211 灭火器　D. 7150 灭火器

29. 能用水扑灭的火灾种类是________。

A. 可燃性液体，如石油、食油　B. 可燃性金属，如钾、钠、钙、镁等

C. 木材、纸张、棉花燃烧　D. 可燃性气体，如煤气、石油液化气

30. 储存易燃易爆、强氧化性物质时，最高温度不能高于________。

A. 20℃　B. 10℃　C. 30℃　D. 40℃

31. 化学烧伤中，酸的蚀伤应用大量的水冲洗，然后用________冲洗，再用水冲洗。

A. 0.3mol/L HAc 溶液　B. 2% $NaHCO_3$ 溶液

C. 0.3mol/L HCl 溶液　D. 2% NaOH 溶液

32. 急性呼吸系统中毒后的急救方法正确的是________。

A. 要反复进行多次洗胃

B. 用 3% ~5% 碳酸氢钠溶液或用(1 +5000)高锰酸钾溶液洗胃

C. 立即用大量自来水冲洗

D. 应使中毒者迅速离开现场，移到通风良好处，呼吸新鲜空气

33. 下列有关储藏危险品方法不正确的是________。

A. 危险品储藏室应干燥、朝北、通风良好

B. 门窗应坚固，门应朝外开

C. 门窗应坚固，门应朝内开

D. 贮藏室应设在四周不靠建筑物的地方

34. 下列中毒急救方法错误的是________。

A. 呼吸系统急性中毒，应使中毒者离开现场，使其呼吸新鲜空气或做抗休克处理

B. H_2S 中毒立即进行洗胃，使之呕吐

C. 误食了重金属盐溶液立即洗胃，使之呕吐

D. 皮肤、眼、鼻受毒物侵害时立即用大量自来水冲洗

35. 以下物质是致癌物质的为________。

A. 苯胺　　B. 氮　　C. 甲烷　　D. 乙醇

36. 打开浓盐酸、浓硝酸、浓氨水等试剂瓶塞时，应在________中进行。

A. 冷水浴　　B. 走廊　　C. 通风橱　　D. 药品库

37. 含无机酸的废液可采用________处理。

A. 沉淀法　　B. 萃取法　　C. 中和法　　D. 氧化还原法

38. 强氧化剂与有机物、镁粉、铝粉、锌粉可形成爆炸性混合物，以下________是安全的。

A. H_2O_2　　B. NH_4NO_3　　C. K_2SO_4　　D. 高氯酸及其盐

39. 因吸入少量氯气、溴蒸气而中毒者，可用________漱口。

A. 碳酸氢钠溶液　　B. 碳酸钠溶液　　C. 硫酸铜溶液　　D. 醋酸溶液

40. 应该放在远离有机物及还原物质的地方，使用时不能戴橡皮手套的是________。

A. 浓硫酸　　B. 浓盐酸　　C. 浓硝酸　　D. 浓高氯酸

41. 进行有危险性的工作，应________。

A. 穿戴工作服　　B. 戴手套　　C. 有第二者陪伴　　D. 自己独立完成

42. 关于天平砝码的取用方法，正确的是________。

A. 戴上手套用手取　　B. 拿纸条夹取　　C. 用镊子夹取　　D. 直接用手取

43. 每个气体钢瓶的肩部都印有钢瓶厂的钢印标记，刻钢印的位置一律以________。

A. 白漆　　B. 黄漆　　C. 红漆　　D. 蓝漆

44. 一般无机酸、碱液和稀硫酸不慎滴在皮肤上时，正确的处理方法是________。

A. 用酒精棉球擦　　B. 不作处理，马上去医院

C. 用水直接冲洗　　D. 用碱液中和后，用水冲洗

45. 往玻璃管上套橡皮管(塞)时，不正确的做法是________。

A. 管端应烧圆滑　　B. 用布裹手或带厚手套，以防割伤手

C. 可以使用薄壁玻管　　D. 加点水或润滑剂

46. 稀硫酸溶液的正确制备方法是________。

A. 在搅拌下，加水于浓硫酸中

B. 在搅拌下，加浓硫酸于水中

C. 水加于浓硫酸，或浓硫酸加于水都无所谓

D. 水与浓硫酸两者一起倒入容器混合

47. 我国规定，人体可承受的安全电压是________。

A. 36V　　B. 40V　　C. 24V　　D. 50V

48. 乙炔和下列物质中的________相互作用不会发生爆炸。

A. Cu　　B. Hg(Ⅱ)　　C. Ag　　D. Fe

49. 盐酸、甲醛溶液、乙醚等易挥发试剂应________存放?

A. 和其他试剂混放　　B. 放在冰箱中

C. 分类存放在干燥通风处　　D. 放在密闭的柜子中

50. 处理使用后的废液时，下列说法错误的是________。

A. 不明的废液不可混合收集存放

B. 废液不可任意处理

C. 禁止将水以外的任何物质倒入下水道，以免造成环境污染和处理人员危险

D. 少量废液用水稀释后，可直接倒入下水道

四、简答题

1. 简述火灾的分类及其适合使用的灭火器。
2. 简述苯酚、碱类化学烧伤的急救和治疗方法。
3. 什么是静电？有什么危害？如何预防？
4. 原子吸收分光光度计在使用过程中，若遇到紧急情况该如何处理？
5. 分析乙炔气瓶可能存在的危险，并简述如何正确使用乙炔钢瓶？
6. 爆炸品具有什么特性？
7. 举例说明什么是易燃固体、自燃物品及遇湿易燃物品？它们有什么特性？
8. 储存中归类为易燃易爆性商品的危险物品包括哪些方面？其火灾危险性分为哪五类？
9. 有毒品管理执行的“五双管理制度”是指哪五双？
10. 危险化学品中毒、污染事故预防控制的一般原则有哪些？
11. 简述实验室废弃物处理的一般原则。
12. 实验室含 Cd^{2+}、含 Hg^{2+}、含氰化物废水如何处理？
13. 简述放射性实验室的污染物特点、去污原则及去污方法。

第八章　实验室认可与能力验证

☞ **教学目标：**

- 了解国内外实验室认可的产生和发展过程；
- 掌握实验室认可的目的、益处及实验室认证与认可的区别和联系；
- 掌握实验室认可程序；
- 掌握实验室能力验证的意义、目的、组成及形式；
- 掌握实验室能力验证计划的组织和实施内容；
- 了解参加能力验证计划实验室的工作及纠正措施。

☞ **教学重点：**

- 实验室认可的目的、益处及实验室认证与认可的区别和联系；
- 实验室认可程序；
- 实验室能力验证的意义、目的、组成及形式。

☞ **教学难点：**

- 实验室认可程序；
- 掌握实验室能力验证计划的组织和实施内容。

【案例】国际认可日

2007 年 10 月 28 日，由国际认可论坛(IAF)和国际实验室认可合作组织(ILAC)在澳大利亚悉尼联合召开的2007 ILAC/IAF 大会上，确定自 2008 年起，每年的6 月9 日为“国际认可日”。之所以选择这一天，一是 ILAC 和 IAF 的第一次紧密合作委员会会议是在 2001 年 6 月 9 召开的，标志着认可界的两大国际组织工作一体化进程的开始；二是经 ILAC 和 IAF 信息交流联合工作查询，发现 6 月 9 日这一天不是其他国际组织的庆典日，因此 ILAC/IAF 联合大会通过了这一提议。“国际认可日”的设立旨在推动认证认可活动在全球的广泛发展。

2008 年 6 月 9 日是首个“国际认可日”，主题是“信任”。国际认可论坛和国际实验室认可合作组织指出，这一主题是为了突出认可活动已经在全世界得到协调一致的开展，加强了产品和服务在全球的自由贸易，达到了维护公众健康与安全和其他公众利益的法律要求。

2009 年 6 月 9 日第二个“国际认可日”的主题是“能力”。国际认可论坛和国际实验室认可合作组织指出，这一主题意在表明，通过国际公认标准为依据开展的独立、公正、权威的认可，可以增强政府部门、业界等相关方对获认可组织的能力及其客户所提供产品和服务的信任。

2008 年中国合格评定国家认可委员会(CNAS)签署了亚太和国际产品认证机构认可多边互认协议，成为加入国际范围和亚太区域全部现有互认制度的国家认可机构之一，签约认可机构涉及 40 多个国家和经济体。这标志着我国认可的相关合格评定证书、报告可以使用国际认可论坛或国际实验室认可合作组织的国际互认标志，在多边互认协议签约认可机构所在国或经济体具有认可互认证明效力，为中国认证、检测和检查结果取得国际承认搭建了能力信任的平台。

第一节　实验室认可概述

实验室认可是正式表明检测或校准实验室具备实施特定检测或校准工作能力的第三方证明，或者说是实验室认可机构对实验室有能力进行规定类型的检测和(或)校准所给予的一种正式承认。通过实验室认可可以为客户识别和选择能够满足自身需要和可靠的检测或校准机构提供参考依据。为了证明实验室的管理及技术能力，保证实验室各种检测或校准工作的科学性、公正性、准确性和可靠性，获取社会各界的信任和国际间双边和多边承认，必须建立完善的实验室质量管理体系，规范各项管理程序和技术程序，并通过实验室认可。至今实验室认可除检测或校准领域外，已扩展到医学、生物安全、能力验证计划提供者、良好实验室规范技术评价和标准物质生产者等 6 个领域。

一、实验室认可的产生和发展

20 世纪 40 年代澳大利亚由于缺乏一致的检测标准和手段，无法为二次世界大战中的英军提供军火。为此，其在二战后开始着手组建全国统一的检测体系。1947 年澳大利亚首先建立了世界上第一个检测实验室认可体系——国家检测权威机构协会(NATA)。1966 年英国建立了校准实验室认可体系——大不列颠校准服务局(BCS)。此后，世界上一些发达国家纷纷建立了自己的实验室认可机构。20 世纪 70 年代，美国、新西兰、法国、丹麦、印度和瑞士均建立了实验室认可机构；20 世纪 80 年代以后实验室认可发展到很多国家，如加拿大、香港、新加坡、马来西亚；90 年代更多的发展中国家(包括我国)也加入了实验室认可行列。至今已有五十多个国家采用该种实验室认可体系。1977 年在美国倡议下成立了论坛性质的国际实验室认可会议(International Laboratory Accreditation Conference，ILAC)。随着世界各国实验室机构的建立，经过不断发展，到 20 世纪 90 年代，全球形成两大区域性的实验室认可合作组织，即欧洲实验室认可合作组织(EAL)、亚太实验室认可合作组织(APLAC)，并于 1997 年在丹麦哥本哈根成立了国际实验室论坛(ILAC)，随后论坛性质的国际实验室认可会议转变为实体，即国际实验室认可合作组织(International Laboratory Accreditation Cooperation，仍称 ILAC)(图 8－1)。ILCA 目前有 100 多名成员，分为正式成员、协作成员、区域合作组织和相关组织等。ILAC 的目标是：研究实验室认可的程序和规范；推动实验室认可的发展，促进国际贸易；帮助发展中国家建立实验室认可体系；促进世界范围的实验室互认，避免不必要的重复评审。它们遵循国际统一的认可规则、准则、程序和原则从事实验室认可工作，并在国际实验室认可合作组织的统一框架下促成了多边互认协议的签署，促进了实验室认可工作在各国的发展和国际间的双边与多边相互承认。

图 8－1　国际互认联合标志图例

二、实验室认可标准的发展

1. ISO 导则 25:1978《评审测试实验室技术能力导则》

1978 年国际实验室认可合作组织(ILAC)制定了实验室基本技术要求的说明，并将其作为实验室认可技术准则的说明提交国际标准化组织(ISO)，作为 ISO 导则 25:1978《评审测试实验室技术能力导则》首次向全世界发布。

2. ISO/IEC 导则 25:1982《测试实验室能力通用要求》

1982 年 ISO 认证委员会进行修订后，由国际电工委员会(IEC)和 ISO 两个组织于当年联合发布。

3. ISO/IEC 导则 25:1990《校准和测试实验室能力的通用要求》

1990 年 ISO 认证委员会结合 1987 版的 ISO 9000 族标准对导则进行较大的修改后发布。

4. ISO/IEC 17025:1999《检测和校准实验室能力的通用要求》

1994 版的 ISO 9000 族的标准发布后，ISO 着手对导则 25 结合 94 版 ISO 9000 标准进行第三次修订，在广泛征求意见的基础上，几经讨论、修改决定改导则为国际标准 ISO/IEC 17025 形式发布。1999 年 12 月 15 日，由 ISO 和 IEC 以 ISO/IEC 17025:1999《检测和校准实验室能力的通用要求》正式对外发布，取消并代替 ISO/IEC 导则 25:1990。

5. ISO/IEC 17025:2005《检测和校准实验室能力的通用要求》

国际标准化组织(ISO)和国际电工委员会(IEC)于 2005 年 5 月 15 日联合发布了《检测和校准实验室能力的通用要求》第二版(ISO/IEC 17025:2005)，取代该标准第一版。

三、我国实验室认可的产生与发展

我国的实验室认可活动可以追溯到 1980 年。当时原国家标准局和原国家进出口商品检验局(SACI)共同参加了当年在法国巴黎召开的国际实验室认可合作会议(ILAC)(图 8－2)，并分别研讨和逐步组建了实验室认可体系。1983 年原中国国家进出口商品检验局会同机械工业部实施机床工具出口产品质量许可证制度，对承担该类产品检测任务的 5 个检测实验室进行了能力检查评定，此时政府部门作为出口产品质量许可制度的组织实施者，同时也是实验室检测结果的用户。对实验室检测能力的评价考核不但使接受检查评定的实验室具有承担国家指令性检测任务的资格，还促进了实验室的管理工作，提高了其检测结果的可信性。1986 年通过国家经济管理委员会授权原国家标准局开展对检测实验室的评价工作，原国家计量局依据《计量法》对全国的产品质检机构开展计量认证工作。1989 年原中国国家进出口商品检验局成立“中国进出口商品检验实验室认证管理委员会”，形成了以中国国家进出口商品检验局为核心，由东北、华北、华东、中南、西南和西北 6 个行政区实验室考核领导小组组成的进出口领域实验室认可工作体系。1994 年原国家技术监督局依据 ISO/IEC 导则 58 成立了“中国实验室国家认可委员会”(CNACL)；1996 年原中国国家进出口商品检验局依据 ISO/IEC 导则 58 改组成立了“中国国家进出口商品检验实验室认可委员会”(CCIBLAC)，并于 2000 年 8 月改名为“中国国家出入境检验检疫实验室认可委员会”；1999 年 CNACL 通过 APLAC 同行评审，签署了 APLAC 相互承认协议；2001 年，CCIBLAC 通过 APLAC 同行评审，签署了 APLAC 相互承认协议；随着中国改革开放的深入与经济实力的增强，中国的进出口贸易总额的快速增长，面临经济全球化和中国加入世界贸易组织(WTO)的新形势，中国的实验室认可工作也需要有进一步的提高，其发展方向要完全与国际接轨，因此在 2002 年 7 月 4 日将原 CNACL 和 CCIBLAC 合并成为“中国实验室国家认可委员会”(China National Accreditation Board for Laboratories，CNAL)，实现了我国统一的实验室认可体系。2006 年 3 月 31 日，在原中国认证机构国家认可委员会(CNAB)和原中国实验室国家认可委员会(CNAL)基础上整合成立了中国合格评定国家认可委员会(China National Accreditation Service for Conformity Assessment，CNAS)(图 8－3)。

图 8 - 2　CNAL 认可标志图例

图 8 - 3　CNAS 认可标志图例

目前，我国已经有 5000 余家实验室获得了国家认可。我国实验室认可的规模和发展速度目前在世界上已处于前列。持续增长的认可数量和不断拓宽的认可领域，不仅提高了我国实验室认可服务的广度和深度，促进了我国实验室管理水平和技术能力的提升，而且还从技术上提升了我国的产品质量和食品安全水平，促进了国际贸易的便利化。

随着我国政府以及社会各界对产品质量的重视及对实验室国家认可的提倡，实验室国家认可资质已经成为政府部门对一些行业的强制资质，如出口食品检验、生物安全检验、医学检验等。而随着社会各界对实验室认可益处的不断认识，一些大型企业已经对其供应商的质检部门提出实验室认可的要求。目前，实验室认可已经成为社会各类实验室对外证明其能力的最重要的途径。

四、中国合格评定国家认可委员会(CNAS)

中国合格评定国家认可委员会(英文名称为 China National Accreditation Service for Conformity Assessment，英文缩写为：CNAS)，是根据《中华人民共和国认证认可条例》的规定，由国家认证认可监督管理委员会批准设立并授权的惟一国家认可机构，统一负责实施对认证机构、实验室和检查机构等相关机构的认可工作。

1. *历史沿革*

中国合格评定国家认可委员会于 2006 年 3 月 31 日正式成立，是在原中国认证机构国家认可委员会(CNAB)和原中国实验室国家认可委员会(CNAL)基础上整合而成的。

中国认证机构国家认可委员会(CNAB)是经中国国家认证认可监督管理委员会依法授权设立的国家认可机构，负责对从事各类管理体系认证和产品认证的认证机构进行认证能力的资格认可，成立于 2002 年 7 月，是由原中国质量体系认证机构国家认可委员会(CNACR)、原中国产品认证机构国家认可委员会(CNACP)、原中国国家进出口企业认证机构认可委员会(CNAB)和原中国环境管理体系认证机构认可委员会(CACEB)整合而成。2004 年 4 月，根据国家认证认可监督管理委员会与有关部门协调的意见和决定，原全国职业健康安全管理体系认证机构认可委员会(CNASC)、原有机产品认可委员会分别将职业健康安全管理体系及有机产品认证认可工作移交 CNAB，进一步促进了统一的认证机构认可制度的深度融合。

中国实验室国家认可委员会(CNAL)是经中国国家认证认可监督管理委员会批准设立并授权，统一负责实验室和检查机构认可及相关工作的国家认可机构。成立于 2002 年 7 月，是在原国家技术监督局成立的实验室国家认可组织——中国实验室国家认可委员会(英文缩写为 CNACL)和原国家进出口商品检验局成立的进出口领域的实验室和检查机构能力资格认可的国家实验室认可组织——中国国家出入境检验检疫实验室认可委员会(英文缩写为 CCI-

BLAC)的基础上合并成立的。

2. 组织机构

中国合格评定国家认可委员会组织机构包括：全体委员会、执行委员会、认证机构技术委员会、实验室技术委员会、检查机构技术委员会、评定委员会、申诉委员会和秘书处。中国合格评定国家认可委员会委员由政府部门、合格评定机构、合格评定服务对象、合格评定使用方和专业机构与技术专家等5个方面，总计63个单位组成，其组织机构如图8-4所示。

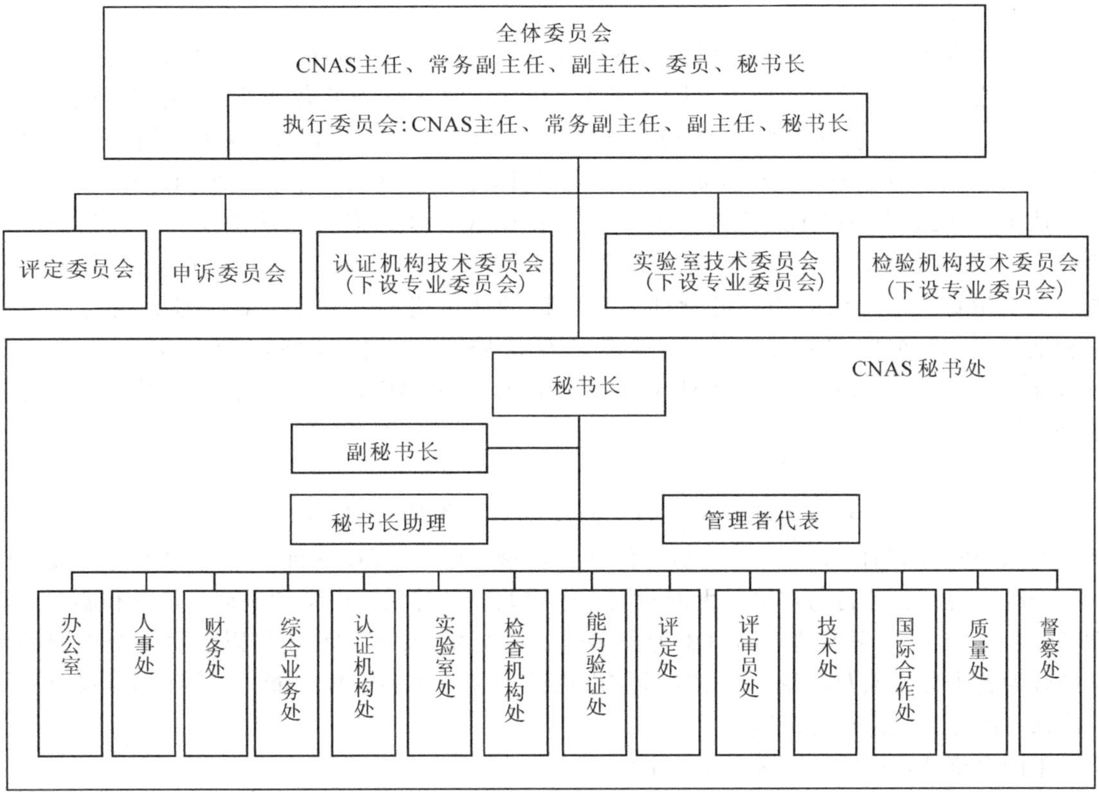

图8-4 中国合格评定国家认可委员会(CNAS)组织机构图

3. 宗旨

中国合格评定国家认可委员会的宗旨是推进合格评定机构按照相关的标准和规范等要求加强建设，促进合格评定机构以公正的行为、科学的手段、准确的结果有效地为社会提供服务。

4. 主要任务

中国合格评定国家认可委员会主要任务为：

(1) 按照我国有关法律法规、国际和国家标准、规范等，建立并运行合格评定机构国家认可体系，制定并发布认可工作的规则、准则、指南等规范性文件；

(2) 对境内外提出申请的合格评定机构开展能力评价，作出认可决定，并对获得认可的合格评定机构进行认可监督管理；

(3) 负责对认可委员会徽标和认可标识的使用进行指导和监督管理；

(4) 组织开展与认可相关的人员培训工作，并对评审人员进行资格评定和聘用管理；

(5) 为合格评定机构提供相关技术服务，为社会各界提供获得认可的合格评定机构的公开信息；

(6) 参加与合格评定及认可相关的国际活动，与有关认可及相关机构和国际合作组织签署双边或多边认可合作协议；

(7) 处理与认可有关的申诉和投诉工作；

(8) 承担政府有关部门委托的工作；

(9) 开展与认可相关的其他活动。

5. 国际互认

中国合格评定国家认可制度已经融入国际认可互认体系，并在国际认可互认体系中有着重要的地位，发挥着重要的作用。原中国认证机构国家认可委员会(CNAB)为国际认可论坛(IAF)、太平洋认可合作组织(PAC)正式成员并分别签署了 IAF MLA(多边互认协议)和 PAC MAL，原中国实验室国家认可委员会(CNAL)是国际实验室认可合作组织(ILAC)和亚太实验室认可合作组织(APLAC)正式成员并签署了 ILAC MRA(多边互认协议，检测和校准实验室)和 APLAC MRA(检测和校准实验室、检查机构)。目前我国已与其他 37 个国家和地区的质量管理体系认证和环境管理体系认证的认可机构签署了互认协议，已与其他国家和地区的 57 个实验室认可机构签署了互认协议。中国合格评定国家认可委员会(CNAS)已取代原 CNAB 和原 CNAL 在 IAF、ILAC、APLAC 和 PAC 的正式成员和互认协议签署方地位。

6. 实验室认可工作进展

实验室所涉及的专业领域繁多，为了便于认可工作的开展，CNAS 依据《实验室认可领域分类》，将检测和校准分为：生物、化学、机械、电气、3C 认证产品、动植物检疫、医学、法医、兽医、建材与建筑、无损检测、电磁兼容、计量、声学和振动、热学和温度、光学和辐射等 16 类。考虑到检测对象种类多样、情况复杂，CNAS 还将以上每一个检测领域又划分为若干分领域及项目，以供实验室申请认可和对实验室技术能力进行评审并对 CNAS 作出认可决定，确定认可范围。

中国合格评定国家认可委员会实验室负责：

(1) 组织实验室认可申请受理、评审监督、扩项和复评活动并实施监控；

(2) 审查评审组提交的实验室评审材料的完整性、符合性，汇总认证机构评审材料；

(3) 在现场评审中对实验室评审员/技术专家工作表现进行监督和评价；

(4) 参加与协助实验室认可相关的技术研究、业务开发、国际合作、委员会会议等工作。

CNAS 的实验室认可规范文件由通用认可规则、实验室专用认可规则、实验室基本认可准则、实验室认可应用准则、实验室认可指南 5 部分组成。截至 2012 年 8 月底，CNAS 累计认可各类认证机构 130 家，这些机构颁发的各类认证证书数量 60 多万份，其中质量管理体系认证证书数量和获证企业居全球第一；累计认可实验室 5088 家，其中检测实验室 4313 家、校准实验室 618 家、医学实验室 97 家、生物安全实验室 32 家、标准物质生产者 6 家、能力验证提供者 22 家；累计认可检查机构 349 家。

五、实验室认可的目的和益处

我国目前有数万家各类实验室，它们为政府、司法部门履行行政管理、行政执法提供了重要的技术支持。在产品质量监督、环境保护、国际贸易等与国民经济和社会发展密切相关的领域和行业内，实验室检测数据的质量保障体系更加不可缺少，特别是三千多家通过国家认可的实验室更是在其中发挥了不可替代的作用。那么，实验室通过国家认可能有什么好处呢？

（1）提高实验室的质量管理水平，减少可能出现的质量风险和实验室的责任，平衡实验室与客户之间的利益，提高社会对认可实验室的信任度。ISO/IEC 17025 其实质是实验室检验/校准质量风险的控制要求。严格持久地按照这些要求去做，实验室的检验/校准质量就得到了保证，从而达到法律、政府和市场的共同承认，实现检测数据的双边和多边的互认，提高实验室社会信任度的目的。

（2）不断提高企业的信誉，增强市场对企业的信任。企业通过了 ISO 9000 质量体系认证，这仅是证明生产过程得到了保证，证明企业具备了一个以质量为目标的生产过程的管理体系，而并不能证明最终产品的合格。如何向客户、向社会承诺自己的行为和每一件产品的质量呢？企业应当建立起自我评价、控制和承诺产品质量的体系，这就是合格评定制度中的供方自我声明。“供方自我声明制度”是企业向更高质量境界发展的必然，在欧洲国家这一制度被普遍采纳，其核心是企业依据法律、法规和客户的要求建立和实施生产过程质量的自我管理、自我控制、自我评价和自我监督的体系，实现对生产和销售产品质量的真实承诺。这是合格评定制度中最重要的组成部分，即所谓“质量无止境”。

（3）认可可以使实验室的检测能力得到承认，并为实验室提供运作基准。实验室认可是确定实验室从事特定类型检测、测量和校准技术能力的一种方式，它还为有能力的实验室提供了正式承认，从而为客户识别、选择能够满足自身需要的、可靠的检测、测量、校准服务提供了简便的方式。许多这类实验室孤立于其同行运作，很少接受独立的技术评价作为其运作的测量方法。实验室认可通过允许实验室确定其是否正确地并按照相关标准执行工作，为实验室提供保持能力的基准。

（4）实验室认可在国内和国际上被高度地视为是技术能力的可靠表示，很多行业把为检测服务提供者指定实验室认可作为常规。实验室认可使用专门编写的准则和程序来确定技术能力，从而向客户保证实验室或检查机构提供的检测、校准或测量数据是正确、可靠的。

（5）使用认可实验室还能够增加如下方面的信心：所做的与多个组织相关的决定是以可比较的数据为基础的，从供应商处购买的物品是安全的、可靠的，减少了与实验室出现的问题相关的费用（包括重复检测、重复抽样和浪费时间），减少了作出对规章的符合性产生直接影响的错误判断。

（6）消除国际贸易中的技术壁垒，互认检测结果，迎接“入世”的挑战。继 1999 年 12 月 03 日我国实验室认可制度已与亚太实验室合作组织（APLAC）的主要成员中的 12 个认可机构签署了互认协议之后，2000 年 11 月我国实验室认可体系又与欧洲认可合作组织（EA）和南非、巴西的实验室认可机构签署了互认协议，至此我国已与 34 个国家和地区的 44 个国家和经济贸易地区的实验室认可机构达成了互认协议。我国认可的实验室以及认可实验室出具的检验/校准数据开始得到国际社会的承认，这意味着我国质量认证制度又向国际化的要求迈出了一大步。即所谓“质量无国界”。

六、实验室认证与实验室认可的区别与联系

实验室认证（或计量认证）和实验室认可是我国目前主要的两种实验室评价体系。中国

计量认证(China Measurement Attestation，CMA)是我国省级以上政府计量行政部门依据《中华人民共和国计量法》的规定，对产品质量检验机构的计量检定、测试能力和可靠性、公正性进行的考核，证明其是否具有为社会提供公证数据的资格，以提高质检机构检验结果的科学性、公正性、准确性和可靠性。《计量法实施细则》把这种考核称为产品质量检验机构的计量认证。计量认证是政府有关行政管理部门依据国家相关法律进行的强制性行为。不经计量认证的检验机构不得向社会出具公证数据。因此，计量认证和实验室认可的目的均是提高实验室的管理水平和技术能力，并以 ISO/IEC 17025:2005 作为评审主要依据，但二者之间又存在很大区别，主要表现在以下几个方面：

(1) 计量认证是政府的强制性行为。根据我国《计量法》的规定，未经计量认证的质检机构不得向社会出具公证数据，对社会出具检测报告就必须通过计量认证；而实验室认可是实验室的自愿行为，可以自已决定是否申请实验室认可。

(2) 计量认证的对象是第三方的各类质检机构(即检测/校准实验室)；而实验室认可的对象可以是第一方、第二方或第三方的检测/校准实验室。

(3) 计量认证由国家或省级政府的质量技术监督部门组织实施，有国家和省级两级认证；而实验室认可是一级管理，实施机构是中国合格评定国家认可委员会(CNAS)，即只有国家级认可。

(4) 根据 2007 年 1 月 1 日正式实施的《实验室资质认定评审准则》，计量认证考核的内容有 19 个要素，其中管理要素 11 个，技术要素 8 个。根据 CNAS - CL01:2006《检测和校准实验室认可准则》(等同于 ISO/IEC 17025:2005)，实验室认可考核的内容共有 24 个要素，其中管理要素 15 个，技术要素 9 个。尽管计量认证和实验室认可考核要素有一定差异，实际上内容是差不多的，只是《实验室资质认定评审准则》将有些要素进行了合并。

(5) 通过计量认证考核的实验室可发给证书，对于通过认证的检测项目的检测报告可使用 CMA 标识；而通过实验室认可的实验室也发给证书，对于认可的检测或校准项目的报告可使用认可标识(CNAS)。

(6) 计量认证单位的检测报告只在国内适用，国外不予承认；而通过实验室认可的检测或校准报告，在国外国际实验室认可合作组织(ILAC)和亚太实验室认可合作组织(APLAC)签署国(或地区)之间可以互认。

实验室究竟是要“计量认证”还是要“实验室认可”，或者两者都要，这不仅取决于实验室自身的总体需要，以及顾客、管理者或其他相关方面的要求，还取决于这种要求是希望保证实验室的特定技术能力，还是只注重其质量管理体系的符合性。根据现阶段我国实验室的现状和我国对外贸易越来越频繁的实际情况，实验室认可应该更加符合实验室未来的发展趋势。

第二节　实验室认可程序

一、实验室质量体系评审概述

1. 定义

评审：为获得和客观地评价评审证据，以确定满足评审准则程度的系统、独立和文件化的过程。

认可：权威机构对某一机构或人员有能力完成特定任务做出正式承认的程序(ISO/IEC导则 2:1996)。

实验室认可：对实验室胜任特定检测或特定类型校准的正式认可(CNAL 规则)。从以上定义可以看出，实验室评审是实验室认可的基础。

2. 实验室评审的分类

(1) 实验室质量体系评审，从评审主体来分，可分为三种类型：

① 第一方评审。也称为内部质量审核。由组织自己或以组织的名义进行，出于管理评审或其他内部目的，可作为组织自我合格声明的基础。

② 第二方评审。由对组织感兴趣的相关方(如顾客)或由其他组织或人员以相关方的名义进行。

③ 第三方评审。通常指实验室认可评审。由外部独立的组织进行，如提供是否符合 GB/T 19001 标准要求的。

各类型评审的区别和联系见表 8－1 所示。

表 8－1　各类型评审的区别和联系

	第一方评审	第二方评审	第三方评审
相同点	审核必须具有客观性、系统性、独立性 审核都是按 ISO 19011:2002 的标准规定的程序和要求进行 审核的结果都应作为管理评审的输入 审核发现的不符合项都应由责任部门采取纠正措施，对纠正措施都必须进行跟踪验证 审核的过程必须形成必要的文件		
审核理由	查找质量管理体系的符合性 查找体系改进的机会	评价、选择、控制供方	认证/注册
提出人	组织的管理者	顾客	认证机构
审核依据	组织 QMS 文件 与产品有关法律法规	合同要求	标准 法律法规 合同要求
审核覆盖面	全面审核 部分审核	合同要求	注册认证或复审换证为全面审核 监督审核、跟踪审核为部分审核
审核员	组织的内审员或聘请的外部人员	顾客或其代表，对执行人员没有注册要求	独立的认证/注册机构委派国家注册审核员
建议	可以对某些不符合项提出纠正措施的建议，可以对体系提出具体改进的建议	可以随时提出纠正措施的建议和意见，可以对体系提出改进的建议	一般不能对不符合项提出任何纠正措施的建议，可以对体系提出原则性改进建议，不能提出具体改进建议
审核时间	按计划的时间间隔和组织决定	双方商定	按 LAF 导则 62 应用指南规定的人/天数

(2) 实验室评审从评审性质来分，可分为以下类型：

① 认可评审：也称初评，实验室认可机构为确定首次申请认可的实验室是否符合规定的实验室认可要求而进行的评审。

② 监督评审：也称监督访问或监督，实验室认可机构为验证实验室在获得认可的有效

期内是否持续符合规定的认可条件而安排的定期或不定期抽查评审。

③ 复评审：简称复评，实验室认可机构在认可有效期结束前对已认可的实验室实施的全面评审，以确定是否持续符合认可条件，并将认可延续到下一个有效期。

④ 扩项评审：实验室认可机构对已获取认可并在认可期内申请扩充认可项目的实验室进行的评审，以评价实验室扩充项目的技术能力。

⑤ 跟踪评审：为验证纠正措施是否得到有效实施，由评审组长或其指定的评审员对被评审实验室进行的专项评审。

3. 实验室认可评审的要求

（1）必须依据确定的认可准则对实验室进行评估。

（2）对于从事特殊领域的实验室，实验室评审依据除认可准则外，还包括认可准则在特殊领域的应用说明。

（3）实验室评审的一项重要内容，是对其申请认可范围的检测/校准技术能力进行评价。

（4）由于实验室专业类别广，检测/校准工作专业技术性强，实验室认可评审对评审组成员有特定要求。

二、实验室认可的一般程序

实验室认可本着非歧视性原则，即无论实验室规模的大小、检测项目的多少都可以申请，在专业咨询机构咨询指导下，按照 ISO/IEC 17025 以及相关认可规则建立并运行质量管理体系 6 个月以上，并且体系运行符合认可要求，都是能够通过评审、取得证书的。按照 CNAS－RL01：2007《实验室认可规则》（2008 年第 1 次修订），实验室认可申请者必须具备以下申请条件：①具有明确的法律地位，具备承担法律责任的能力；②符合 CNAS 颁布的认可准则；③遵守 CNAS 认可规范文件的有关规定，履行相关义务；④符合有关法律法规的规定。

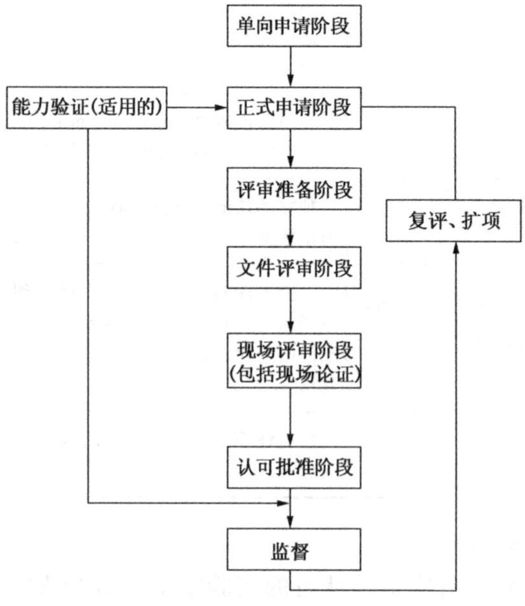

图 8－5　实验室认可流程示意图

实验室评审是一项系统工作，要达到预定的目的，评审人员必须熟悉认可机构规定的工作程序，按照规定的要求做好每一个环节的工作。按照 CNAL 实验室认可体系工作流程（如图 8－5 所示），将认可过程分为认可申请、现场评审和批准认可三个阶段。

1. 申请

（1）申请认可阶段：

① 意向申请；

② 正式申请；

③ 申请认可条件：

a. 具有明确的法律地位，具备承担法律责任的能力；

b. 按认可规则和认可准则的应用说明建立质量体系，并运行至少六个月，进行了完整的内部审核和管理评审，并可以在三个月内接受现场评审；

c. 遵守 CNAL 认可规则、认可政策的有关规定，履行相关义务；

d. 在申请范围内具有检测/校准能力；

e. 具有支配所需资源的权力。

（2）受理认可申请：

① CNAL 秘书处审查申请认可实验室正式提交的申请资料；

② CNAL 将按照认可体系的工作流程办理正式申请受理手续，其流程如图 8－6 所示；

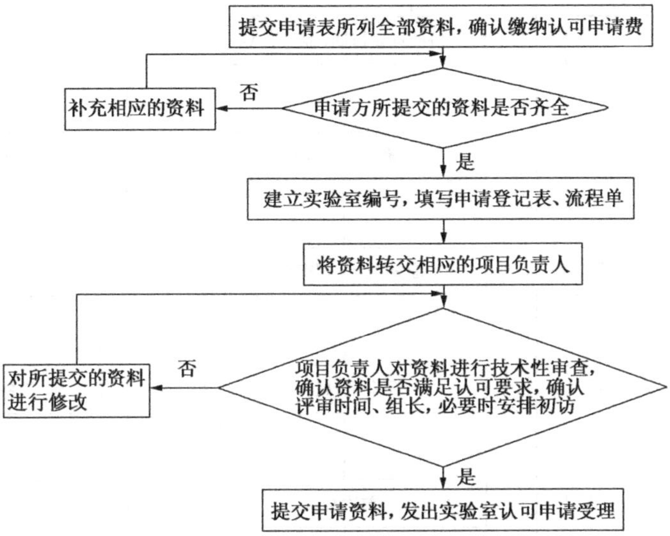

图 8－6　认可申请流程图

③ 当 CNAL 不能通过提供的文件材料确定申请实验室是否满足申请条件时，CNAL 可通过初访的形式进一步明确申请实验室是否具备在 3 个月内接受评审的条件；

④ 初访的主要活动内容：与实验室领导层进行交流，确认实验室申请认可的业务范围及支持实验室申请认可的业务范围的各项资源。包括：法律地位、组织机构、人员情况、主要仪器设备(或标准物质)、实验室场地与环境等；实地察看实验室申请认可范围内的部门和各检测/校准现场；确认实验室质量体系文件现行版本，获得或核对必要的文件；确认被评审方的特殊过程；有可能发现与申请资料内容严重不符的情况或存在不能进行评审的情况；

⑤ 向 CNAL 秘书处报送《实验室初访报告》。依据初访结果，建议接受实验室认可申请或暂不接受实验室认可申请；

⑥ CNAL 在进行资料审查、协商或初访过程中发现的与认可条件不符合之处将及时通知实验室，以便其采取相应措施；

⑦ 在正式受理实验室的认可申请后，将要求实验室必须参加适宜的能力验证计划。

2. 现场评审阶段

实验室评审是一项系统工作，要达到预定的目的，评审人员必须熟悉 CNAL 规定的工作程序，做好每一个环节的工作。现场评审阶段一般包括评审准备阶段、现场评审阶段、评审后续工作三个阶段。其具体工作流程见图 8－7 所示。

（1）评审前的准备：

CNAL 正式受理实验室认可申请后，将提出评审组长及评审组组员人选，评审组长的人

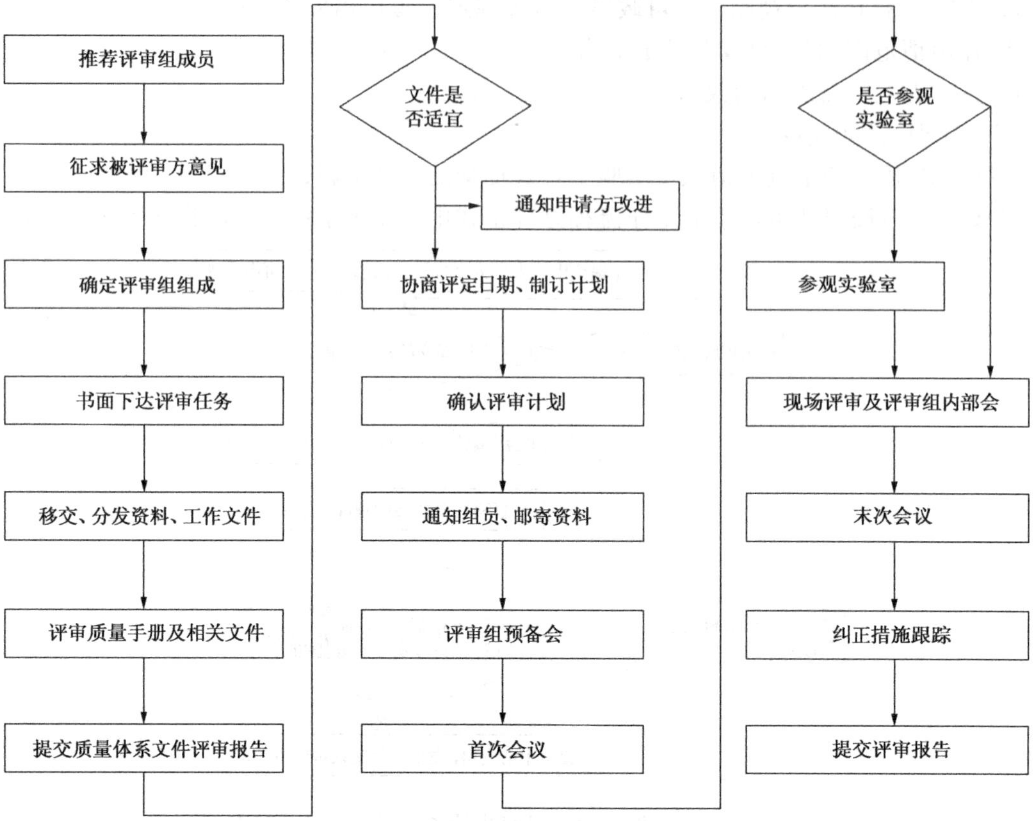

图 8－7　实验室认可评审流程图

选应有丰富的评审经验，了解被评审实验室的专业领域，具有较强的组织、协调和表达沟通能力。实验室评审的准备工作，由评审组长负责组织。

① 审查申请资料。评审组长接受 CNAL 评审任务，了解评审要求，包括预定的现场评审期限，评审的目的、范围、依据，同时获得实验室的申请资料和评审用工作文件。

a. 实验室认可申请书的审查。实验室认可申请书包括：申请认可实验室名称、申请类型、认可依据、实验室的基本情况、申请认可的授权签字人、申请认可的检测或校准项目等。

b. 申请实验室质量体系文件及相关资料的评审。实验室提供的质量体系文件包括质量手册和程序文件。对于质量体系文件的评审，旨在了解质量体系文件是否满足认可准则及其应用说明的要求；了解实验室所建立的和运行的质量体系情况，并结合实验室认可申请资料所提供的信息进行能力架构分析，为进行现场评审做准备。

② 预评审(必要时进行)。当评审组长对 CNAL 已接受申请实验室的文件资料等信息审查后，尚不能确定现场评审的有关事宜时，或对大型或有多个检测/校准地点的实验室需要预先了解有关情况时，评审组长可安排对被评审方进行预评审。预评审结束后向 CNAL 认可评审处报送预评审报告。鉴于预评审结果，建议近期安排/暂缓安排现场评审。

③ 组织评审组，确定评审日期。CNAL 根据被评审实验室的类型、规模和专业特点提出评审组的组成建议，需要时评审组长应协助选配评审员，组成评审组。安排评审任务时应考虑以下因素：

a. 按评审工作量确定评审时间和评审员人数。

b. 按实验室申请认可专业技术范围来选择评审员。如果被评审实验室和评审组长同意，也可以包括观察员。

c. 评审员与被评审实验室之间应不存在任何经济联系和商业利益关系及其他潜在利益冲突。既要保证评审组不受任何行政、商务、财务的影响，实施公正、客观的评审，也要确保被评审方的机密信息和利益得到保护。

d. 评审员应确保按期参加评审。在与评审员联系时应商量选择其合适的评审时间，并注意不会因评审员的身体状况、来往交通等因素而影响评审员按时参加评审。

e. 评审日期的选择，要在 CNAL 要求的期限内与被评审方、评审组成员协商，确定一个合适的评审日期。

④ 编制现场评审计划。CNAL 将编制评审计划征求意见函，明确评审日期和评审组成员。实验室可以基于正当理由对评审组任何成员表示拒绝，CNAL 视情况做出必要的调整。得到实验室确认后，由 CNAL 向被评审方和每位评审组成员正式下达评审任务通知书。

（2）评审日程安排：

① 评审组长接受评审任务通知后，应制定现场评审日程表，在现场评审之前通知被评审实验室，并将评审日程表、实验室质量体系文件及有关申请资料，特别是实验室申请认可的校准/检测项目清单、技术能力配置表发送给每一位评审组成员，明确每位评审组成员的任务分工，以便评审成员提前设计现场评审方案，做好技术能力评审的必要准备。拟订现场评审计划的目的在于保证整个评审过程有条不紊，且能在较好地完成 CNAL 交办的评审任务的同时，能较完整、清晰地反映现场评审结果和被评审实验室的真实情况。

② 其他准备工作：

a. 评审组长准备好各种评审工作文件、记录表格。

b. 评审组长与被评审实验室进行沟通。

c. 评审组组长与评审组成员进行沟通。

（3）现场评审阶段：

① 现场评审的一般过程。评审是评审组依据 CNAL 认可规则、认可政策、认可准则及其在相关领域的应用说明对实验室承担法律责任的能力、实验室在管理方面的能力和实验室的技术能力三个方面进行全面系统的评价。

现场评审，包括对实验室技术能力的现场考核及对质量体系运行情况的现场检查是评价的一种重要手段。其目的是紧紧围绕对上述三个方面的实际能力的考核与检查，得出公正客观的评价意见和结论，为 CNAL 批准认可提供依据。

评审组不仅要检查实验室的质量体系与认可准则的符合性，更重要的是对实验室实际技术能力进行考核，这是实验室认可和一般的体系认证的最显著区别之一。现场评审过程包括评审组工作预备会、首次会议、现场评审考核与评价、评审组内部会、末次会议等内容。

② 现场评审任务分工。在现场评审中，评审组一般分为两组。一组是技术评审组，负责技术要素和技术能力的评价。另一组是管理评审组，负责管理要素的评价。

a. 技术评审组的评价内容：

（a）技术评审组在现场，应结合 CNAL 认可准则中的“技术要求”中的要素（5.1 ~ 5.10）并考虑涉及到的“管理要求”中的部分要素（4.4、4.5、4.6、4.12、4.13），对实验室申请认可的技术能力范围进行系统和全面的评价；

（b）通过现场试验、现场演示试验、测量审核、提问、调阅记录和报告、核查仪器设备等方式，评价实验室是否有所申请认可的检测或校准项目的实际技术能力。

b. 管理评审组的评价：

（a）管理评审组在现场，应结合 CNAL 实验室认可准则的“管理要求”中的要素（4.1～4.14），并考虑涉及到的“技术要求”中的部分相关要素（5.2、5.3、5.5、5.6、5.8），对实验室质量体系的符合性和运行的有效性进行评价；

（b）通过抽样评审确认实验室所建立的质量体系是否是一个科学的和完善的文件化质量体系；该体系与实验室的活动范围（工作类型、工作范围和工作量）是否相适应，质量方针、质量目标和质量承诺是否适应实验室的实际情况；

（c）质量体系能否严格按照文件的规定运行，并保留有必要的记录。

③ 现场评审的总体结论。

a. 现场评审的总体评价结论是在管理评审组和技术评审组评价的基础上汇总而成的，必须包括对实验室的质量体系、检测/校准服务能力做出综合判断。最终的评审结论包括：（a）实验室质量体系运行的适宜性、有效性；（b）实验室授权签字人对实验室技术能力负责的有效性；（c）实验室技术能力的保证与维持；（d）在评审中发现的不符合项和观察项提出要求实验室采取纠正措施的建议；（e）监督评审时，实验室在认可期限遵守认可规则的情况，以及前次评审不符合项纠正与落实情况；（f）其他需要说明的情况。

b. 在评审结论中评审组的推荐意见有三种形式：（a）被评审实验室的质量体系和检测/校准能力满足 CNAL 认可要求，评审组同意向 CNAL 推荐/维持认可；（b）评审组建议实验室于一定期限内（一般不超过 3 个月）对评审组提出的不符合项采取纠正措施，评审组长应对纠正措施的有效性进行验证，通过提供必要见证材料或现场跟踪评审合格后，向 CNAL 推荐/维持认可；（c）评审组认为被评审实验室的质量体系和技术能力不符合 CNAL 认可要求，不予推荐。在评审结束前，要求被评审方代表确认全部不符合项/观察项，并在不符合项/观察项记录表上签字。对（b）类推荐形式，评审组需向被评审方指出必须对发现的全部不符合项采取纠正措施，被评审方应阐明有效纠正不符合项的计划和期限。当实验室对评审组的工作及评审结论有异议时，实验室可于 5 个工作日内向 CNAL 秘书处投诉。

（4）评审后续工作阶段：现场评审结束后评审组长还需完成后续工作：①对实验室纠正不符合项的情况进行跟踪评审。跟踪评审完成后跟踪人员将跟踪评审结果提交评审组长。②评审组长编制一份完整的评审报告，并附有关的证明材料，提交给 CNAL 秘书处。

3. 认可评定

认可评定工作就是评定委员会根据认可条件对在文件评审、现场评审或认可准则允许的其他来源得到的客观证据进行符合性审查，做出认可或维持认可与否的决定。评定委员会主任或其授权人员负责召集会议，根据被评定实验室涉及的专业领域从 CNAL 评定委员会成员中选择相应的成员（人数不少于 5 人）；当成员的专业技术能力范围不能完全覆盖被评定的全部领域时，由评定委员会主任或其授权人员指定技术委员会相应专家参加进行评定，并提出意见，作为评定委员会做出决定的依据。评定委员会的工作职责：对被评定机构与认可条件的符合性进行评价，做出给予、维持、暂停、撤销认可资格和缩小/扩大认可范围的决定。

（1）评定要点：

① 被评定的实验室应有明确的法律地位及承担法律责任的能力；

② 建立的质量体系的诸要素满足认可准则的要求，并运行良好；

③ 确认的技术能力的范围表述准确，证据充分；

④ 对与特殊领域范围的能力确认，应符合国家法律法规及 CNAL 的相应规定；

⑤ 评审组成员的专业技术能力覆盖被评定实验室申请认可范围，并严格遵守公正性和保密规则；

⑥ 已获认可的机构应严格遵守认可标志和认可证书的使用和管理规定；

⑦ 对于港澳台及国外机构申请认可的，应符合 CNAL 的相应规定；

⑧ 被评定的实验室量值溯源应是有效的，建立的测量不确定度评估程序实用、有效；

⑨ 被评定实验室参加能力验证的结果不满意或可疑的，其采取的纠正措施应是有效的。

（2）评定结论及处理：评定委员会经讨论、表决，至少获得参与评定成员总人数三分之二的赞同票，才能通过评定结论。评定结论有以下三种：①同意全部认可；②部分或全部不认可；③部分或全部暂停或撤销。

根据评定委员会做出的结论，秘书处将会进行不同的后续工作：①同意全部认可、部分或全部暂停或撤销的，由秘书处办理批准认可手续和暂停认可手续；②部分或全部不认可的，秘书处根据评定委员会的意见进行整改，通常整改时限 3 个月，经秘书处审查后重新递交评定委员会评定；对未进行有效整改的，秘书处将办理部分认可或全部不予认可手续。

（3）批准认可：经评定委员会评定，符合认可条件的实验室，将提交 CNAL 主任或其授权人批准签发认可证书（及附件）和认可决定通知书；对不符合认可条件的实验室，将提交 CNAL 主任或其授权人批准签发认可决定通知书，暂停或撤销能力范围清单。

三、监督评审、扩项评审和复评审

1. 监督评审

（1）监督评审的目的：实验室取得的认可资格是向客户展现其技术和质量保证能力的最好方式。实验室必须持续有效地实施质量管理体系，确保实验室的各项质量活动持续符合认可准则要求，以获得 CNAL 的信任，该信任必须通过 CNAL 对实验室实施定期或不定期的监督才能达到。因此，凡获得 CNAL 认可的实验室必须接受 CNAL 的监督。监督评审的目的是为了证实已获得认可的实验室在认可有效期内能够持续地符合认可要求，并保证在认可规则和认可准则修订后，及时将有关要求纳入质量体系。

（2）监督评审的实施：

① 定期监督评审：

a. CNAL 对已经获得认可的实验室的定期监督主要采取现场监督评审方式。对于已获得认可的实验室应在批准认可后的 12 个月内接受 CNAL 安排的第一次定期监督评审，以后每隔 18 个月应接受一次定期监督评审。每次定期监督评审的范围可以是部分认可领域，以及认可要求的部分内容。在认可有效期内的定期监督评审应覆盖已获得认可的实验室的全部领域和 CNAL 的全部认可要求。

b. 定期监督评审不需要被监督的实验室申请，有关评审要求和现场评审程序与初次认可相同。

c. 在实施定期监督评审时，应考虑前一次评审的结果，并对参加能力验证的情况进行核查。此外，评审组长的人选原则上应避免选用在初次评审以及前一次定期监督评审时做过评审组长的人员。

d. 可能时定期监督评审可与实验室的扩项现场评审结合进行。

② 不定期监督评审：

在以下情况 CNAL 秘书处可对已获得认可的实验室安排不定期的监督评审或不定期访

问：a. 实验室发生影响其检测/校准活动和/或质量体系运行的任何变化时，包括：已获得认可实验室的名称、地址、法律地位发生变化；已获得认可实验室的高级管理人员、授权签字人发生变更；被认可的范围内的重要试验设备、关键技术人员/环境、检测或校准项目等发生重大变更；b. CNAL 的认可准则变化或 CNAL 认为有必要时；c. 需对投诉进行调查时；d. 实验室参加能力验证结果出现异常值时；e. 有迹象表明实验室可能不再继续满足认可要求时；f. 不定期监督评审的程序与定期监督评审相同。

③ 监督评审的内容：a. 验证前次评审中纠正措施的落实情况；b. 通过对实验室质量活动记录(如内部审核记录、管理评审记录等)以及各种变化的审查，评价质量体系是否在有效运行；c. 依据有关检测、校准所依据的标准、规程和规范、主要仪器设备、主要人员以及环境条件的变化情况，评价实验室是否能够维持认可时的技术能力，并适当安排现场试验考核；d. 参加能力验证和实验室间比对时的表现，以及必要时的纠正措施情况。

④ 监督评审报告：为使上述各种监督结果有效，所进行的监督活动的结果都应予以记录，并以报告的形式向 CNAL 报告。报告应包括：a. 监督活动中提出的不符合项和观察项及整改要求；b. 实验室检测/校准能力的确认；c. 实验室授权签字人、主要人员和仪器设备的变更情况及评价；d. 参加能力验证和实验室间比对情况的评价；e. 认可标志的使用情况；f. 质量体系运行情况；g. 根据监督结果提出该实验室是否持续符合 CNAL 认可要求的结论，即能否维持其认可资格的建议。

2. 扩项评审

（1）扩大认可范围，简称扩项，指实验室在认可有效期内申请扩大检测/校准项目。

（2）扩项评审需由实验室向 CNAL 提出申请，并提交扩项申请书和相关的资料。CNAL 将依据申请书和相关资料的审查情况，立项并组建评审组。扩项评审除按照认可准则和相关的应用说明的要求对已确定的内容进行评审外，重点评价实验室扩充项目的实际技术能力。一般情况下，扩项评审工作尽量与临近的定期监督评审一起进行。

（3）扩项评审结果：扩项评审结果应予以记录并写出评审报告，明确指出可能影响扩充项目认可的不符合项及整改要求，以书面的形式送 CNAL 审查并履行评定批准程序。

3. 复评审

获准认可机构应在认可有效期(5 年)到期前的 6 个月，向 CNAS 提出复评审申请。复评审是 CNAS 在认可有效期结束前，对获准认可机构实施的全面评审，以确定是否持续符合认可条件，并将认可延续到下一个有效期。复评审的其他要求和程序与初次认可一致，是针对全部认可范围和全部认可要求的评审，复评中发现不符合时，被评审方在明确整改要求后，应拟订纠正措施计划，提交给评审组，整改期限一般为 2 个月，对影响检测、校准和检查结果的严重不符合，应在 2 个月内完成。CNAS 对纠正措施的有效性进行验证，对于纠正措施未通过验证的，CNAS 将视情况作出暂停、缩小认可范围或撤销认可的决定。

第三节　能力验证

一、能力验证的意义、目的及指南

1. 重要意义

能力验证是指利用实验室间比对确定实验室的检测能力，又称“水平测试”或“熟练性测试”。实验室间比对是按照预先规定的条件，由两个或多个实验室对相同或类似检测物品进行检测的组织实施评价。对实验室检测/校准能力的评价通常采用两种技术，一是认可机构，例如中国合格评定国家认可委员会(CNAS)派出评审员，依据 ISO/IEC 17025 对检测/校准实验室进行文件和现场评审，依据 ISO 15189 对医学实验室进行文件和现场评审，看其是否建立了完善的文件化的管理体系，是否进行有效运转且适宜性好；二是通过能力验证活动评价实验室能力，二者结合相互补充。能力验证是判定实验室检测/校准能力的重要技术手段。

实验室通过参加能力验证可以找出与其他实验室的差距，识别自身存在的问题，有利于实验室能力的保持和提高。实验室管理部门可以利用能力验证发现实验室存在的专业技术问题，提高对行业实验室的管理水平。能力验证也是实验室认可机构评价实验室能力的一项重要技术，是认可授予的重要依据。检测/校准或医学实验室申报中国合格评定国家认可委员会(CNAS)评审通过能力验证是其必要条件之一。

CNAS 规定：申报认可实验室必须提供能够证明实验室有效参加能力验证活动的证据，详细描述该实验室所参与的能力验证活动，能力验证活动要与其认可范围相适应。实验室在获得认可之前，至少参加一次能力验证活动；获得认可的实验室，其主要认可领域的每一子学科每 4 年至少参加 1 次能力验证活动，这是最低限度的要求。未参加能力验证或参加了却不合规定或验证结果不合格的将不予以认可。

2. 目的

能力验证是为确定实验室能力而进行的实验室间比对。在 ISO/IEC 指南 43 中给出了实验室间比对的目的，可归纳为以下 7 点。

(1) 确定实验室进行特定检测和测量的能力，以及监控实验室的能力维持情况。

(2) 识别实验室存在的问题，并制定相应的补救措施。这些措施可能涉及诸如个别人员的行为或仪器的校准等。

(3) 确定新测量方法的有效性和可比性，并对这些方法进行相应的监控。

(4) 增强实验室客户的信心。

(5) 识别实验室间的差异。

(6) 确定某种方法的性能特征(通常称为协作试验)。

(7) 为参考物质赋值，并评价它们在特定测量程序中应用的适用性。

在 CNAS《能力验证规则》中，给出了能力验证活动(PT activity)的内涵，即可用于 CNAS 认可中的能力验证活动包括了能力验证计划，得到 CNAS 承认的实验室间比对和测量审核。这里所说的实验室间比对就是指虽然不是 CNAS 组织的能力验证计划，但其目的也是用于判定实验室的能力。对该类比对 CNAS 承认其与能力验证等效，因而其结果可按照 CNAS 的能力验证政策和要求来进行利用。

3. 能力验证的相关国际指南

目前，对于能力验证活动的规范文件主要有以下六个：

(1) ISO/IEC 导则 43:1997 利用实验室间比对的能力验证；

(2) ILAC G13：2000 为能力验证计划提供者能力要求的指南；

(3) APLAC PT001 校准实验室间比对；

(4) APLAC PT002 检测实验室间比对；

(5) APLAC PT004 测量用审核；

(6) APLAC MRA 中对能力验证的相关要求。

二、能力验证的组成

在人们谈及能力验证时，会出现“能力验证”、“能力验证计划”、“水平测试”等不同说法，人们一般也都能理解是指能力验证的这件事情，但当这些词汇用于书面上时，应是严谨的、有所区别的。例如本条款描述“能力验证”的类型，阐述“能力验证”分为 3 种类型，而后面描述的“能力验证计划类型”则是说整个能力验证活动中的一项内容——“能力验证计划”的分类。简单而言“能力验证计划”是指具体的某项能力验证项目，而“能力验证”指的是所有的有关能力验证的工作，即是一项“活动”，它包含了“能力验证计划”。由此，能力验证活动由 3 个内容组成：能力验证计划、实验室间比对计划和测量审核。它们互为补充，从而确保能力验证能够满足 APLAC MRA 的相关要求。

1. 能力验证计划

能力验证计划是能力验证活动最重要的内容，即是为确定实验室在某个特定领域的检测/校准能力而设计和运作的具体计划。通俗地讲就是指一个具体运作的能力验证项目。2007 年中国合格评定国家认可委员会(CNAS)与公安部刑事侦查局联合组织实施了刑事科学技术检测鉴定能力验证计划，涵盖了刑事科学技术领域中指纹鉴定、个体识别、笔迹鉴定、毒品检验、毒物检验、伤情鉴定六大领域，全国公安机关 451 个检验鉴定机构、1809 个专业实验室参加。公安机关把刑事侦破检测鉴定实验室参与 CNAS 组织的实验室能力验证计划纳入了考核目标。能力验证计划，它往往是由认可机构或其授权或认可的机构组织和运作的。在运作程序上能够完全符合 ISO/IEC 指南 43 - 1 的要求；在结果使用上能够符合指南 43 - 2 的要求，以满足认可机构的需求为目的。

2. 实验室间比对计划

这里所说的实验室间比对计划是指有其他机构组织和运作的实验室间比对项目。目前在我国某些行业或专业领域中，开展着实验室间的比对活动，他们所运作的每一个比对项目就是一个实验室间比对计划。实验室间比对与能力验证的区别在上面已有阐明，此处不再赘述。在 CNAS 能力验证规则中规定了任何机构组织和运作的实验室间比对计划，只要能够证明其运作符合 ISO/IEC 指南 43 或 ILAC G13 的要求，其结果即可为 CNAS 承认。由此可见这些实验室间比对计划被作为 CNAS 能力验证计划的重要补充而纳入到 CNAS 的能力验证活动中。在医学领域，世界卫生组织(WHO)也一直开展着实验室间的比对活动，根据 CNAS 能力验证规则，CNAS 承认这些由国际权威机构组织的实验室间比对的结果。

3. 测量审核

测量审核是能力验证的另一种重要方式，是指实验室对被测物品(制品或材料)进行检测，将检测结果与参考值进行比较的活动。测量审核一般被评审组应用于现场评审中，作为现场考核的一种重要方式，该活动与我国以往的“盲样检测”现场考核方式有些相似。在现场评审中，CNAS 要求对实验室实施现场试验，现场试验是否就是测量审核？可以说二者是既有联系也有差异的。首先他们都是在现场开展的活动，但并不是所有的现场试验都可以列入测量审核的范畴。其差异在于：第一，如果现场试验的样品来源是从实验室现场抽取的，不能作为测量审核。因为测量审核的被测样品应是个具有参考值的样品(该值对于被评审的实验室是未知的)，是要将实验室的结果与该参考值进行比较，所以这个样品应该是由评审组提前准备、已被赋值的样品。而在被评审实验室现场抽取的试样明显无法满足该要求。第二，只有被测样品或物品的参考值具有可靠来源，从而有信心用于判定实验室的能力，才能作为测量审核。由于测量审核的目的是为判定实验室的能力，而不是仅用于考核实验室人员的操作、样品的前处理以及对操作规程的理解等单一目的，因此评审组应对该样品的值具有足够的信心。如果现场试验能够被设计成为满足上述的要求，那么该现场试验就可以说是一项测量审核的活动了。鉴于实验室评价的科学性以及能力验证的重要性，在评审中鼓励评审组在条件允许的情况下，尽量将现场试验的项目设计成为测量审核计划，并尽量扩大测量审核计划在评审的认可项目中的比例。

以上三种活动是互补的，即实验室参加了 CNAS 的某项能力验证计划并取得好的结果，便可在 CNAS 的现场评审中免除对该项检测/校准能力的现场实验(含测量审核活动)。根据 CNAS 的规定，能力验证活动计划结果的有效期为 4 年，从而减少了对实验室的现场评审，可以降低实验室的认可成本。

三、能力验证计划的形式

在 ISO/IEC 指南 43:1997 中，列举了能力验证计划的六种类型，详见 GB/T 15483.1—1999 利用实验室间比对的能力验证第 1 部分：能力验证计划的建立和运作。

1. 测量比对计划

测量比对计划的目的在于评价实验室达到其认可的测量准确度的能力，其所涉及的被测或被校物品是按从一个实验室传到下一个实验室。适用于电机、电子、量具、标准件等测试项目。这些计划通常具有如下特征：

（1）某检测物品的指定值由某个参考实验室提供。

（2）完成按顺序参加的能力验证计划是费时的。

（3）各个测量结果要与参考实验室确定的参考值相比较。协调者应考虑各参加实验室声称的测量不确定度。

（4）属于此类能力验证的物品(测量制品)的例子参考标准(如电阻器、量规和仪器)。

2. 实验室间检测计划

实验室间检测计划的目的在于评价实验室对测试项目的测试能力，其涉及从材料源中随机抽取次级样品，同时分发给参加检测的实验室共同进行检测。该技术有时也用于实验室间测量比对计划。完成检测后将结果返回协调机构与指定值比对，以表明各个实验室和整体组的性能。适用于化学、生物、力学等测试项目。

每轮比对中提供给参加者的整批检测物品必须充分混匀，从而以后识别出的任何极端结果均不能归因于检测物品有显著变异。

3. 分割样品检测计划

典型的分割样品检测计划的比对数据由包含少量实验室的小组(通常只有两个实验室)提供，这些实验室将作为潜在或连续的检测服务的提供者接受评估。在商业交易中经常采用类似的比对。这时把表示贸易商品的样品在代表供方的实验室和代表买方的另一实验室间进行分割。若对供方和买方实验室出具结果出现的显著性差异需要进行仲裁，则通常把另一样品保留在第三方实验室进行检测。

4. 定性计划

评价实验室检测能力并不总是采用实验室间比对。例如，某些计划为评价实验室表征特定实物的能力而设计的(例如识别石棉的类型、特定病原有机体等)。这类计划可能包含计划协调者专门制备外加目标组分的检测物品。因此，在性质上这些计划是“定性”的，它们不需要多个实验室的参与或通过实验室间比对来评价一个实验室的检测能力。

5. 已知值计划

能力验证计划的其他特殊类型，可能包含制备待测的、被测量值已知的检测物品。因此有可能评价某个实验室检测该物品的能力，并提供与指定值比对的数字结果。再次说明这样的能力验证不需要很多实验室参与。

6. 部分过程计划

能力验证的一些特殊类型，包含对实验室完成检测或测量全过程中若干部分的能力评价。例如，现有的某些能力验证计划评价的是实验室转换和报告一套给定数据的能力(而不是进行实际上的检测或测量)，或根据规范抽取和制备样品或试样的能力。

亚太实验室认可合作组织的互认协议——《APLC MRA——能力验证要求》进一步说明，由认可机构运作或授权运作的实验室间比对和测量审核活动也是可接受的能力验证。

可见对实验室的能力验证，除了 ISO/IEC 指南 43:1997 所描述的各类型计划外，又注入了新的内涵，从而将能力验证计划拓展为能力验证计划、实验室间比对和测量审核三种形式，增加了签署互认协议的各认可机构在能力验证要求方面的可操作性。

四、能力验证计划、实验室间比对计划流程图

能力验证计划、实验室间比对计划流程如图 8－8、图 8－9 所示。

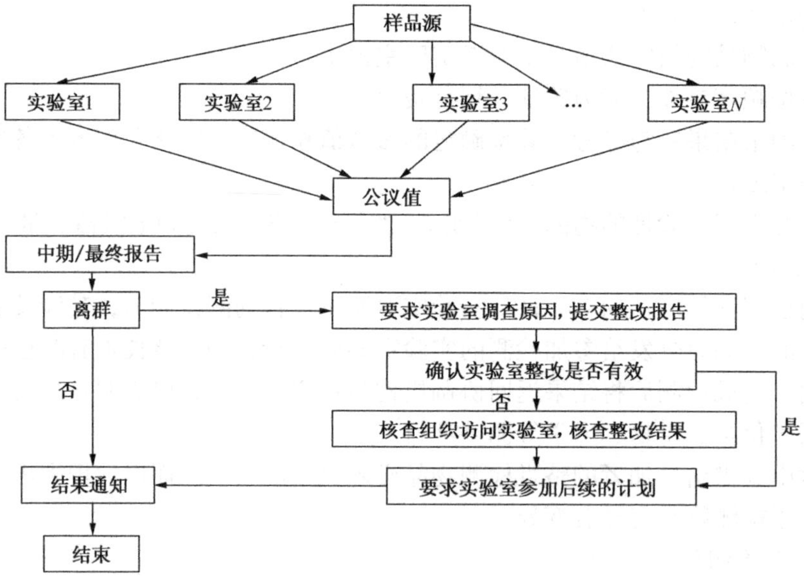

图 8－8　并联比对流程图

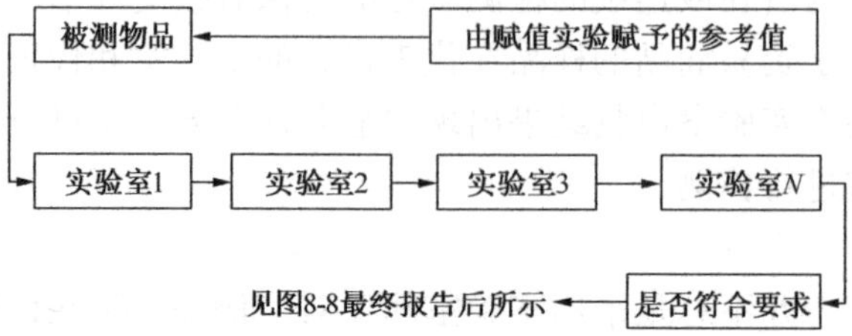

图 8－9　串联比对流程图

校准实验室多采用串联式，各参比实验室在报告不确定度时，应报告实验室的最佳检测能力，用于此类计划的被测物品可以是一种参考测量标准，例如，标准砝码、电阻器、量块和测力计。主导实验室应由国家级的测量最高权威机构(例如国家计量院)承担。串联式是按顺序传至下一个实验室，在传送过程中应确保被测物品的稳定性，因此必须进行校核，以保证其特性及指定值不发生明显变化。检测实验室多采用并联式，提供给实验室的被测物品必须充分均匀。

五、能力验证计划的组织与实施

1. 项目的选择

无论是实验室认可机构自己组织的还是利用其他机构组织的能力验证计划，都应选择合适的方案。所选方案的总和应能覆盖其认可活动涉及的所有专业领域。

能力验证项目的选择还要考虑其他因素的影响，如参加实验室的最佳测量能力、检测方法、检测项目(应是实验室日常的检测项目)、检测活动的频度、检测的时间安排、参加实验室的数目、所需费用等。

2. 验证计划的设计

能力验证计划的设计由计划协调人负责，而且必须有技术人员和统计人员参与设计工作。能力验证计划设计应目的明确，并制订计划的实施方案，通常包括以下内容：

(1) 进行能力验证计划的机构的名称和地址；

(2) 与能力验证计划设计和执行的协调人及其他人员的名称和地址；

(3) 能力验证计划的性质和目的；

(4) 应列出选择参加者的程序，还应列出参加者必须满足的准则；

(5) 实施或部分实施的计划(如取样、样品处理、均匀性检测和提供指定值等)的实验室的名称和地址，预计参加实验室的数目；

(6) 所选检测样品和检测项目的性质，作出上述选择的简短描述；

(7) 获得、处理、检查和传递样品方式的说明；

(8) 在发出通知和能力验证计划实施期间的不同阶段，向参加者提供信息的说明；

(9) 能力验证的起止日期(包括最终期限)，给予参加者进行检测的时间；

(10) 对于持续进行的方案确定样品发放的频度；

(11) 给予参加者检测或测量方法或程序所需的信息(通常为其日常工作的方法和程序)；

(12) 采用的统计分析方法的概述包括确定指定值和离群值的方案；

(13) 向参加者反馈数据和信息的说明；

(14) 能力评价技术的依据；

(15) 对能力验证结果和结论公布范围的说明；

(16) 费用的规定。

协调人还应负责一系列作业文件的制定工作，如邀请参加的通知操作指导书、格式化的结果表等。

3. 样品的均匀性和稳定性

有效的实验室间比对的一个重要基础，就是各参加实验室获得的检测样品的检测特性不应有显著变化，即应确保样品的均匀性和稳定性。

在样品运输过程中，也应注意保证样品的稳定性和均匀性，应采取合适的运输方式和合理的测试日程安排来加以保证。样品的均匀性和稳定性测试应在样品发送前完成。

4. 邀请参加者

能力验证计划的组织者应积极联络所有的参加能力验证的实验室，无论是强制要求参加的实验室还是自愿的参加者，对于计划的潜在参加者，组织者可以通过制订并发放年度能力验证总体计划，或单个方案的意向通知和邀请函的形式邀请有关实验室参加。

能力验证计划的组织者应依据计划的性质和目的，充分考虑并阐明允许参加的条件以确保邀请合适的参加者。

5. 样品包装和发送

能力验证计划协调人应根据样品的性质选择合适的样品包装和发送方式，以确保样品的检测特性不发生变化并能如期送达参加能力验证的实验室。

如果样品为精密物件，包装物宜选用金属盒或木盒，并内衬泡沫，包装上应有“易碎”标记；如果样品为液态物质应选用合适的玻璃容器或塑料容器盛载，置于木盒里，内衬泡沫，外包装上应有“易碎”标记。有些样品可能还需要特殊的装载工具，如微生物、血液样品需要用冷藏箱。样品传递方式可以邮寄也可由专人送达。

协调人应根据样品的性质和运输的需要准备必要的文件，如通关单、货物运输声明、特殊物品的处置规定、传递时间表等，以保证检测工作顺利进行。

协调人还应准备“样品接收状态表”交各参加实验室，督促其检查样品的状态并加以记录，若有破损应及时通知协调人。

6. 作业(操作)指导书

协调人负责制作“作业指导书”和“结果单”。“作业指导书”和“结果单”应随样品或先于样品发送给各参加实验室。作业指导书是告知参加实验室如何进行检测操作的文件，要求各实验室严格遵照执行。其主要内容包括检测样品的描述、检测项目的描述、检测方法的描述、结果产生方式的描述、保密工作的描述、报送结果的最终期限、协调人和其他有关人员的联络方式。

结果单应格式化，以使参加实验室更好地遵循能力验证操作规程，报送有效的检测结果，结果单上应标记随机选取的实验室编码。

7. 统计方法

统计技术是对能力验证有效性有重要影响的因素，它被广泛应用于能力验证活动的许多方面。其中包括：

(1) 方案设计；

(2) 均匀性检测；

(3) 制作“作业指导书”和“结果单”；

(4) 获得指定值；

(5) 结果评价；

(6) 技术报告；

(7) 跟踪工作。

对于不同类型的能力验证计划，所采用的统计模型可能不同。对于校准实验室间能力验证(测量比对)计划，常用的统计参数有：参考实验室结果值(指定值)、参考实验室结果的不确定度，并由此计算出检测结果的 En 值；En 代表试验比率值，Z 值代表稳健 Z 比分数。对于检测实验室间能力验证计划，目前国际通用的统计方法为稳健统计技术，常用的统计参数有：中位值(即指定值)、IQR 值(四分位距)，并由此计算出检测结果的稳健 Z 比分数。

8. 结果评价

能力验证结果评价工作包括两方面的工作：计算出相关统计量和作出技术评价。对于不同类型的方案，所采用的判定统计量也不同：在测量比对计划中，以 En 值判定；对检测实验室间计划，则求取稳健 Z 比分数；技术评级则是基于统计评价基础上的，有技术专家根据实验室参加情况提出意见和建议。技术评价对于参加实验室，尤其是出现离群的实验室有着重要的意义，它给予实验室的是实质性的帮助。

9. 技术报告

能力验证组织者负责制定能力验证计划的报告，并对报告进行评价、论证和做进一步的修改和完善。通常能力验证计划的技术报告应该包括以下主要内容：

(1) 提供者的名称和地址；

(2) 设计和执行计划的人员的姓名及其来源；

(3) 报告公布的日期；

(4) 计划的报告数量和清楚的标识；

(5) 所用样品或材料的清晰描述，适当时包括样品制备和均匀性检验的细节；

(6) 实验室的参加代码和测试结果；

(7) 统计数据和总计统计量包括指定值可接受的结果范围和图形显示；

(8) 用于建立指定值的程序；

(9) 如若可能，指定值溯源性和不确定度的详细资料；

(10) 其他参加者使用的测试方法/程序的指定值和总计统计量(如果不同的参加者使用了不同的方法)；

(11) 提供者和技术顾问对参加者能力的评价；

(12) 用于设计和实施计划的程序(其中可能包括对计划议定书的参照)；

(13) 可行时用于统计分析数据的程序(见 ISO/IEC 指南 43 附录 1)；

(14) 适当时对统计分析说明的建议。

注：对在常规条件下运作的计划，或许有较简单的报告就已足够，上面推荐的许多内容可不包含在日常报告之中，但必须包括在计划的议定书或周期性的总结报告中，并按参加者的要求予以提供。

在一些能力验证计划中可能有必要出具中期报告，例如对于一些检测周期较长的计划或在一个持续进行的计划中的某一轮次结束后，协调人收到参加实验室的结果后应尽快编制中期报告，列出各检测项目的统计参数或初步评价结果，以便参加实验室及早了解自己的能力水平，以及在出现不满意结果时可以尽快采取纠正措施。

六、参加能力验证计划实验室的工作与纠正措施

能力验证计划参加者一般多为认可机构认可的或申请认可的实验室。CNAS 每年都多次进行能力验证计划并邀请已获得 CNAS 认可、申请认可和自愿参加的实验室。从 CNAS 的网站上就可以获取此信息，自愿参加的可向 CNAS 提出申请。

对于认可机构组织的能力验证活动，认可机构可以根据计划特性，制定选择参加者的准

则并邀请满足条件的实验室参加。一般情况下认可实验室是被要求强制参加，其他实验室则被鼓励自愿参加。

参加者在能力验证活动中要完成以下工作：

（1）接受样品、操作指导书和结果单以及其他特别指令；

（2）按要求进行样品检测，在规定期限内完成检测填写结果单报送计划组织者；

（3）向计划协调人或有关方面反馈能力验证计划运行中存在的问题，或提出合理化建议；

（4）接收报告，进行总结；

（5）建立能力验证档案，保留工作记录，并能提供给现场评审的评审员使用；

（6）需要时进行整改行动，并将整改报告提交认可机构；

（7）接受认可机构的整改核查活动（当认可机构对实验室的整改效果有疑问时）。

一般情况下，若参加实验室的检测结果 $|En|>1$ 或 $|Z|\geqslant 3$，实验室将被要求采取相应的纠正措施；当实验室的结果为"有问题结果"（即 $2<|Z|<3$，也称可疑结果）时，实验室也应采取自我检查行动。

在实验室自查期间，认可机构应尽可能提供可行的支持，比如有技术专家向实验室提供咨询意见，指出其可能的错误来源。

七、认可机构对申报认可实验室的能力验证要求

符合规定程序的能力验证活动合格的能力验证结果是申请认可实验室所必须具备的条件之一。

在 CNAS 的能力验证规则中，依据国际要求提出了"实验室在获得认可之前应至少参加一次能力验证活动"的要求，该信息直接体现在实验室认可的申请书中，因此很多实验室尤其是刚开始关注认可的实验室会有"我没有参加过能力验证，是不是就不能申请认可了"的疑问。根据 CNAS 的定义，能力验证活动包含了能力验证计划、CNAS 承认的实验室间比对和 CNAS 的测量审核三项内容。当前的能力验证计划主要是指由 CNAS 组织的或与 CNAS 签署了相互承认协议的国外认可机构组织的能力验证计划。实验室间比对是指由 CNAS 承认的其他行业组织的、能符合 ISO、IEC 指南 43 的比对计划。实验室只要参加过其中的一项内容即可满足申请的要求。退一步讲，实验室没有参加过上述的计划，也是可以申请认可的，这是因为 CNAS 可以利用测量审核来使实验室满足该要求。测量审核并不是由 CNAS 派员按照测量审核要求实施的现场评审便认为是获得了认可，而应是在得到了 CNAS 颁发的认可证书后才能宣称获得了认可，这是因为现场评审后还有评定和批准的程序。在评定中由于原则性问题否定现场评审的推荐意见也是可能发生的。基于上述概念，如果实验室没有参加过上述能力验证计划或比对计划，在现场评审中将有评审组实施测量审核活动。如果实验室申请中国合格评定国家认可委员会（CNAS）的认可，本年度 CNAS 能力验证计划中所有申报的项目，应该参加 CNAS 能力验证计划；如果能力验证计划中要申报的项目，应该参加由 CNAS 指定承认的其他行业组织的、能符合 ISO/IEC 指南 43 的实验室间比对计划；如果所申报项目实在没有可比对的实验室，可申请 CNAS 采取现场测量审核的方式验证其实验室能力。

阅读材料

实验室资质认定(计量认证)

《中华人民共和国计量法》中规定：为社会提供公证数据的产品质量检验机构，必须经省级以上人民政府计量行政部门对其计量检定、测试能力和可靠性考核合格，这种考核称为实验室资质认定(计量认证)。实验室资质认定(计量认证)是我国通过计量立法，对为社会出具公证数据的检验机构(实验室)进行强制考核的一种手段，也可以说是具有中国特点的政府对实验室的强制认可。经实验室资质认定(计量认证)合格的产品质量检验机构所提供的数据，用于贸易出证、产品质量评价、成果鉴定，作为公证数据具有法律效力。

CMA 是 China Metrology Accredidation(中国计量认证/认可)的缩写。取得实验室资质认定(计量认证)合格证书的检测机构，可按证书上所批准列明的项目，在检测(检测、测试)证书及报告上使用本标志。

实验室资质认定(计量认证)分为“国家级”和“省级”两级，分别适用于国家级质量监督检测中心和省级质量监督检测中心。实验室资质认定(计量认证)资质按国家和省两级由国家质量监督检验检疫总局或省技术监督主管部门分别监督管理。不论是国家级还是省级，实施的效力均是完全一致的，对通过认证的检测机构在全国均同样法定有效，不存在办理部门不同效力不同的差异。根据计量认证管理法规规定，经计量认证合格的检测机构出具的数据，用于贸易的出证、产品质量评价、成果鉴定，作为公证数据具有法律效力。未经计量认证的技术机构为社会提供公证数据属于违法行为，违法必究。

检测机构存在的目的就是为社会提供准确可靠的检测数据和检测结果，计量认证合格的检测机构出具的数据和结果主要用于以下方面：

(1) 政府机构要依据有关检测结果来制定和实施各种方针、政策；

(2) 科研部门利用检测数据来发现新现象、开发新技术、新产品；

(3) 生产者利用检测数据来决定其生产活动；

(4) 消费者利用检测结果来保护自己的利益；

(5) 流通领域利用检测数据决定其购销活动。

我国已通过计量认证的检测机构已覆盖了农、渔、林、机械、邮电、化工、轻工、电工、冶金、地质、交通、城建环保、安全防护、水利等行业部门。那么如何对检测机构进行认证呢？

对检测机构的认证是严格按照省或国家计量认证工作程序规定进行的。大致可以分为以下几个主要步骤：

(1) 向省或国家计量认证办公室提交计量认证申请资料(包括质量手册、程序文件等)；

(2) 省或国家计量认证办公室对申请资料进行书面审查；

(3) 通过书面审查，依据计量认证的评审准则，由省或国家计量认证办安排委托技术评审组进行现场核查性评审；

(4) 通过现场评审，符合准则要求的检测机构，由省或国家质量技术监督局核发计量认证证书、计量认证机构印章，并上互联网公布。

思考与练习

一、名词解释

1. 实验室认可
2. 实验室认证
3. 认可
4. 评审
5. 认可评审
6. 监督评审
7. 复评审
8. 扩项评审
9. 跟踪评审
10. 现场评审
11. 能力验证
12. 能力验证计划
13. 测量审核
14、认可评定

二、填空题

1. 目前，我国的实验室认可领域已扩展到________、________、________、能力验证计划提供者、________和________等六个领域。

2. 我国实验室质量评审体系，从评审主题可分为________、________、________三类。

3. 依据评审性质不同，可将实验室评审分为________、________、复评审、________和________五类。

4. 按照CNAL实验室认可体系工作流程，可将实验室认可过程分为________、现场评审和________三个阶段；其中现场评审阶段又包括________、________和________三个方面。

5. 能力验证由________、________和________组成。

6. 能力验证的形式有________、________、________、________、________和________等。

三、单选题

1. ________建立了世界上第一个检测实验室认可体系。

A. 澳大利亚　　B. 美国　　C. 英国　　D. 中国

2. 国际实验室认可合作组织的英文简称是________。

A. ILAC　　B. EAL　　C. APLAC　　D. CNAS

3. 下列标准中，属于实验室认可的国际标准是________。

A. ISO/IEC17025－2005　　B. ILAC G13：2000

C. APLAC PT001　　D. CNAS－RL01：2007

4. 目前，我国的实验室认可机构是________。

A. CNAL　　B. CNAB　　C. CNAS　　D. CNACL

5. 未确定是否持续符合认可条件，实验室认可机构在认可有效期结束前对已认可的实验室实施的全面评审，称为________。

A. 认可评审　　B. 监督评审　　C. 跟踪评审　　D. 复评审

四、简答题

1. 实验室审核有几种类型?
2. 实验室认可和认证有什么不同?
3. 我国的实验室认可机构是什么?其宗旨和任务有哪些?
4. 实验室认可后有什么好处?
5. 请以图示说明实验室认可的流程。
6. 简述实验室认可现场评审阶段的各个环节的工作内容。
7. 实验室间比对的目的是什么?
8. 如何实施实验室能力验证计划?

参 考 文 献

1 和彦苓主编．实验室管理．北京：人民卫生出版社，2008.

2 贾殿徐主编．ISO/IEC17025:2005 实验室管理体系建立与审核教程．北京：中国标准出版社，2008.

3 武汉大学．分析化学(第5版)．北京：高等教育出版社，2006.

4 何绍华主编．现代标准化与质量管理．北京：科学技术文献出版社，2002.

5 舒辉主编．标准化理论与实务．北京：经济管理出版社，2000.

6 杨永华主编．现代管理体系认证实施指南．北京：中国计量出版社，2002.

7 国家环境保护总局水和废水监测分析方法编委会．水和废水监测分析方法．北京：中国环境科学出版社，2002.

8 施昌彦，虞惠霞主编．实验室质量管理．北京：化学工业出版社，2006.

9 李斯主编．化学实验室常用分析测试操作技术标准应用手册．北京：万方电子数据出版社，2002.

10 杭州大学化学系分析教研室．分析化学手册(第2版)第一分册．北京：化学工业出版社，1997.

11 王迎新主编．新编化验员工作手册．长春：银声音像出版社，2005.

12 夏玉宇主编．化验员实用手册．北京：化学工业出版社，1999.

13 夏偕田，孟小平主编．检测实验室管理体系建立指南(第2版)．北京：化学工业出版社，2008.

14 洪生伟主编．标准化管理．北京：中国标准出版社，2012.